21世纪高等学校规划教材 | 计算机科学与技术

虚拟现实与增强现实技术概论

娄 岩 主编

清华大学出版社
北京

内容简介

虚拟现实技术(VR)和增强现实技术(AR)在我们生活中的应用越来越广泛,在教育界的应用更是意义显著,对提高教学效率和学生学习效果尤为重要,大学生需要成为虚拟现实技术的应用者与受益者。但当今真正懂得和了解 VR 与 AR 的人并不多,为改变这种不协调的现象,我们编写了《虚拟现实与增强现实技术概论》一书。

本书通篇贯彻概念清晰、要点突出、说明细致透彻、以大量的典型案例贯穿其中的写作主旨。此外为了便于读者学习,对书中涉猎的晦涩难懂的专业词汇全部进行了详细的注释,使读者能够由浅入深地认识和掌握虚拟现实及增强现实技术,从而促进该技术的普及与应用。

全书分为 12 章。第 1 章为虚拟现实技术概论,第 2 章为虚拟现实系统的输入设备,第 3 章为虚拟现实系统的输出设备,第 4 章为虚拟现实的计算体系结构,第 5 章为虚拟现实系统的核心技术,第 6 章为三维全景技术,第 7 章为虚拟现实技术的应用,第 8 章为虚拟现实技术的相关软件,第 9 章为三维建模工具 3ds Max,第 10 章为三维开发工具 Unity 3D,第 11 章为虚拟实验室概述,第 12 章为增强现实技术。本书可作为高等院校基础教学用书,也可作为虚拟技术应用研究用书,还可作为虚拟技术爱好者的参考用书,本书配套的《虚拟现实与增强现实技术概论实验指导与习题集》将一同出版。

图书在版编目(CIP)数据

虚拟现实与增强现实技术概论/娄岩主编. --北京:清华大学出版社,2016(2023.8重印)
21 世纪高等学校规划教材. 计算机科学与技术
ISBN 978-7-302-44480-0

Ⅰ. ①虚… Ⅱ. ①娄… Ⅲ. ①虚拟现实-高等学校-教材 Ⅳ. ①TP391.9

中国版本图书馆 CIP 数据核字(2016)第 171544 号

责任编辑:贾 斌 薛 阳
封面设计:傅瑞学
责任校对:胡伟民
责任印制:杨 艳

出版发行:清华大学出版社
网 址:http://www.tup.com.cn, http://www.wqbook.com
地 址:北京清华大学学研大厦 A 座 **邮 编**:100084
社 总 机:010-83470000 **邮 购**:010-62786544
投稿与读者服务:010-62776969, c-service@tup.tsinghua.edu.cn
质量反馈:010-62772015, zhiliang@tup.tsinghua.edu.cn
课件下载:http://www.tup.com.cn,010-83470236
印 装 者:三河市少明印务有限公司
经 销:全国新华书店
开 本:185mm×260mm **印 张**:16.25 **字 数**:405 千字
版 次:2016 年 7 月第 1 版 **印 次**:2023 年 8 月第12次印刷
印 数:20001~21500
定 价:34.50 元

产品编号:070874-01

本书编委会

主　　编：娄　岩

副 主 编：李　静　刘尚辉

编委成员：郑琳琳　庞东兴　刘　佳

丁　林　徐东雨　马　瑾

郑　璐　曹　鹏　郭婷婷

前言

近年来，随着虚拟现实(Virtual Reality，VR)技术的快速发展，其在很多领域显示出了开创性的引领作用，同时也展露出了巨大的应用价值。在教育界中的应用潜力已经得到广泛的认同，教育的发展需要虚拟现实技术，虚拟现实技术的应用提高了教学效率和学习效果。对现代大学生来说，缺乏虚拟现实知识就如同不懂互联网一样，影响其学习与生活，也是其知识结构的一种欠缺，大学生需要成为虚拟现实技术的应用者与受益者。通过虚拟现实技术的学习，使学生掌握一种适应这个时代的必备理论与新技能，从而纵横驰骋于迅猛发展的科技新世界。VR 利用计算机模拟产生一个三维空间的虚拟世界，提供给用户关于视觉、听觉、触觉等感官的反映。随着虚拟技术的普及应用，增强现实(Augmented Reality，AR)更像一匹闯入人们生活中的黑马，格外引人注意，它是基于虚拟现实技术而发展起来的一门新技术，是计算机系统提供给用户对现实世界感知的技术，是将虚拟的信息应用到真实世界的技术。

本书的一个亮点是既介绍了虚拟现实技术，也概括了增强现实技术，并且从操作应用的角度引导读者学会三维建模工具的使用，使读者既具备基本理论知识又有实际操作能力，成为虚拟现实技术的掌握者和应用者。VR 和 AR 技术纵然重要，但更重要的是各个领域的技术人员在该领域的参与及专业技术的融合，使其达到在众多领域的推广应用，体现出其更大的价值。

VR 和 AR 是以计算机技术为主的多种学科技术的融合，是人类发展史上的一场技术创新，为了适应这一新形势，我们编写了《虚拟现实与增强现实技术概论》一书。

本书突出了以下特点。

(1) 从 VR 和 AR 技术自身的本质和应用出发，由浅入深、循序渐进地介绍了其理论基础和技术使用方法，强调知识的系统性、实用性，全书图文并茂，每章配有详尽的名词注释，突出了助学、易学、易理解的特点。

(2) 理论与实践操作兼顾，使读者在理论知识与实践操作技能上同时得到训练提高，强化虚拟建模操作及模型导入、发布等应用实践锻炼，书上全部操作在机器上进行了检验通过。

(3) 为了巩固读者对书中知识的理解和掌握，本书配有实验指导与习题集一同出版，给出了进一步的操作指导和大量习题，强化读者对知识的理解和运用，同时也是对读者学习成果的检验。

全书在内容上分为 12 章。第 1 章虚拟现实技术概论，由娄岩编写；第 2 章虚拟现实系统的输入设备，由郑琳琳编写；第 3 章虚拟现实系统的输出设备，由庞东兴编写；第 4 章虚拟现实的计算体系结构，由刘佳编写；第 5 章虚拟现实系统的核心技术，由丁林编写；第 6 章三维全景技术，由徐东雨编写；第 7 章虚拟现实技术的应用，由马瑾编写；第 8 章虚拟现实技术的相关软件，由李静编写；第 9 章三维建模工具 3ds Max，由郑璐编写；第 10 章三维开发工具 Unity 3D，由曹鹏编写；第 11 章虚拟实验室概述，由刘尚辉编写；第 12 章增强现实技术，由郭婷婷编写。

本书的一些观点和依据来自书后列出的参考文献，在此对这些文献的作者所做出的成绩和贡献表示崇高的敬意和深深的感谢！本书可作为高等院校基础教学用书，也可作为从事 VR 和 AR 应用研究者的用书，还可作为 VR 和 AR 爱好者的参考用书。由于 VR 和 AR 技术的不断发展及我们掌握技术的有限，书中难免有不当之处，敬请读者批评指正。

娄 岩

2016 年 4 月

目录

第1章 虚拟现实技术概论

导学

1. 内容与要求

本章主要介绍虚拟现实的基本概念,虚拟现实系统的分类,虚拟现实技术的主要研究对象,虚拟现实的核心技术,虚拟现实技术的主要应用领域及虚拟现实的发展和现状。

虚拟现实技术的基本概念中要求掌握虚拟现实的定义,虚拟现实技术的特性,虚拟现实系统的组成及虚拟现实的关键技术。

虚拟现实的分类中要求掌握虚拟现实系统的4种不同类型。

虚拟现实的主要研究对象中要求了解6个基本问题。

虚拟现实的核心技术中要求了解5个核心技术。

虚拟现实的应用与发展现状中要求了解虚拟现实的应用以及其发展的状况。

2. 重点、难点

本章的重点是对虚拟现实定义、特性的掌握,难点是对虚拟现实系统组成的理解。

虚拟现实(Virtual Reality,VR)技术产生于20世纪60年代,VR一词创始于20世纪80年代,该技术涉及计算机图形学、传感器技术学、动力学、光学、人工智能及社会心理学等研究领域,是多媒体和三维技术发展的更高境界。虚拟现实技术是一种基于可计算信息的沉浸式交互环境,是一种新的人机交互接口。具体地说,就是采用以计算机技术为核心的现代高科技生成逼真的视、听、触觉一体化的特定范围的虚拟环境(Virtual Environment,VE),用户借助必要的设备以自然的方式与虚拟环境中的对象进行交互作用,相互影响,从而产生身临其境的感受和体验。

虚拟现实技术一经问世,人们就对它产生了浓厚的兴趣。虚拟现实技术不但在医学、军事、房地产、设计、考古、艺术、娱乐等诸多领域得到了越来越广泛的应用,而且还给社会带来了巨大的经济效益。因此,业内人士认为:20世纪80年代是个人计算机的时代,20世纪90年代是网络、多媒体的时代,而21世纪则将是虚拟现实技术的时代。

1.1 虚拟现实技术的基本概念

首先我们提出为什么要研究虚拟现实的问题,因为这个问题不搞清楚,我们就很难有意愿深入地学习这门新兴的科学。

传统的人机交互方式,即人与计算机之间的交互,是通过键盘、鼠标、显示器等工具实现的。而虚拟现实是将计算科学处理对象统一看作一个计算机生成的空间(虚拟空间或虚拟环境),并将操作它的人看作是这个空间的一个组成部分(Man-In-The-Loop)。

人与计算机空间的对象之间的交互是通过各种先进的感知技术与显示技术(即虚拟现实技术)完成的。人可以感受到虚拟环境中的对象,虚拟环境也可以感受到人对它的各种操作(类似于人与真实世界的交互方式)。

虚拟现实的概念最早是由美国人 Jaron Lanier 提出来的。虚拟(Virtual)说明这个世界和环境是虚拟的,是人工制造出来的,是存在于计算机内部的。用户可以"进入"这个虚拟环境中,可以以自然的方式和这个环境之间进行交互。所谓交互是指在感知环境和干预环境中,可让用户产生置身于相应的真实环境中的虚幻感、沉浸感,即身临其境的感觉。

虚拟环境系统包括操作者、人机接口和计算机。为了解人机接口性质的改变,虚拟现实意义下的人机交互接口至少可以给出 3 种区别以往的地方。

(1) 人机接口的内容。计算机提供"环境",不是数据和信息,这改变了人机接口的内容。

(2) 人机接口的形式。操作者由视觉、力觉感知环境,由自然的动作操作环境,而不是由显示器、键盘、鼠标和计算机交互,这改变了人机接口的形式。

(3) 人机接口的效果。逼真的感知和自然力的动作,使人产生身临其境的感觉。虚拟现实的主要目的是实现自然人机交互,即实现一种逼真的视、听、触觉一体化的计算机生成环境,这改变了人机接口的效果。

虚拟现实的主要实现方法是借助必要的装备,实现人与虚拟环境之间的信息转换,最终实现人与环境之间的自然交互与作用。在阐述了什么是虚拟现实技术的基础上,我们将进一步给出它的定义。通常虚拟现实的定义分为狭义和广义两种。

1.1.1 虚拟现实技术定义

1. 狭义的定义

把虚拟现实看成一种具有人机交互特征的人机界面(人机交互方式),即可以称之为"自然人机界面"。在此环境中,用户看到的是全彩色主体景象,听到的是虚拟环境中的音响,手(或)脚可以感受到虚拟环境反馈给用户的作用力,由此使用户产生一种身临其境的感觉。意思是像感受真实世界一样的(自然的)方式来感受计算机生成的虚拟世界,具有和相应真实世界里一样的感觉。这里,计算机世界既可以是超越我们所处时空之外的虚构环境,也可以是一种对现实世界的仿真(强调是由计算机生成的,能让人有身临其境感觉的虚拟图形界面)。

2. 广义的定义

把虚拟现实看成对虚拟想象(三维可视化)或真实三维世界的模拟。对某个特定环境真实再现后,用户通过接受和响应模拟环境的各种感官刺激,与其中虚拟的人及事物进行交互,使用户有身临其境的感觉。

如果不限定真实三维世界(如视觉、听觉等都是三维的),那些没有三维图形的世界,若模拟了真实世界的某些特征,如网络上的聊天室、MUD 等,也可称作虚拟世界、虚拟现实。

1.1.2 虚拟现实技术的特性

虚拟现实是计算机与用户之间的一种更为理想化的人机界面形式。与传统计算机接口相比，虚拟现实系统具有 3 个重要特征：沉浸感(Immersion)、交互性(Interaction)和想象力(Imagination)。任何虚拟现实系统都可以用 3 个"I"来描述其特征。其中沉浸感与交互性是决定一个系统是否属于虚拟现实系统的关键特征。VR 技术的三角形如图 1.1 所示。

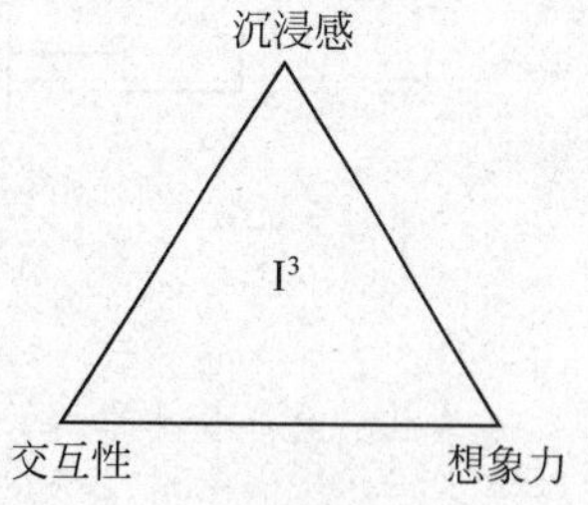

图 1.1 VR 技术的 3I 特性：交互-沉浸-想象

1. 沉浸感

沉浸感又称临场感。虚拟现实技术是根据人类的视觉、听觉的生理心理特点，由计算机产生逼真的三维立体图像，使用者通过头盔显示器(Head Mounted Display)、数据手套(Data Glove)或数据衣(Data Suit)等交互设备，便可将自己置身于虚拟环境中，成为虚拟环境中的一员。使用者与虚拟环境中的各种对象的相互作用，就如同在现实世界中的一样。当使用者移动头部时，虚拟环境中的图像也实时地跟随变化，物体可以随着手势移动而运动，使用者还可听到三维仿真声音。使用者在虚拟环境中，一切感觉都非常逼真，有种身临其境的感觉。由图 1.1 可以看出，沉浸感是虚拟现实最终实现的目标，其他两者是实现这一目标的基础，三者之间是过程和结果的关系。

2. 交互性

虚拟现实系统中的人机交互是一种近乎自然的交互，使用者不仅可以利用计算机键盘、鼠标进行交互，而且能够通过特殊头盔、数据手套等传感设备进行交互。计算机能根据使用者的头、手、眼、语言及身体的运动，来调整系统呈现的图像及声音。使用者可通过自身的语言、身体运动或动作等自然技能，对虚拟环境中的任何对象进行观察或操作。

3. 想象力

由于虚拟现实系统中装有视、听、触、动觉的传感及反应装置，因此，使用者在虚拟环境中可获得视觉、听觉、触觉、动觉等多种感知，从而达到身临其境的感受。

虚拟现实是一种高端人机接口，包括视觉、听觉、触觉、嗅觉和味觉等多感觉通道的实时模拟和交互。虚拟现实的四要素包括：虚拟世界、沉浸(身体和精神沉浸)、感觉反馈和交互性。

1.1.3 虚拟现实系统的组成

具有 3"I"特性的虚拟现实系统，其基本组成主要包括观察者、传感器、效果产生器及实景仿真器，如图 1.2 所示。

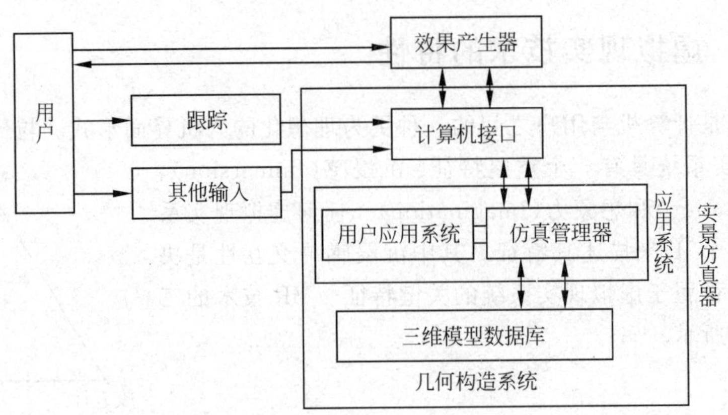

图 1.2 虚拟现实系统的基本组成

1. 效果产生器

效果产生器(Effects Generator)完成人与虚拟境界硬件交互的接口装置,包括能产生沉浸感的各类输出装置以及能测定视线方向和手指动作的输入装置。输入设备是虚拟现实系统的输入接口,其功能是检测用户输入信号,并通过传感器输入到计算机。基于不同的功能和目的,输入设备的类型也有所不同,以解决多个感觉通道的交互;输出设备是虚拟现实系统的输出接口,是对输入的反馈,其功能是由计算机生产信息通过传感器发送给输出设备。

2. 实景仿真器

实景仿真器(Visual Emulator)是虚拟现实系统的核心部分,是 VR 的引擎,由计算机软件、硬件系统、软件配套硬件(如图形加速卡和声卡等)组成,接收(发出)效果产生器所产生(接受)的信号。

实景仿真器负责从输入设备中读取数据、访问与任务相关的数据库,执行任务要求的实时计算,从而更新虚拟世界的状态,并把结果反馈给输出显示设备。其软件系统是实现技术应用的关键,提供工具包和场景图,主要完成虚拟世界中对象的几何模型、物理模型、行为模型的建立和管理,三维立体声的生成、三维场景的实时渲染,数据库的建立和管理等。数据库用来存放整个虚拟世界中所有对象模型的相关信息。在虚拟世界中,场景需要实时绘制,大量的虚拟对象需要保存、调用和更新,所以需要数据库对对象模型进行分类管理。

3. 应用系统

应用系统(Application)是面向具体问题的软件部分,用以描述仿真的具体内容,包括仿真的动态逻辑、结构及仿真对象之间和仿真对象与用户之间的交互关系。应用系统的内容直接取决于虚拟现实系统的应用目的。

4. 几何构造系统

几何构造系统(Geometrical Structural System)提供了描述仿真对象物理特性(外形、

颜色、位置)的信息。然后,虚拟现实系统中的应用系统在生成虚拟境界时,要使用和处理这些信息。

值得注意的是,不同类型的虚拟现实系统采用的设备是不一样的。如沉浸式系统,其主要设备包括个人计算机(PC)、头盔显示器、数据手套和头部跟踪器、屏幕、三维立体声音设备。实景仿真器用于完成虚拟世界的产生和处理功能;输入设备将用户输入的信息传递给虚拟现实系统,并允许用户在虚拟环境中改变自己的位置、视线方向和视野,也允许改变虚拟环境中虚拟物体的位置和方向;而输出设备是由虚拟系统把虚拟环境综合产生的各种感官信息输出给用户,使用户产生一种身临其境的逼真感。

1.1.4 虚拟现实的关键技术

从本质上说,虚拟现实就是一种先进的计算机用户接口,它通过同时给用户提供诸如视觉、听觉、触觉等各种直观而又自然的实时感知交互手段,最大限度地方便用户的操作,从而减轻用户的负担,提高整个系统的工作效率。实物虚化、虚物实化和高性能计算处理技术是VR技术的3个主要方面。

1. 实物虚化

如何将真实世界中的物(特别是人)与事件(特别是人的动作)传入虚拟环境中,是一个感知的问题。网络技术是通过分布式结构来解决让多个用户(特别是不在同一地理位置的多个用户)可以共同参与到同一个虚拟环境中这一问题的。

实物虚化(Physical Object Visualization)是现实世界空间向多维信息化空间的一种映射,主要包括基本模型构建、空间跟踪、声音定位、视觉跟踪和视点感应等关键技术,这些技术使得真实感虚拟世界的生成、虚拟环境对用户操作的检测和操作数据的获取成为可能。

2. 虚物实化

虚物实化(Virtual Object Materialization)要解决的是显示(输出)问题,即如何根据虚拟环境生成人可直接感受到的真实信号(声、光、电),也是确保用户从虚拟环境中获取同真实环境中一样或相似的视觉、听觉、力觉和触觉等感官认知的关键技术。能否让参与者产生沉浸感的关键因素除了视觉和听觉感知外,还有用户在操纵虚拟物体的同时,能否感受到虚拟物体的反作用力,从而产生触觉和力觉感知。力觉感知主要由计算机通过力反馈手套、力反馈操纵杆对手指产生运动阻尼从而使用户感受到作用力的方向和大小。触觉反馈主要是基于视觉、气压感、振动触感、电子触感和神经、肌肉模拟等方法来实现的,如图1.3所示。

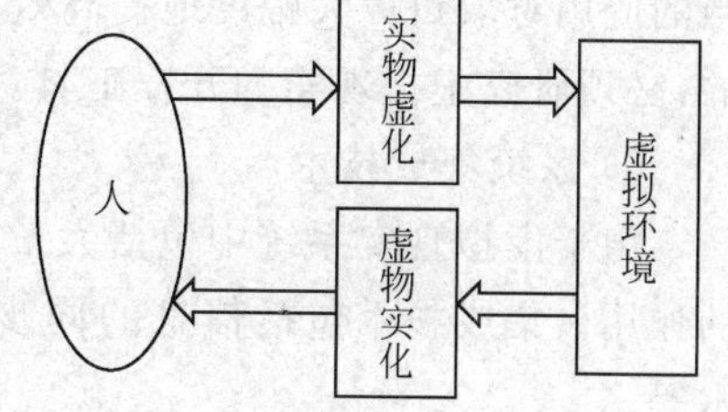

图1.3 实物虚化与虚物实化

3. 高性能计算处理技术

虚拟现实主要基于以下几种技术实现。

(1) 基本模型构建技术:它是应用计算机技术生成虚拟世界的基础,它将真实世界的对象物体在相应的3D虚拟世界中重构，并根据系统需求保存部分物理属性。例如，车辆在柏油地、草地、沙地和泥地上行驶时情况会有所不同，或对气象数据进行建模生成虚拟环境的气象情况(阴天、晴天、雨、雾)等。

(2) 空间跟踪技术：主要是通过头盔显示器、数据手套、数据衣等常用的交互设备上的空间传感器，确定用户的头、手、躯体或其他操作物在3D虚拟环境中的位置和方向。

(3) 声音跟踪技术：利用不同声源的声音到达某一特定地点的时间差、相位差、声压差等进行虚拟环境的声音跟踪。

(4) 视觉跟踪与视点感应技术：使用从视频摄像机到X-Y平面阵列、周围光或者跟踪光在图像投影平面不同时刻和不同位置上的投影，计算被跟踪对象的位置和方向。

(5) 计算处理技术：主要包括数据转换和数据预处理技术；实时、逼真图形图像生成显示技术；多种声音的合成与声音空间化技术；多维信息数据的融合、数据压缩以及数据库的生成；包括命令识别、语音识别，以及手势和人的面部表情信息的检测等在内的模式识别；分布式与并行计算及高速、大规模的远程网络技术。

此外，虚拟现实的核心技术主要包括以下几个方面。

1) 环境建模技术

虚拟环境的建立是虚拟现实技术的核心内容，环境建模的目的是获取实际三维环境的三维数据，并根据应用的需要，利用获取的三维数据建立相应的虚拟环境模型。

2) 人机交互技术

虚拟现实中的人机交互远远超出了键盘和鼠标的传统模式，三维交互技术已经成为计算机图形学中的一个重要研究课题。此外，语音识别与语音输入技术也是虚拟现实系统的一种重要人机交互手段。

3) 立体显示和传感器技术

虚拟现实的交互能力依赖于立体显示和传感器技术的发展。现有的虚拟现实还远远不能满足系统的需要，例如，数据手套有延迟大、分辨率低、作用范围小、使用不便等缺点；虚拟现实设备的跟踪精度和跟踪范围也有待提高，因此有必要开发新的三维显示技术。

4) 应用系统开发工具

虚拟现实应用的关键是寻找合适的场合和对象，即如何发挥想象力和创造力。选择适当的应用对象可以大幅度地提高效率、减轻劳动强度、提高产品开发质量。为了达到这一目的，必须研究虚拟现实的开发工具。例如，虚拟现实系统开发平台、分布式虚拟现实技术等。

5) 系统集成技术

由于虚拟现实系统中包括大量的感知信息和模型，因此系统的集成技术起着至关重要的作用。集成技术包括信息的同步技术、模型的标定技术、数据转换技术、识别和合成技术等。

1.2 虚拟现实系统的分类

虚拟现实系统按其功能不同，可分成沉浸式虚拟现实系统、增强现实型的虚拟现实系统、桌面式虚拟现实系统和分布式虚拟现实系统4种类型。

1.2.1　沉浸式虚拟现实系统

沉浸式虚拟现实系统(Immersive VR)是一套比较复杂的系统。使用者必须戴上头盔、数据手套等传感跟踪装置,才能与虚拟世界进行交互。这种系统可以将使用者的视觉、听觉与外界隔离,从而排除外界干扰,使使用者全身心地投入到虚拟现实中去。

这种系统的优点是用户可以完全沉浸到虚拟世界中去,缺点是系统设备价格昂贵,难以普及推广。常见的沉浸式系统有基于头盔式显示器的系统、投影式虚拟现实系统。沉浸式虚拟现实系统的体系结构如图1.4所示。

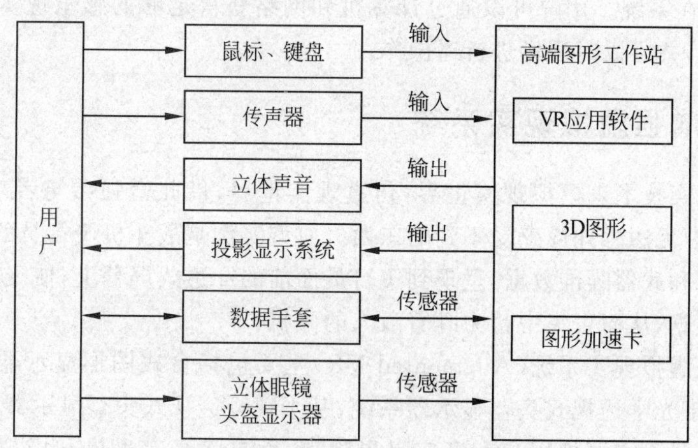

图1.4　沉浸式虚拟现实系统的体系结构

1. 沉浸式虚拟现实系统的特点

(1) 具有高度的实时性。用户改变头部位置时,跟踪器实时监测,送入计算机处理,快速生成相应场景。为使场景能平滑地连续显示,系统必须具备较小延迟,包括传感器延迟和计算延迟等。

(2) 高度沉浸感。该系统必须使用户和真实世界完全隔离,依据输入和输出设备,使用户完全沉浸在虚拟环境里。

(3) 具有强大的软硬件支持功能。

(4) 并行处理能力。用户的每一个行为都和多个设备综合有关。如手指指向一个方向,会同时激活3个设备:头部跟踪器、数据手套及语音识别器,产生3个事件。

(5) 良好的系统整合性。在虚拟环境中,硬件设备相互兼容,与软件协调一致地工作,互相作用,构成一个虚拟现实系统。

2. 沉浸式虚拟现实系统的类型

(1) 头盔式虚拟现实系统。采用头盔显示器实现单用户的立体视觉、听觉输出,使其完全沉浸在场景中。

(2) 洞穴式虚拟现实系统。该系统是基于多通道视景同步技术和立体显示技术的空间里的投影可视协同环境,可供多人参与,而且所有参与者均沉浸在一个被立体投影画面包围的虚拟仿真环境中，借助相应的虚拟现实交互设备，使其获得身临其境和6个自由度的交互感受。

(3) 座舱式虚拟现实系统。该系统是一个安装在运动平台上的飞机模拟座舱，用户坐在座舱内，通过操纵和显示仪表完成飞行、驾驶等操作。用户可从"窗口"观察到外部景物的变化，感受到座舱的旋转和倾斜运动，置身于一个能产生真实感受的虚拟世界里。该系统目前主要用于飞行和车辆驾驶模拟。

(4) 投影式虚拟现实系统。该系统采用一个或多个大屏幕投影来实现大画面的立体的视觉和听觉效果，使多个用户同时产生完全投入的感觉。

(5) 远程存在系统。用户可以通过计算机和网络获得足够的感觉现实和交互反馈，犹如身临其境一般，并可以对现场进行遥操作。

1.2.2 增强虚拟现实系统

通过虚拟现实技术来模拟现实世界，仿真现实世界，借此增强参与者对真实环境的感受，也就是现实中无法感知或感受不到的东西。典型实例是战斗机飞行员的平视显示器，它可以将仪表读数和武器瞄准数据，呈现到飞行员面前的穿透式屏幕上，使飞行员不必低头读座舱中仪表的数据，从而可集中精力盯着敌人的飞机。

常见的增强虚拟现实系统(Augmented VR)主要包括台式图形显示器系统、基于单眼显示器系统、基于光学透视式头盔显示器系统、基于视频透视式头盔显示器系统。

其主要特点是不需要把用户和真实世界隔离，而是将真实世界和虚拟世界融为一体。用户可以同时与两个世界进行交互。例如，工程技术人员在进行机械安装、维修、调试时，通过头盔显示器将原来不能呈现的机器内部结构以及它的相关信息、数据完全呈现出来，并按照计算机提示进行操作。增强虚拟现实系统犹如在虚拟环境与真实世界之间的河流间架起一座桥梁，因此其应用潜力非常巨大。如在医疗研究与解剖训练和对远程手术中的机器人控制方面比其他VR技术具有明显的优势。

1.2.3 桌面式虚拟现实系统

桌面式虚拟现实系统(Desktop VR)是利用个人计算机和低级工作站进行仿真，将计算机的屏幕作为用户观察虚拟境界的窗口。用户通过各种输入设备便可与虚拟环境进行交互，这些外部设备包括鼠标、追踪球、力矩球等。这种系统的特点是结构简单、价格低廉、易于普及推广，缺点是缺乏真实的现实体验。桌面式虚拟现实系统的体系结构如图1.5所示。

常见的桌面式虚拟现实技术有：基于静态图像的虚拟现实Quick Time VR(由苹果公司推出的快速虚拟系统，是采用360°全景拍摄来生成逼真的虚拟情景，用户在普通的计算机上，利用鼠标和键盘，就能真实地感受到所虚拟的情景)、虚拟现实造型语言(Virtual Reality Modeling Language，VRML)等，图1.6列出了桌面式虚拟现实技术示例。

桌面式虚拟现实系统虽然缺乏类似头盔显示器那样的沉浸效果，但它已经具备虚拟现实技术的要求，并兼有成本低、易于实现等特点，因此目前应用较为广泛。例如，高考结束的学子们可以足不出户，利用桌面式虚拟现实系统便可参观和选择未来的大学，如虚拟实验室、虚拟教室、虚拟校园等。

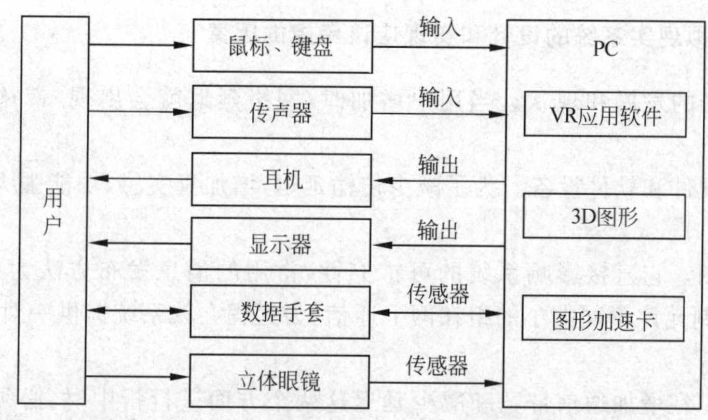

图 1.5　桌面式虚拟现实系统的体系结构

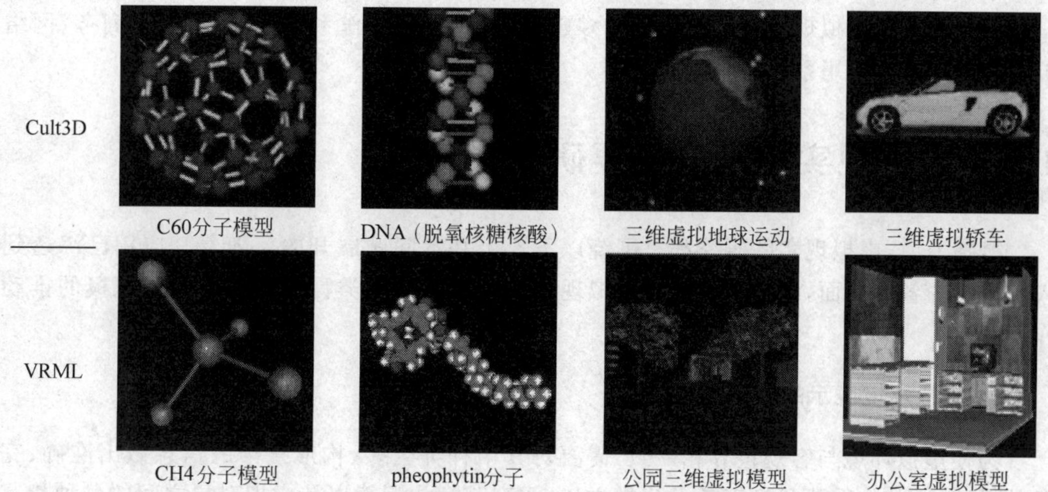

图 1.6　桌面式虚拟现实技术示例

1.2.4　分布式虚拟现实系统

分布式虚拟现实系统(Distributed VR)是基于网络，可供异地多用户同时参与的分布虚拟环境，即它可将异地的不同用户连接起来，共享一个虚拟空间。多个用户通过网络对同一虚拟世界进行观察和操作，达到共享信息、协同工作的目的。例如，异地的医科学生，可以通过网络，对虚拟手术室中的病人进行外科手术。

1. 分布式虚拟现实系统具有的特征

(1) 共享的虚拟工作空间。

(2) 伪实体的行为真实感。

(3) 支持实时交互，共享时钟。

(4) 多用户相互通信。

(5) 资源共享并允许网络上的用户对环境中的对象进行自然操作和观察。

2. 分布式虚拟现实系统的设计和实现应该考虑的因素

(1) 网络宽带的发展和现状。当用户增加时,网络延迟就会出现,带宽的需求也随之增加。

(2) 先进的硬件和软件设备。为了减少传输延迟,增加真实感,功能强大的硬件设备是必需的。

(3) 分布机制。它直接影响系统的可扩充性,常用的消息发布方法为广播、多播和单播。其中多播机制允许不同大小的组在网上通信,为远程会议系统提供一对多,多对多的消息发布服务。

(4) 可靠性。在增加通信带宽和减少延迟这两个方面进行折中时,必须考虑通信的可靠性问题。但可靠性的提高往往造成传输速度的减慢,因此要适可而止,才能既满足我们对可靠性的要求,又不影响传输速度。

利用分布式虚拟现实系统可以创建多媒体通信、设计协作系统、实景式电子商务、网络游戏和虚拟社区应用系统。

1.3 虚拟现实技术的主要研究对象

概括地说,虚拟现实的研究都是围绕以下 5 个基本问题展开的。随着其应用已渗透到人们生活的各个层面,因此也注定了虚拟现实技术必将对人类社会的发展起到积极的推动作用。

1. 虚拟环境表示的准确性

为使虚拟环境与客观世界相一致,需要对其中种类繁多、构形复杂的信息做出准确、完备的描述。同时,需要研究高效的建模方法,重建其演化规律以及虚拟对象之间的各种相互关系与相互作用。

2. 虚拟环境感知信息合成的真实性

抽象的信息模型并不能直接为人类所感知,这就需要研究虚拟环境的视觉、听觉、力觉和触觉等感知信息的合成方法,重点解决合成信息的高保真性和实时性问题,以提高沉浸感。

3. 人与虚拟环境交互的自然性

合成的感知信息实时地通过界面传递给用户,用户根据感知到的信息对虚拟环境中事件和态势做出分析和判断,并以自然方式实现与虚拟环境的交互。这就需要研究基于非精确信息的多通道人机交互模式和个性化的自然交互技术等,以提高人机交互效率。

4. 实时显示问题

尽管理论上能够建立起高度逼真的、实时漫游的 VR,但至少现在来讲还达不到这样的水平。这种技术需要强有力的硬件条件的支撑,如速度极快的图形工作站和三维图形加速卡,但目前即使是最快的图形工作站也不能产生十分逼真,同时又是实时交互的 VR。其根本原因是引入了用户交互,需要动态生成新的图形时,就不能达到实时要求,从而不得不降低图形的逼真度以减少处理时间,这就是所谓的景物复杂度问题。

5. 图形生成问题

图形生成是虚拟现实的重要瓶颈,虚拟现实最重要的特性是人可以在随意变化的交互控制下感受到场景的动态特性,换句话说,虚拟现实系统要求随着人的活动(位置、方向的变化)及时生成相应的图形画面。

本质上,上述 5 个问题的解决使得用户能够身临其境地感知虚拟环境,从而达到探索、认识客观事物的目的。

1.4 虚拟现实技术的应用

VR 的应用范围很广,例如国防、建筑设计、工业设计、培训、医学领域等。Helsel 与 Doherty 早在 1993 年就对全世界范围内已经进行的 805 项 VR 研究项目做了统计,结果表明: VR 技术在娱乐、教育及艺术方面的应用占据主流,达 21.4%,其次是军事与航空方面,达 12.7%,医学方面达 6.13%,机器人方面占 6.21%,商业方面占 4.96%; 另外,在可视化计算、制造业等方面也有相当的比重。这种格局至今未变,只是其在医学领域略有提升。下面简要介绍其部分应用。

1. 医学领域

虚拟现实技术和现代医学的飞速发展以及两者之间的融合使得虚拟现实技术已开始对生物医学领域产生重大影响,目前正处于应用虚拟现实的初级阶段,其应用范围包括从建立合成药物的分子结构模型到各种医学模拟,以及进行解剖和外科手术教育等。

2. 娱乐和艺术领域

丰富的感觉能力与 3D 显示环境使得 VR 成为理想的视频游戏工具。由于在娱乐方面对 VR 的真实感要求不是太高,故近些年来 VR 在该方面发展最为迅猛。作为传输显示信息的媒体,VR 在未来艺术领域方面所具有的潜在应用能力也不可低估。

3. 军事与航天工业领域

模拟演练一直是军事与航天工业中的一个重要课题,这为 VR 提供了广阔的应用前景。

4. 管理工程领域

VR 在管理工程方面也显示出了无与伦比的优越性。

5. 室内设计领域

虚拟现实不仅仅是一个演示媒体,而且还是一个设计工具。它以视觉形式反映了设计者的思想,把构思变成看得见的虚拟物体和环境。

6. 房地产开发领域

随着房地产行业竞争的加剧，传统的展示手段如平面图、表现图、沙盘、样板房等已经远远无法满足消费者的需要。因此，敏锐把握市场动向，果断启用最新的技术并迅速转化为生产力，方可领先一步，击溃竞争对手。

7. 工业仿真领域

虚拟现实已经被世界上一些大型企业广泛地应用到工业的各个环节，对提高企业开发效率，加强数据采集、分析、处理能力，减少决策失误，降低企业风险起到了重要的作用。虚拟现实技术的引入，将使工业设计的手段和思想发生质的飞跃，更加符合社会发展的需要，可以说在工业设计中应用虚拟现实技术是可行且必要的。

8. 文物古迹领域

利用虚拟现实技术，结合网络技术，可以将文物的展示、保护提高到一个崭新的阶段。使用虚拟现实技术可以推动文博行业更快地进入信息时代，实现文物展示和保护的现代化。

9. 游戏领域

三维游戏既是虚拟现实技术的重要应用方向之一，也为虚拟现实技术的快速发展起了巨大的牵引作用。可以说，电脑游戏自产生以来，一直都在朝着虚拟现实的方向发展，虚拟现实技术发展的最终目标已经成为三维游戏工作者的崇高追求。随着三维技术的快速发展和软硬件技术的不断进步，在不远的将来，真正意义上的虚拟现实游戏必将为人类娱乐、教育和经济发展做出新的更大的贡献。

10. 道路桥梁领域

城市规划一直是对全新的可视化技术需求最为迫切的领域之一，虚拟现实技术可以广泛地应用在城市规划的各个方面，并带来切实且可观的利益。虚拟现实技术在道路桥梁、高速公路与桥梁建设中也得到了应用。

11. 地理领域

应用虚拟现实技术，将三维地面模型、正射影像和城市街道、建筑物及市政设施的三维立体模型融合在一起，再现城市建筑及街区景观，用户在显示器上可以很直观地看到生动逼真的城市街道景观，进行诸如查询、测量、漫游、飞行浏览等一系列操作。这满足数字城市技术由二维 GIS 向三维虚拟现实的可视化发展需要，为城建规划、社区服务、物业管理、消防安全、旅游交通等提供可视化空间地理信息服务。

12. 教育领域

虚拟现实应用于教育是教育技术发展的一个飞跃。它营造了“自主学习”的环境，由传统的“以教促学”的学习方式代之为学习者通过自身与信息环境的相互作用来得到知识、技能的新型学习方式。

总的来说,虚拟现实是一个充满活力、具有巨大应用前景的高新技术领域,对于具体的应用案例,详见本书第 7 章。

1.5 虚拟现实技术的发展和现状

1.5.1 虚拟现实技术发展历程

虚拟现实技术的发展和应用基本上可以分为 3 个阶段:

第 1 阶段是从 20 世纪 50 年代到 20 世纪 70 年代,属于准备阶段;第 2 阶段是从 20 世纪 80 年代初到 20 世纪 80 年代末,是虚拟现实技术走出实验室,进入实际应用阶段;第 3 阶段是从 20 世纪 90 年代初至今,是虚拟现实技术全面发展时期。

1. 虚拟现实技术的探索阶段

美国是虚拟现实技术研究和应用的发源地,早在 1956 年,MortonHeileg 就开发出了一个名为 Sensorama 的摩托车仿真器。Sensorama 具有三维显示及立体声效果,能产生振动和风吹的感觉。1965 年,Sutherland 在篇名为《终极的显示》论文中首次提出了包括具有交互图形显示、力反馈设备以及声音提示的虚拟现实系统的基本思想,从此,人们正式开始了对虚拟现实系统的研究探索历程。在虚拟现实技术发展史上一个重要的里程碑是在 1968 年美国计算机图形学之父 Ivan Sutherlan 在哈佛大学组织开发了第一个计算机图形驱动的头盔显示器及头部位置跟踪系统。在一个完整的头盔显示系统中,用户不仅可以看到三维物体的线框图,还可以确定三维物体在空间的位置,并通过头部运动从不同视角观察三维场景的线框图。在当时的计算机图形技术水平下,Ivan Sutherlan 取得的成就是非凡的。目前,在大多数虚拟现实系统中都能看到 HMD(Head Mount Display,头戴式可视设备)的影子,因而,许多人认为 Ivan Sutherlan 不仅是“图形学之父”,而且还是“虚拟现实技术之父”。

2. 虚拟现实技术基本概念的逐步形成

基于从 20 世纪 60 年代以来所取得的一系列成就,美国的 Jaron Lanier 在 20 世纪 80 年代初正式提出了“Virtual Reality”一词。20 世纪 80 年代,美国宇航局(NASA)及美国国防部组织了一系列有关虚拟现实技术的研究,并取得了令人瞩目的研究成果,从而引起了人们对虚拟现实技术的广泛关注。这一时期出现了两个比较典型的虚拟现实系统,即 VIDEOPLACE 与 VIEW 系统。VIDEOPLACE 是由 M. W. Krueger 设计的,它是一个计算机生成的图形环境,在该环境中参与者看到本人的图像投影在一个屏幕上,通过协调计算机生成的静物属性及动体行为,可使它们实时地响应参与者的活动;VIEW 系统是 NASA Ames 实验中心研制的第一个进入实际应用的虚拟现实系统,当 1985 年 VIEW 系统雏形在美国 NASA Ames 实验中心完成时,该系统以低廉的价格,让参与者有“真实体验”的效果引起有关专家的注意。

随后,VIRW 系统又装备了数据手套、头部跟踪器等硬件设备,还提供了语音、手势等交互手段,使之成为一个名副其实的虚拟现实系统。目前,大多数虚拟现实系统的硬件体系结构大都由 VIEW 发展而来,由此可见 VIEW 在虚拟现实技术发展过程中的重要作用。

VIEW 的成功对虚拟现实技术的研制者是一个很大的鼓舞，并引起了世人的极大关注。

3. 虚拟现实技术全面发展时期

在这一阶段可以说是虚拟现实技术从研究转向了应用。进入 20 世纪 90 年代，迅速发展的计算机硬件技术与不断改进的计算机软件系统相匹配，使得基于大型数据集合的声音和图像的实时动画制作成为可能；人机交互系统的设计不断创新，新颖、实用的输入输出设备不断地进入市场。而这些都为虚拟现实系统的发展打下了良好的基础。可以看出，正是因为虚拟现实系统极其广泛的应用领域，如娱乐、军事、航天、设计、生产制造、信息管理、商贸、建筑、医疗保险、危险及恶劣环境下的遥操作、教育与培训、信息可视化以及远程通信等，所以人们对迅速发展中的虚拟现实系统的广阔应用前景充满了憧憬与兴趣。

1.5.2 虚拟现实技术研究现状

VR 技术领域几乎是所有发达国家都在大力研究的前沿领域，它的发展速度非常迅猛。基于 VR 技术的研究主要有 VR 技术与 VR 应用两大类。在国外，VR 技术研究方面发展较好的有美国、德国、英国、日本、韩国等国家；在国内，浙江大学、北京航空航天大学等单位在 VR 方面的研究工作开展得比较早，成果也较多。

美国 VR 技术的研究水平基本上代表了国际 VR 技术发展的水平，它是全球研究最早，研究范围最广的国家，其研究内容几乎涉及从新概念发展(如 VR 的概念模型)、单项关键技术(如触觉反馈)到 VR 系统的实现及应用等有关 VR 技术的各个方面。

欧洲的 VR 技术研究主要由欧共体的计划支持，在英国、德国、瑞典、荷兰、西班牙等国家都积极进行了 VR 技术的开发与应用。

英国在 VR 技术的研究与开发的某些方面，如分布式并行处理、辅助设备(触觉反馈设备等)设计、应用研究等方面，在欧洲是领先的。

在德国，以德国 FhG-IGD 图形研究所和德国计算机技术中心(GMD)为代表。它们主要从事虚拟世界的感知、虚拟环境的控制和显示、机器人远程控制、VR 在空间领域的应用、宇航员的训练、分子结构的模拟研究等。德国的计算机图形研究所(IGD)测试平台，主要用于评估 VR 技术对未来系统和界面的影响，向用户和生产者提供通向先进的可视化、模拟技术和 VR 技术的途径。

在亚洲，日本的 VR 技术研究发展十分迅速，同时在韩国、新加坡等国家也积极开展了 VR 技术方面的研究工作。在当前实用 VR 技术的研究与开发中，日本是居于领先位置的国家之一。它主要致力于建立大规模 VR 知识库的研究，另外在 VR 游戏方面的研究也做了很多工作，但日本大部分 VR 硬件是从美国进口的。

总之，VR 技术是一项投资大、具有高难度的科技领域。我国 VR 技术研究始于 20 世纪 90 年代初，相对其他国家来说起步较晚，技术上有一定的差距，但这已引起我国政府有关部门和科学家们的高度重视，他们及时根据我国的国情，制订开展了 VR 技术的研究计划。例如，“九五”和“十五”规划、国家 863 计划、国家自然科学基金会、国防科工委等都把 VR 列入了重点资助范围。在国家 973 项目中，VR 技术的发展应用已被列为重中之重，而且支持研究开发的力度也越来越大。与此同时，国内一些重点高等院校，已积极投入到这一领域的研究工作中，并先后建立起省级和国家级虚拟仿真实验教学中心，在此就不一一列举了。

1.5.3 虚拟现实技术的发展趋势

纵观 VR 的发展历程,未来 VR 技术的研究仍将延续“低成本、高性能”原则,从软件、硬件两方面展开,发展方向主要归纳如下。

1. 动态环境建模技术

虚拟环境的建立是 VR 技术的核心内容,动态环境建模技术的目的是获取实际环境的三维数据,并根据需要建立相应的虚拟环境模型。例如眼动跟踪技术,几乎没有技术上的瓶颈,一旦将屏幕贴近人的脸部,就可以清晰地观测到人眼部的运动,这意味着两者可以通过 VR 遭遇,进行眼神上的交流,这和现实生活中的情景无异,它还意味着人可以用眼睛操控电脑,用眼神取代输入设备。

2. 实时三维图形生成和显示技术

三维图形的生成技术已比较成熟,而关键是怎样“实时生成”,在不降低图形的质量和复杂程度的基础上,如何提高 VR 设备的分辨率,将会是一个神奇的转折点,即分辨率高到人眼无法辨别真伪,与苹果公司倡导的 Retina 概念类似。研发出分辨率在 4K 和 8K 之间的设备,使人们根本无法分辨出“虚拟”和真实世界的区别。

3. 新型交互设备的研制

虚拟现实技术使人能够自由与虚拟世界对象进行交互,犹如身临其境,面部追踪是一个关键的技术节点。当面部识别技术完善到一定程度后,VR 真实度会再提升一个台阶。这意味着同样的场景,如果将硬件贴近面部,便可追踪和测量到面部,哪怕是细微的变化,也就是说,我们在 VR 场景中,和现实中人们的交流一样的亲切和自然。

4. 智能化语音虚拟现实建模

虚拟现实建模是一个比较繁复的过程,需要大量的时间和精力。如果将 VR 技术与智能技术、语音识别技术结合起来,可以很好地解决这个问题。对模型的属性、方法和一般特点的描述通过语音识别技术转化成建模所需的数据,然后利用计算机的图形处理技术和人工智能技术进行设计、导航以及评价,将模型用对象表示出来,并且将各种基本模型静态或动态地连接起来,最终形成系统模型。人工智能一直是业界的难题,它在各个领域十分有用,在虚拟世界也大有用武之地,良好的人工智能系统对减少乏味的人工劳动具有非常积极的作用。

5. 分布式虚拟现实技术的展望

分布式虚拟现实是今后虚拟现实技术发展的重要方向。随着 Internet 应用的普及,一些面向 Internet 的数字视频特效(Digital Video Effect,DVE)应用使得位于世界各地的多个用户可以进行协同工作。将分散的虚拟现实系统或仿真器通过网络连接起来,采用协调一致的结构、标准、协议和数据库,形成一个在时间和空间上互相耦合的虚拟合成环境,参与者可自由地进行交互作用。特别是在航空航天中,它的应用价值极为明显,因为国际空间站的参与国分布在世界的不同区域，分布式 VR 训练环境不需要在各国重建仿真系统，这样不仅减少了研制经费和设备费用，还减少了人员出差的费用以及异地生活的不适。

6. "屏幕"时代的终结

目前几乎所有的 AR 企业都致力于消除显示器和屏幕的使用。如果成为可能，头显将允许人们在任何地方看到一个虚拟的"电视"，例如在墙上、在手机屏幕上、在手掌上或就在面前的空气中。由此一来，再没有必要随身携带笨重的设备，或将电视挂在墙上了。

本章小结

虚拟现实目前已经成为计算机以及相关领域研究、开发和应用的焦点。本章主要介绍了虚拟现实的定义、虚拟现实的基本特征、虚拟现实系统组成、虚拟现实系统分类、研究对象和应用邻域等基础知识。

【注释】

1. 反馈：又称回馈，是现代科学技术的基本概念之一。一般来讲，控制论中的反馈概念，指将系统的输出返回到输入端并以某种方式改变输入，进而影响系统功能的过程，即将输出量通过恰当的检测装置返回到输入端并与输入量进行比较的过程。反馈可分为负反馈和正反馈。在其他学科领域，反馈一词也被赋予了其他的含义，例如传播学中的反馈，无线电工程技术中的反馈等。
2. 人机接口：是指人与计算机之间建立联系、交换信息的输入/输出设备的接口，这些设备包括键盘、显示器、打印机、鼠标器等。
3. 分布式虚拟现实系统：简称 DVR，是虚拟现实系统的一种类型，它是基于网络的虚拟环境，在这个环境中，位于不同物理环境位置的多个用户或多个虚拟环境通过网络相连接，或者多个用户同时参加一个虚拟现实环境，通过计算机与其他用户进行交互，并共享信息。系统中，多个用户可通过网络对同一虚拟世界进行观察和操作，以达到协同工作的目的。简单地说是指一个支持多人实时通过网络进行交互的软件系统，每个用户在一个虚拟现实环境中，通过计算机与其他用户进行交互，并共享信息。
4. 传感器(Transducer/Sensor)：是一种检测装置，能感受到被测量的信息，并能将感受到的信息，按一定规律变换成为电信号或其他所需形式的信息输出，以满足信息的传输、处理、存储、显示、记录和控制等要求。
5. 引擎(Engine)：是电子平台上开发程序或系统的核心组件。利用引擎，开发者可迅速建立、铺设程序所需的功能或利用其辅助程序的运转。一般而言，引擎是一个程序或一套系统的支持部分。常见的程序引擎有游戏引擎、搜索引擎和杀毒引擎等。
6. 三维可视化：是用于显示描述和理解地下及地面诸多地质现象特征的一种工具，广泛应用于地质和地球物理学的所有领域。三维可视是描绘和理解模型的一种手段，是数据体的一种表征形式，并非模拟技术。它能够利用大量数据，检查资料的连续性，辨认资料真伪，发现和提出有无异常，为分析、理解及重复数据提供了有用工具，对多学科的交流协作起到桥梁作用。
7. 线框图：是整合在框架层的全部三种要素的方法。通过安排和选择界面元素来整合界面设计；通过识别和定义核心导航系统来整合导航设计；通过放置和排列信息组成部分的优先级来整合信息设计。通过把这三者放到一个文档中，线框图可以确定一个建立在基本概念结构上的架构，同时指出了视觉设计应该前进的方向。
8. 映射：有照射的含义，是一个动词。在数学里，映射则是个术语，指两个元素集之间的元素相互"对应"的关系，为名词；亦指"形成对应关系"这一个动作，为动词。
9. 渲染(Render)：也有的把它称为着色，但一般把 Shade 称为着色，把 Render 称为渲染。因为 Render 和

Shade 这两个词在三维软件中是截然不同的两个概念，虽然它们的功能很相似，但却有不同。Shade 是一种显示方案，一般出现在三维软件的主要窗口中，和三维模型的线框图一样起到辅助观察模型的作用。

10. 漫游：是利用 OpenGL 与编程语言(VC++)进行系统开发时实现的极其重要的功能之一，是一种对三维虚拟场景的浏览操作方式。
11. 阻尼(Damping)：是指任何振动系统在振动中，由于外界作用或系统本身固有的原因引起的振动幅度逐渐下降的特性，以及此特性的量化表征。
12. 实时交互：是指立刻得到反馈信息的交互。延时交互则需要经过一段时间才能得到反馈信息。
13. 同步技术：是调整通信网中的各种信号使之协同工作的技术。诸信号协同工作是通信网正常传输信息的基础。
14. MUD 游戏(Multiple User Domain，多用户虚拟空间游戏)：是文字网游的统称，也是最早的网络游戏，没有图形，全部用文字和字符画来构成，通常是武侠题材，如著名的风云、书剑、英雄坛等。1979 年，第一个 MUD(多用户土牢)多人交互操作站点建立。

第2章 虚拟现实系统的输入设备

导学

1. 内容与要求

本章主要介绍跟踪器的定义和主要性能参数，一些常用的跟踪器和重要的交互接口。

三维位置跟踪器中要理解维度的概念，掌握六自由度的概念。了解跟踪器的主要性能参数，包括精度、抖动、偏差和延迟。了解多种跟踪技术，包括机械跟踪器、电磁跟踪器、超声波跟踪器、光学跟踪器、惯性跟踪器和混合跟踪器。

虚拟现实系统的交互接口中要理解手势接口的工作原理，掌握数据手套的传感器基本配置情况，了解三维鼠标、数据衣的基本工作方式。

2. 重点、难点

本章的重点是跟踪器的概念、主要的跟踪技术及手势接口的工作原理。难点是理解六自由度的概念和数据手套传感器的配置情况。

输入设备(Input Devices)用来输入用户发出的动作，使用户可以操控一个虚拟境界。在与虚拟场景进行交互时，大量的传感器用来管理用户的行为，并将场景中的物体状态反馈给用户。为了实现人与计算机间的交互，需要使用专门设计的接口把用户命令输入给计算机，同时把模拟过程中的反馈信息提供给用户。基于不同的功能和目的，目前有很多种虚拟现实接口，以解决多个感觉通道的交互。例如，身体的运动可以由三维位置跟踪器跟踪检测，手势可以通过数据手套实时获取人手的动作姿态等。

由于传统的键盘与鼠标已满足不了虚拟现实的输入技术要求，因此需要一些新的特殊设备的支持。

2.1 三维位置跟踪器

跟踪器是指虚拟现实系统中用于测量三维对象位置和方向实时变化的专门硬件设备。跟踪器是虚拟现实中一个关键的传感设备，它的任务是检测方位与位置，并将数据报告给虚拟现实系统。例如虚拟现实中常需要检测头部与手在三维空间中的位置和方向，一般需要跟踪6个不同的运动方向，即六自由度。

1. 维度

维度(Dimension)，又称维数，指独立的时空坐标的数目。零维度空间是一个点，无限小的点，不占任何空间，点就是零维空间；当无数点集合排列之后，形成了线，直线就是一维空间；无数的线构成了一个平面，平面就是二维空间；无数的平面并列构成了三维空间，也就是立体的空间。三维是指在平面二维系中又加入了一个方向向量构成的空间，所谓三维，通俗地说也就是人为规定的互相垂直的三个方向，用这个三维坐标，可以把整个世界任意一点的位置确定下来。

三维即坐标轴的三个轴，即 x 轴、y 轴、z 轴，其中 x 轴表示左右空间，y 轴表示上下空间，z 轴表示前后空间，这样就形成了人的视觉立体感，三维动画就是由三维制作软件制作的立体动画。

虚拟现实是三维动画技术的延伸和拓展，它们的不同是有无互动性。除此之外，虚拟现实需要确定位置和方向，所以是 6 度，而三维是 3 度。

2. 六自由度

在理论力学中，物体的自由度是确定物体的位置所需要的独立坐标数，当物体受到某些限制时，自由度减少。如果将质点限制在一条线上或一条曲线上运动，它的位置可以用一个参数表示。当质点在一个平面或曲面上运动时，位置由两个独立坐标来确定，它有两个自由度。假如质点在空间运动，位置由 3 个独立坐标来确定。物体在三维空间运动时，其具有 6 个自由度：3 个用于平移运动，3 个用于旋转运动。物体可以上下，左右运动，称为平移；物体可以围绕任何一个坐标轴旋转，为旋转。由于这几个运动都是相互正交的，并对应 6 个独立变量，即用于描述三维对象的 X、Y、Z 坐标值和 3 个参数：俯仰角(Pitch)、横滚角(Roll)及航向角(Yaw)。因此这 6 个变量通常为 6 个自由度(Degree Of Freedom，DOF)，即 3 个平移自由度(即 X、Y、Z)和 3 个旋转自由度(Pitch、Roll、Yaw)。因此虚拟现实是六度，而非三维动画的三度，如图 2.1 所示。

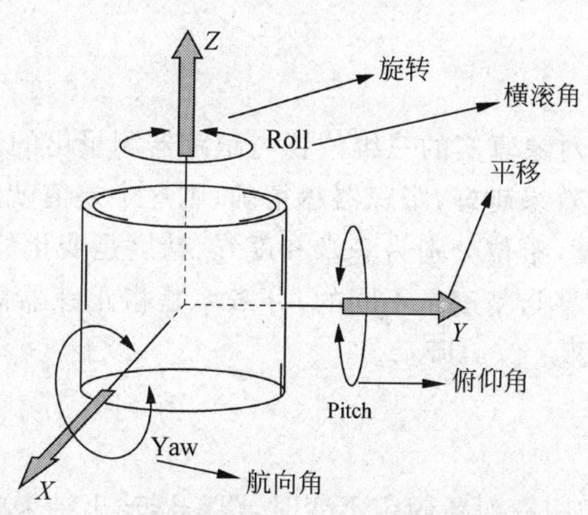

图 2.1　六自由度示意图

跟踪器能够实时地测量用户身体或其局部的方向和位置，并将信息输入给虚拟现实系统，然后根据用户当前的视角刷新虚拟场景的显示。它是虚拟现实和其他人机实时交互系统中最重要的输入设备之一。目前的跟踪器主要包括机械跟踪器、电磁跟踪器、光学跟踪器、超声波跟踪器、惯性跟踪器、GPS 跟踪器及混合跟踪器等。可以参考跟踪器的主要性能参数综合测评跟踪器性能优劣。

2.1.1 跟踪器的性能参数

跟踪器的性能指标主要包括精度、抖动、偏差和延迟，如图2.2所示。

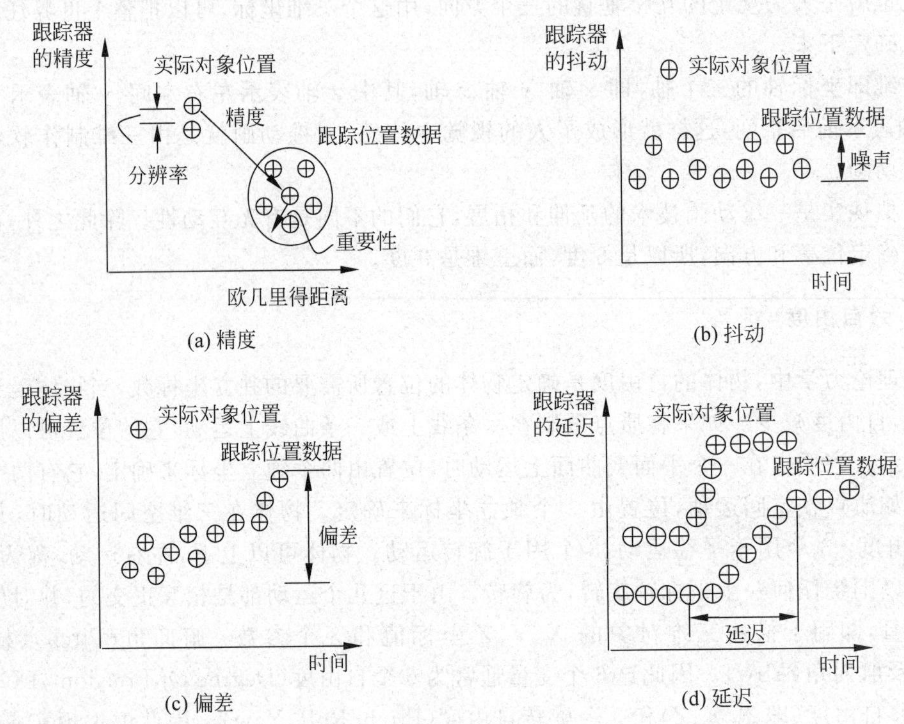

图2.2 跟踪器的性能参数图

1. 精度

精度(Accuracy)是指对象真实的三维位置与跟踪器测量出的三维位置之间的差值。

跟踪用户实际动作的效果越好，跟踪器越精确，则这个差值就越小。对于平移和旋转运动，需要分别给出跟踪精度(单位分别为毫米和度)。精度是变化的，会随着离坐标系原点的距离的增加而降低。分辨率与精度是不同的，分辨率是指跟踪器能够检测出的被跟踪对象的最小三维位置变化，如图2.2(a)所示。

2. 抖动

抖动(Jitter)是指当被跟踪对象固定不变时，跟踪器输出结果的变化。

当被跟踪对象固定时，没有抖动的跟踪器会测量出一个常数值。抖动有时也称为传感噪声，它使得跟踪器数据围绕平均值随机变化，如图2.2(b)所示。在跟踪器的工作范围内，抖动不是一个常数值，会受附近环境条件的影响。

3. 偏差

偏差(Drift)是指跟踪器随时间推移而累积的误差。

随着时间的推移，跟踪器的精确度降低，数据的准确性下降。因此需要使用一个没有偏差的间接跟踪器周期性地对它进行零位调整，以便控制偏差，如图 2.2(c)所示。

4. 延迟

延迟(Latency)是动作与结果之间的时间差。对三维跟踪器来说，延迟是对象的位置或方向的变化与跟踪器检测这种变化之间的时间差。

延迟比较大的跟踪器会带来很大的时间滞后，因此仿真中需要尽量小的延迟。例如在使用虚拟头盔时，虚拟头盔的运动与用户所看到的虚拟场景的运动之间存在很大的时间滞后。这种时间上的滞后会导致“仿真病”(Simulation Sickness)，包括恶心、疲劳和头痛等。用户感受到的是系统延迟，包括跟踪器测量对象位置变化的延迟、跟踪器与主计算机之间的通信时间延迟和计算机绘制和显示场景所需的时间延迟。

2.1.2　机械跟踪器

机械跟踪器(Mechanical Trackers)由一个串行或并行的运动结构组成，该运动结构由多个带有传感器的关节连接在一起的连杆构成。

机械式是一种绝对位置传感器，通过机械关节的物理连接来测量运动物体的位置及方向。机械跟踪器的工作原理是通过机械连杆装置上的参考点与被测物体相接触的方法来检测其位置的变化。它通常采用钢体结构，一方面可以支撑观察的设备，另一方面可以测量跟踪物体的位置与方向。对于一个六自由度的机械跟踪系统，机械结构上必须有 6 个独立的机械连接部件，分别对应 6 个自由度，将任何一种复杂的运动用几个简单的平行移动和转动组合表示，如图 2.3 所示。

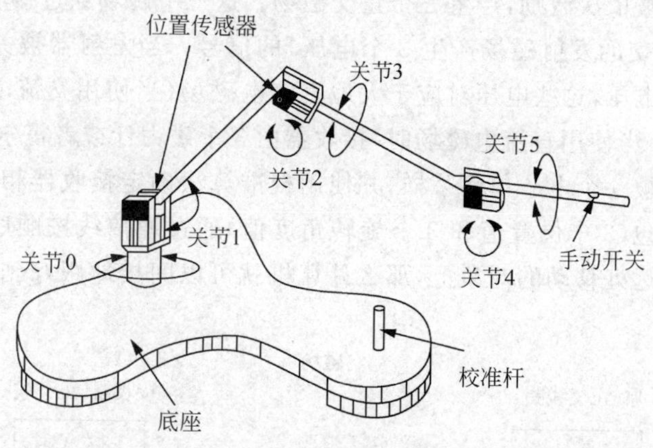

图 2.3　机械跟踪器

机械跟踪器的优缺点如表 2.1 所示。优点是在跟踪器的工作范围内，关节传感器的分辨率决定精度的稳定性；并且不受周围环境中的金属物质和磁场的影响；抖动比较小，延迟比较低；机械跟踪器与被跟踪对象之间没有视觉阻挡问题。缺点是机械臂受尺寸限制，工作范围有限；由于跟踪机械臂自身运动的妨碍，用户运动的自由度被减小，当用户同时使用多个机械跟踪器时，情况就变得更加复杂；还有一些和机械跟踪器质量有关的人机工程学问题，会导致用户疲劳，从而不断降低在虚拟环境中的沉浸感。

表 2.1 机械跟踪器优缺点

优点	缺点
简单且易于使用 不受周围环境中的金属物质和磁场的影响 抖动比较小,延迟比较低 与被跟踪对象之间无视觉阻挡问题	机械臂受尺寸限制,工作范围有限 人机工程学问题,降低沉浸感

Gypsy5 是一种复杂的机械跟踪器,如图 2.4 所示。其关节位置可由众多单向导电塑料制成的精密电位计测量得到,除此之外,还配备了陀螺仪用来提供与机械跟踪信息无关的身体方位数据。

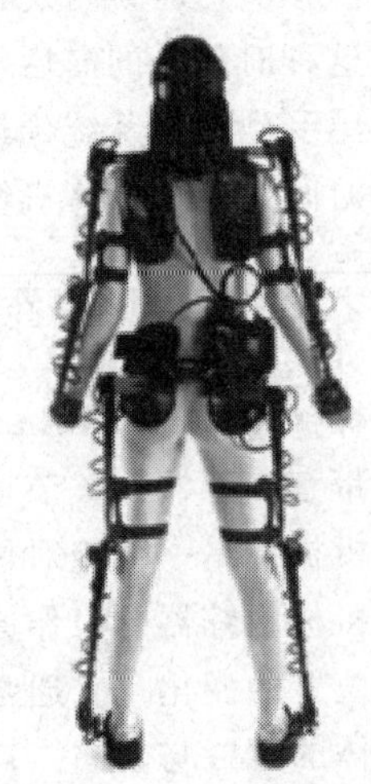

图 2.4 Gypsy5 机械跟踪器

2.1.3 电磁跟踪器

电磁跟踪器(Magnetic Trackers)是一种非接触式的位置测量设备,它使用由一个固定发射器产生的电磁场,来确定移动接收单元的实时位置。

电磁跟踪器的原理就是利用磁场的强度来进行位置和方向跟踪的,一般由一个控制部件,几个发射器和几个接收器组成,如图 2.5 所示。首先发射器发射电磁场,发射器由缠绕在一个立方体磁芯上的三个方向相互垂直的线圈做成的天线组成。然后这些天线被依次激励,产生三个正交磁场。这三个磁场穿过接收器,产生一个包含 9 个电压值(每个正交的发射磁场产生 3 个电压)的信号。当发射器被关掉时,直流电磁跟踪器会再产生 3 个电压,这些电压对应于大地直流电磁场(当使用交流电磁场时,接收器由 3 个正交线圈组成;当使用直流电磁场时,接收器由 3 个磁力计或者霍尔效应传感器组成)。最后接收器的电压被一个电子单元采样,并使用校准算法确定接收器相对于发射器的位置和方向。这些数据包(3 个位置值和 3 个旋转角度值)通过通信线按顺序发送给主计算机。如果接收器被绑在远处移动的对象上,那么计算机就可以间接地跟踪到该对象相对于固定发射器的运动。

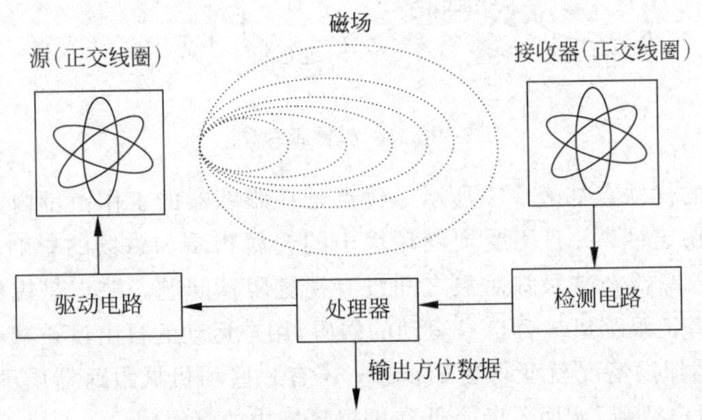

图 2.5 交流电磁跟踪器原理图

电磁跟踪器根据磁发射信号和磁感应信号之间的耦合关系确定被测对象的方位的。环境中的金属物体、电子设备、CRT及环境磁场会对接收装置造成干扰。

磁传感器是一种将磁场或磁感应强度等物理量转换成电信号的磁电转换元器件或装置,大部分磁传感器是基于固定材料的磁电效应的传感器,其中主要是半导体材料。当给一个线圈中通上电流后,在线圈的周围将产生磁场。根据所发射磁场的不同,可分为直流式电磁跟踪器和交流式电磁跟踪器,其中交流式电磁跟踪器使用较多。

电磁跟踪器的优缺点如表2.2所示,对于手部的跟踪采用电磁跟踪器较多。

表2.2 电磁跟踪器优缺点

优 点	缺 点
其敏感性不依赖于跟踪方位	延迟较长
不受视线阻挡的限制	跟踪范围小
体积小、价格便宜	容易受环境中大的金属物体或其他磁场的影响,信号发生畸变,跟踪精度降低

目前以Polhemus(波尔希默斯)和Asension Technology Corporation两家公司的电磁跟踪器比较著名。

Polhemus的G4电磁式位置追踪器在许多应用中创造了新的可能性,包括训练和模拟、医疗保健和理疗、康复和物理治疗、生物力学、体育动作分析、培训和模拟、洞穴和圆顶环境、功率墙应用、人体工程学试验、人类因素工程等诸多领域。而Polhemus G4电磁式位置追踪器最令人印象深刻的特点之一是其适应性。当用户的需求变化或扩大时,用户可以添加组件进一步增强G4的性能。这种多功能性使得性价比极高的G4具备了长期的特殊价值,而其轻巧的体积也使用户携带方便,它就像一部手机,可以别在皮带上,也可放在口袋里,如图2.6所示。

图2.6 G4电磁式位置追踪器

2.1.4 超声波跟踪器

超声波跟踪器(Ultrasonic Trackers)是声学跟踪技术最常用的一种,是一种非接触式的位置测量设备,使用固定发射器产生的超声信号来确定移动接收单元的实时位置。

超声波跟踪器由发射器、接收器和电子单元三部分组成,如图2.7所示。它的发射器由三个超声扬声器组成,安装在一个稳固的三脚架上。接收器的组成是3个麦克风安装在一个稳固的小三脚架上，三脚架放置在头盔显示器的上面（接收麦克风也可以安装在三维鼠标、立体眼镜和其他输入设备上）。超声波跟踪器的测量基于三角测量，周期性地激活每个扬声器，计算它到3个接收器麦克风的距离。控制器对麦克风进行采样，并根据校准常数将采样值转换成位置和方向，然后发送给计算机，用于渲染图形场景。由于它们的简单性，超声波跟踪器成为电磁跟踪器的廉价替代品。

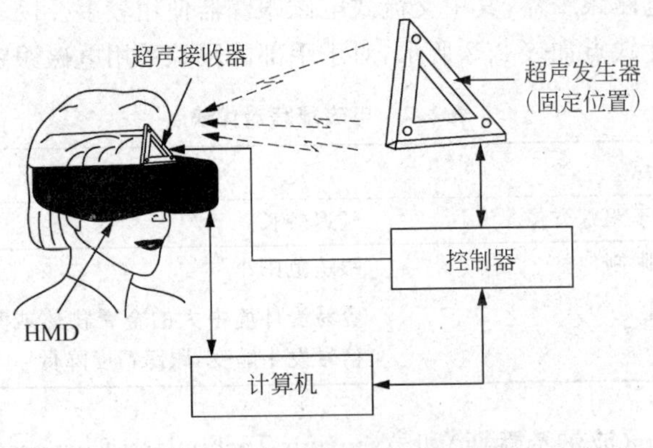

图 2.7 超声波跟踪器

超声波跟踪器的优缺点如表2.3所示。它的更新率慢是因为在新的一次测量开始之前，要等待前一次测量的回声消失。当需要跟踪身体多个部位时，则会使用多路复用，即4个接收器共用一个发射器，这样再次降低了跟踪器的更新率，导致仿真延迟的进一步增加。在使用多个接收器和一个发射器时，还会限制使用者的活动空间。超声波信号在空气中传播时的衰减，也会影响超声波跟踪器的工作范围。超声波跟踪器的发射器和接收器之间要求无阻挡，如果发射器和接收器之间被某个对象阻挡了，则跟踪器的信号都会丢失。背景噪声和其他超声源也会破坏跟踪器的信号。

表 2.3 超声波跟踪器优缺点

优 点	缺 点
不受环境磁场及铁磁物体的影响	更新率慢
不产生电磁辐射	超声波信号在空气中的传播衰减，影响跟踪器工作范围
价格便宜	发射器和接收器之间要求无阻挡
	背景噪声和其他超声源会破坏跟踪器的信号

Hexamite HX11超声波位置跟踪定位系统，如图2.8和图2.9所示。Hexamite HX11是保加利亚Hexamite公司基于超声波技术研发的一款位置跟踪定位产品，通过调制信号交换提取精度位置。Hexamite HX11超声波位置跟踪定位系统具有很高的性价比，具备高抗干扰性和精确性，采用模块化的结构设计，使安装、维护和扩展非常方便简单。目前应用领域有机器位置定位、机器人技术指引和跟踪、高安全物体跟踪、高安全物体指引和室内定位系统等。

图 2.8 Hexamite HX11 超声波标签/发射机

图 2.9 Hexamite HX11R 转发器

2.1.5 光学跟踪器

光学跟踪器(Optical Trackers)是一种较常见的空间位置跟踪定位设备,是一种非接触式的位置测量设备,使用光学感知来确定对象的实时位置和方向。

光学跟踪器可以使用多种感光设备,从普通摄像机到光敏二极管都有。光源也是多种多样的,如自然光、激光或红外线等,但为避免干扰用户的观察视线,目前多采用红外线方式。例如,头盔显示器上装有传感器(光敏二极管),通过光敏管产生电流的大小及光斑中心在传感器表面的位置来推算出头部的位置与方向。光学跟踪器可分为两类:从外向里看的(Outside-Looking-In)光学跟踪器和从里向外看(Inside -Looking-Out)的光学跟踪器,如图 2.10 所示。

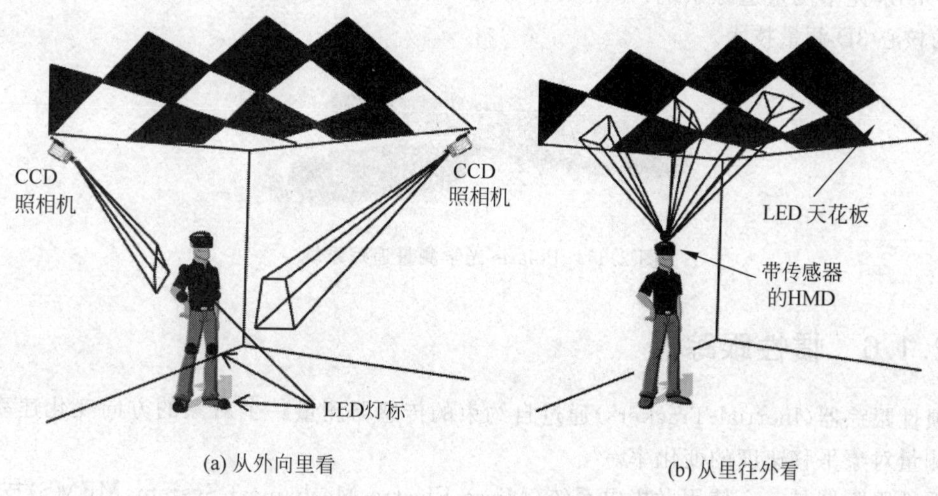

图 2.10 光学跟踪器的布置

1. 从外向里看的光学跟踪器

在被跟踪的运动物体上安装一个或几个发射器(如图 2.10(a)中的 LED 灯标),由固定的传感器(如图 2.10(a)中 CCD 照相机)从外面观测发射器的运动,从而得出被跟踪物体的位置与方向。

2. 从里向外看的光学跟踪器

如图 2.10(b)所示,从里向外看的光学跟踪器是在被跟踪的对象上安装传感器,发射器是固定位置的,装在运动物体上的传感器从里面向外观测固定的发射器,来得出自身的运动情况。

光学跟踪器的使用主要有 3 种技术:标志系统、模式识别系统和激光测距系统。

(1) 标志系统:通常是利用传感器监测发射器的位置进行追踪。

(2) 模式识别系统:把发光器件按某一阵列排列,并将其固定在被跟踪对象身上,由摄像机记录运动阵列模式的变化,通过与已知的样本模式进行比较从而确定物体的位置。

(3) 激光测距系统:将激光通过衍射光栅发射到被测对象,然后接收经物体表面反射的二维衍射图的传感器记录。

光学跟踪器的优缺点如表 2.4 所示。光学追踪需要与被追踪物体保持在无障碍的视线之中,所以很多光学追踪器需要校准。在大范围空间内设立动作捕捉系统是很复杂烦琐的,很多追踪器都需要有同步器或者进行外部的运算,而且重叠区域的空间会浪费。

表 2.4 光学跟踪器优缺点

优点	缺点
在近距离内非常精确且不受磁场和声场的干扰	要求光源与探测器可视
不受金属物质的干扰	跟踪的角度范围有限
较高的更新率和较低的延迟	

Polaris 光学测量追踪系统,如图 2.11 所示,采用全球领先的计算机辅助手术和治疗系统内的核心 3D 测量技术。

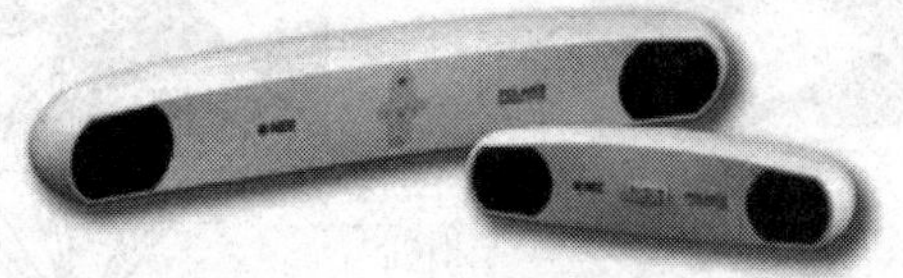

图 2.11 Polaris 光学测量追踪系统

2.1.6 惯性跟踪器

惯性跟踪器(Inertial Trackers)通过自约束的传感器测量一个对象的方向变化速率,也可以测量对象平移速度的变化率。

惯性跟踪器是一个使用微机电系统(Micro-Electro-Mechanical System,MEMS)技术的固态结构。对象方向(或角速度)的变化率由科里奥利陀螺仪测量。将 3 个这样的陀螺仪安装在互相正交的轴上,可以测量出偏航角、俯仰角和滚动角速度,然后随时间综合得到 3 个正交轴的方位角。惯性跟踪器使用固态加速计测量平移速度的变化(或加速度)。测量相对于身体的加速度需要 3 个共轴的加速计和陀螺仪。知道了被跟踪对象的方向(从陀螺仪的测量数据得到)，减去重力加速度，就可以计算出世界坐标系中的加速度。被跟踪对象的位置最终可以通过对时间的二重积分和已知的起始位置(校准点)计算得到。

惯性跟踪器的优缺点如表 2.5 所示。惯性跟踪器由于角度和距离的测量分别通过对陀螺仪和加速度计的一次和二次积分得到，系统误差会随着时间积累。由于积分的缘故，任何一个陀螺仪的偏差都会导致跟踪器的方向错误随时间线性增加；加速计的偏差会导致误差随时间呈平方关系增加。如果计算位置时使用了有偏差的陀螺仪数据，则问题会变得更复杂。

表 2.5　惯性跟踪器优缺点

优　点	缺　点
不存在发射源、不怕遮挡、没有外界干扰、有无限大的工作空间、抖动(传感器噪声可通过积分过滤掉)很小	快速积累误差(或偏差)

惯性跟踪器无论在虚拟现实应用领域，或是在控制模拟器的投影机运动时，还是在生物医学的研究中，均是测量运动范围和肢体旋转的理想选择。如今的惯性位置跟踪器内置低功耗信号处理器，可提供实时无位移 3D 方向、校准 3D 加速度、3D 转弯速度以及 3D 地球磁场数据，在基于惯性传感器定位和导向的跟踪解决方案开发领域居于领先地位，主要代表品牌有 Xsens、Polhemus、InterSense、Ascension、Trivisio、VMSENS 等。iVM-w 惯性跟踪器，如图 2.12 所示。

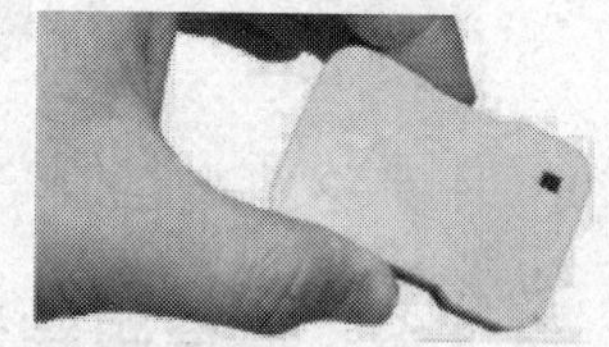

图 2.12　iVM-w 惯性跟踪器

2.1.7　GPS 跟踪器

GPS 跟踪器(GPS Trackers)是目前应用最广泛的一种跟踪器。GPS 跟踪器是内置了 GPS 模块和移动通信模块的终端，用于将 GPS 模块获得的定位数据通过移动通信模块(GSM/GPRS 网络)传至 Internet 上的一台服务器上，从而可以实现在计算机上查询终端位置。

GPS 系统包括三大部分：空间部分——GPS 卫星星座；地面控制部分——地面监控系统；用户设备部分——GPS 信号接收机。

GPS 系统由 24 颗卫星组成，地球上的任何一点都能收到 4～9 颗卫星的信号。对于导航定位来说，GPS 卫星是一动态已知点，卫星的位置是依据卫星发射的星历来描述卫星运动及其轨道的参数算得的，每颗 GPS 卫星所播发的星历是由地面监控系统提供的。卫星上的各种设备是否正常工作，以及卫星是否一直沿着预定轨道运行，都要由地面设备进行监测和控制。地面监控系统的另一个重要作用是保持各颗卫星处于同一时间标准(GPS 时间系统)，这就需要地面站监测各颗卫星的时间，求出时钟差，然后由地面注入站发给卫星，卫星再由导航电文发给用户设备。GPS 工作卫星的地面监控系统包括 1 个主控站、3 个注入站和 5 个监测站。

GPS 信号接收机的任务是：能够捕获到按一定卫星高度截止角所选择的待测卫星的信号，并跟踪这些卫星的运行对所接收到的 GPS 信号进行变换、放大和处理，以便测量出 GPS

信号从卫星到接收机天线的传播时间，解译出 GPS 卫星所发送的导航电文，实时地计算出监测站的三维位置甚至三维速度和时间。

GPS 卫星发送的导航定位信号是一种可供无数用户共享的信息资源。对于陆地、海洋和空间的广大用户，只要用户拥有能够接收、跟踪、变换和测量 GPS 信号的接收设备，即 GPS 信号接收机，就可以在任何时间用 GPS 信号进行导航定位测量。根据使用目的的不同，用户要求的 GPS 信号接收机也各有差异。目前世界上已有几十家工厂生产 GPS 接收机，产品也有几百种。这些产品可以按照原理、用途、功能等来分类，如图 2.13 所示。

图 2.13　Sony PSP GPS Receiver

2.1.8　混合跟踪器

混合跟踪器(Hybrid Trackers)指使用了两种或两种以上位置测量技术来跟踪对象的系统，它能取得比使用任何一种单一技术更好的性能。

与单一跟踪器相比，混合跟踪器虽然增加了虚拟现实系统的复杂性，但其最大的好处是在保持了高精度姿态跟踪时还增强了跟踪鲁棒性。目前，混合跟踪器的应用比较广泛。

图 2.14 显示了由 3 个不同类型跟踪器构成的典型混合跟踪器示意图，3 个跟踪器分别由跟踪器 1(摄像机)、跟踪器 2(惯性)和跟踪器 3(GPS)表示并刚性连接，C、I、G 分别是 3 个跟踪器的局部坐标系，W 是场景世界坐标系，U 为摄像机的图像坐标系，S 为摄像机的跟踪目标。跟踪器输出数据可以是自身的测量数据，也可以是间接计算得到的姿态数据，例如视觉摄像机的直接数据是环境中跟踪目标 S 在图像坐标系 U 中的像素坐标 s，而间接得到的姿态数据是摄像机坐标系 C 相对世界坐标系 W 的坐标变换。由于各个跟踪器的测量数据所对应的参考坐标系各自不同，因此必须首先标定各个跟踪器之间的恒定坐标变换，然后将跟踪器测量数据变换到一个统一的参考坐标系中才能够进行跟踪测量数据的混合或融合；而且因跟踪器的数据测量时间点的不同，进行数据融合时还要考虑跟踪器之间的时间同步问题。混合跟踪器一般至少由两个跟踪器构成，混合跟踪器中跟踪器的类型越多，所涉及的混合跟踪方法、相对姿态标定方法及时间同步方法就越复杂。可见，混合跟踪方法、标定方法及时间同步方法是混合跟踪技术实现良好鲁棒性的关键，是混合跟踪虚拟现实应用中需要重点解决的关键问题。

混合跟踪器面向不同应用具有不同混合类型，其中光学混合、超声波-惯性和视觉-惯性混合跟踪器的发展技术水平已比较成熟，而未来发展重点在于视觉-惯性-GPS 等复杂跟踪器。除了传统工业、医疗、军事、文化遗迹保护、导航等领域，混合跟踪器还能够为核工业、机

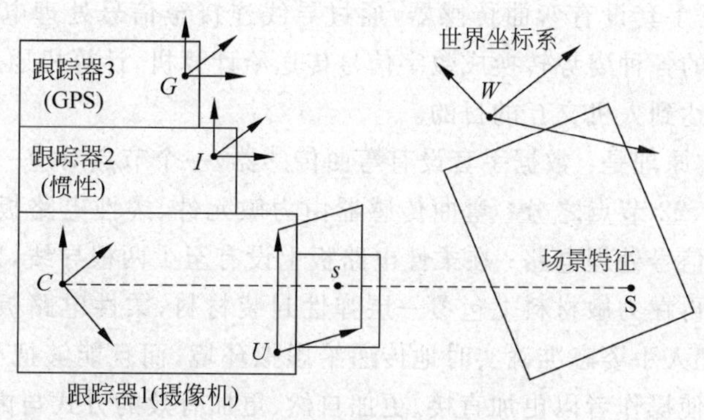

图 2.14　典型混合跟踪器及坐标示意图

器人、互动娱乐以及普适计算等室内外虚拟现实应用注入新活力。

2.2　虚拟现实系统的交互接口

虚拟现实中的交互是在绝对坐标系或者相对坐标系中。前面介绍的跟踪器都是返回一个移动对象相对于固定坐标系的方向和位置值，都是在绝对坐标系下完成的。虚拟现实系统是一个人机交互系统，而且在虚拟现实系统中要求人与虚拟世界之间是自然交互的。

2.2.1　手势接口

手势接口(Gesture Interface)是测量用户手指(有时也包括手腕)实时位置的设备，其目的是为了实现用户与虚拟环境的基于手势识别的自然交互。

在虚拟现实技术中实现基于手势的交互，需要有能让用户手部在一定范围内自由运动的输入输出设备、额外的自由度以及表示对用户某个手指运动的感知。人类手指的自由度包括弯曲、伸张以及横向外展和内收。此外，拇指还有前置和后置运动，使它能到达手掌的对面位置，如图 2.15 所示。

大多数手势接口都是嵌入了传感器的数据手套，传感器用于测量每个手指相对于手掌的位置。各种数据手套之间的主要区别是：所使用的传感器的类型、给每个手指分配的传感器的数目、感知分辨率、手套的采样速度以及它们是无线的还是有范围限制的。

数据手套是虚拟仿真应用中主要的交互设备，是虚拟现实系统的重要组成部分。数据手套可以实时获取人手的动作姿态，如进行物体抓取、移动、旋转、装配、操纵、控制等动作，能够在虚拟环境中再现人手动作，达到人机交互的目的，是一种通用的人机接口。传感器技术是数据手套系统中的关键技术，数据手套的交互能力直接取决于

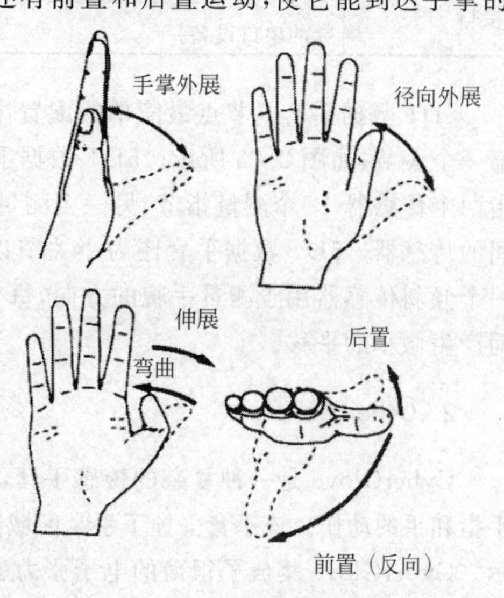

图 2.15　手和手指运动的术语

传感器的性能。数据手套设有弯曲传感器，通过导线连接至信号处理电路，检测手指的伸屈，并把手指伸屈时的各种姿势转换成数字信号传送给计算机，计算机通过应用程序来识别并执行相应的操作，达到人机交互的目的。

数据手套的基本原理是：数据手套设有弯曲传感器，一个节点对应一个传感器，有5节点、14节点、18节点、22节点之分；弯曲传感器由力敏元件、柔性电路板、弹性封装材料组成，通过导线连接至信号处理电路；在柔性电路板上设有至少两根导线，以力敏材料包覆于柔性电路板大部分，再在力敏材料上包覆一层弹性封装材料，柔性电路板留一端在外，以导线与外电路连接。把人手姿态准确实时地传递给虚拟环境，而且能够把与虚拟物体的接触信息反馈给操作者，使操作者以更加直接、更加自然、更加有效的方式与虚拟世界进行交互，大大增强了互动性和沉浸感。

数据手套产品很多，下面简单介绍几种虚拟现实数据手套产品。

1. 5DT数据手套

5DT数据手套是虚拟现实等领域专业人士使用的虚拟交互产品，具有超高的数据质量、较低的交叉关联以及高数据频率的特点。5DT数据手套有5节点和14节点之分，如表2.6所示。5DT数据手套可以测量用户手指的弯曲程度以及手指的外围轮廓，可以用来替代鼠标和操作杆，系统通过一个RS-232接口与计算机相连接。

表2.6 5DT数据手套5节点和14节点技术参数表

参　数	5DT Data Glove 5 Ultra	5DT Data Glove 14Ultra
材质	黑色合成弹力纤维	黑色合成弹力纤维
传感器解析度	12-bit A/D（典型范围：10bits）	12-bit A/D（典型范围：10bits）
曲形传感器	基于纤维光学 总共5个传感器，每个手指一个传感器，测量指节和第一个关节	基于纤维光学 总共14个传感器，每个手指两个传感器，一个测量指节另一个测量第一个关节。在手指之间有一个传感器
接口	全速率的USB 1.1 RS-232（可选的串口设备）	全速率的USB 1.1 RS-232（可选的串口设备）

5DT数据手套5节点最简单的配置中，每个手指都配有一个传感器，用于测量指节和第一个关节，如图2.16所示。5DT数据手套14节点的配置中总共有14个传感器，每个手指两个传感器，一个测量指节，另一个测量第一个关节，在手指之间有一个传感器，共4个指间的传感器。5DT数据手套还为小关节以及手指的外展和内收提供了传感器。另外还有一个倾斜传感器用于测量手腕的方向，每个手指都固定有一个光纤回路，允许由于手指弯曲而产生微小的平移。

2. CyberGlove

CyberGlove是一种复杂的传感手套，它使用的是线性弯曲传感器，能够准确捕捉用户手指和手的动作。该手套去掉了手掌区域部分，使得手套变得很轻，易于穿戴，如图2.17(a)所示。CyberGlove集成了很薄的电子张力变形测量器，安装在弹性尼龙弯曲材料上。手套中有18～22个传感器，用于测量手指的弯曲(每个手指2～3个)、外展(每个手指一个)和拇指

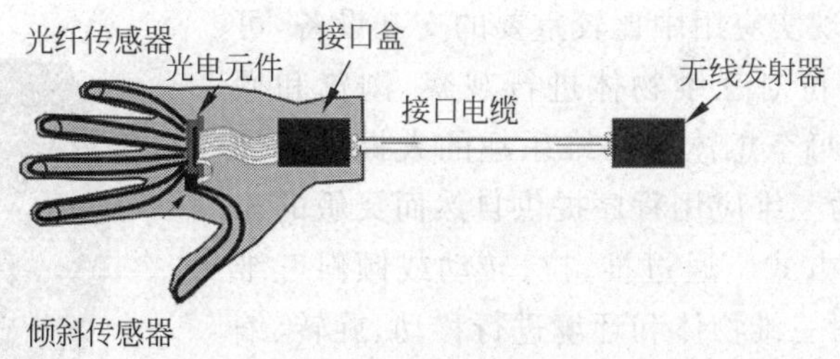

图 2.16 5DT 数据手套结构图

前置、手掌弧度、手腕的偏航角和俯仰角。关节角度是通过一对张力变形测量器电阻的变化间接测量出的。在手指运动过程中，一个张力变形测量器处于压力(C)作用下，另一个处于张力(T)作用下。它们的电阻变换使得 Wheatstone 桥上的电压产生变换，手套中有许多 Wheatstone 桥电路，它们产生的不同电压被多路复用、放大，继而通过一个模/数转换器被数字化。来自传感器的手套数据通过 RS-232 串行线发送给主计算机。如图 2.17(b)所示。为了弥补用户手的大小差异带来的误差，以及把张力变形测量器产生的电压转换成关节角度，需要对 CyberGlove 手套进行校正。

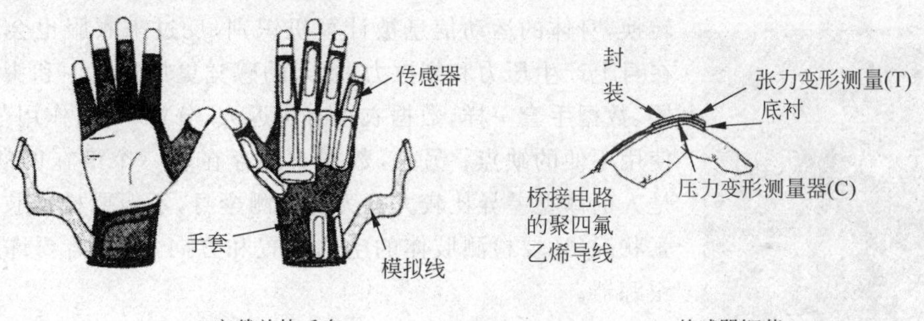

图 2.17 CyberGlove

CyberGlove II 数据手套是 Immersion 公司推出的一款 VR 手套产品，有 18 个传感器和 22 个传感器两款，由弹性面料制成，手掌部采用网眼设计，具有良好的舒适性和透气性，如图 2.18 所示。CyberGlove II 无线数据手套可将测量出的手和手指的动作准确地转换为数字化的实时角度数据，且没有累赘的缆线，捕捉动作不受限制。CyberGlove II 使用抗弯曲感应技术，可测量多达 22 个关节角度，具有极高的精确度。CyberGlove II 系统的基本组件包括一只数据手套、两节电池、一个电池充电器和一个 USB/蓝牙技术适配器。

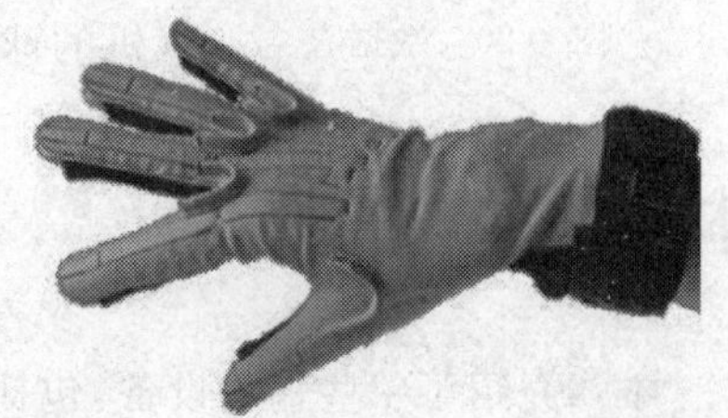

图 2.18 CyberGlove II 数据手套

2.2.2 三维鼠标

常用的二维鼠标是一个二自由度的输入设备，适用于平面内的交互，但在三维场景中的交互需要在不同的角度和方位对空间物体进行观察、操纵，这时它就无能为力了。

三维鼠标是虚拟现实应用中比较重要的交互设备，可以从不同的角度和方位对三维物体进行观察、浏览和操纵。三维鼠标能够为每个想体验三维乐趣的人提供更加强大而便利的操作，为三维应用程序提供自然而灵敏的三维环境和物体的操控方式。通过推、拉、转动或倾斜三维鼠标的控制器，能够对三维物体和环境进行移动、旋转、缩放等操作。图 2.19 所示是由罗技的子公司 3Dconnexion 研发制造的 SpacePilot Pro 3D 鼠标。

图 2.19 SpacePilot Pro 3D 鼠标

2.2.3 数据衣

数据衣是在虚拟现实系统中比较常用的运动捕捉设备，是为了让虚拟现实系统识别全身运动而设计的输入装置，是根据"数据手套"的原理研制出来的，如图 2.20 所示。数据衣装备着许多触觉传感器，使用者穿上后，衣服里面的传感器能够根据使用者身体的动作进行探测，并跟踪人体的所有动作。数据衣对人体大约 50 个不同的关节进行测量，包括膝盖、手臂、躯干和脚。通过光电转换，身体的运动信息被计算机识别，反过来衣服也会反作用在身上产生压力和摩擦力，使人的感觉更加逼真。和头盔显示器、数据手套一样，数据衣也有延迟大、分辨率低、作用范围小、使用不便的缺点；另外，数据衣还存在着一个潜在的问题，就是人的体型差异比较大。为了检测全身，不但要检测肢体的伸张状况，还要检测肢体的空间位置和方向，这就需要许多空间跟踪器。

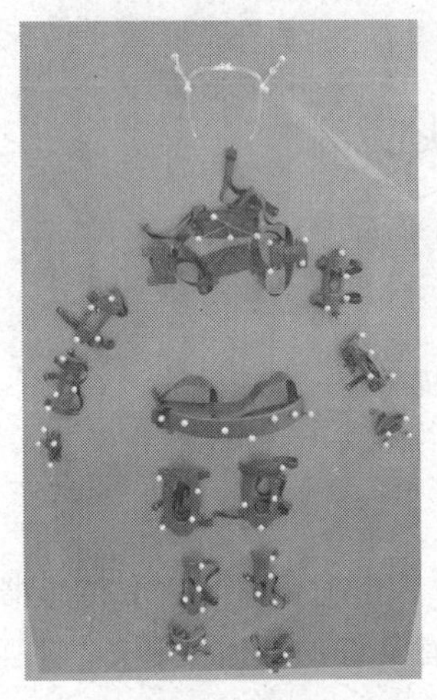

图 2.20 数据衣

数据衣主要应用在一些复杂环境中，对物体进行跟踪和对人体的运动进行跟踪与捕捉。例如 GPSport 运动数据内衣，可以实时监测运动员的跑动距离、路线以及心率变化等。这个装备由两部分组成，装备里面有 GPS 模块、心率带以及多轴加速仪、陀螺仪等跟踪设备，另外还有分析设备，对同步传输到计算机的球员数据进行对比和分析。

本章小结

本章介绍了一些输入设备，包括跟踪器、数据手套、三维鼠标和数据衣。这些设备的目标都是实时捕捉用户的输入，并发送给运行仿真程序的计算机。正是依靠这些特殊设备的支持，使用户在与虚拟世界之间的自然交互中产生一种身临其境的逼真感。

【注释】

1. 耦合关系：一般来说，某两个事物之间如果存在一种相互作用、相互影响的关系，那么这种关系就称"耦合关系"。这种耦合关系在电学里面经常存在。
2. CRT：(Cathode Ray Tube)一种使用阴极射线管的显示器。

3. 霍尔效应传感器：霍尔传感器是根据霍尔效应制作的一种磁场传感器。霍尔效应是磁电效应的一种，是研究半导体材料性能的基本方法。通过霍尔效应实验测定的霍尔系数，能够判断半导体材料的导电类型、载流子浓度及载流子迁移率等重要参数。
4. CCD：电荷耦合元件(Charge-Coupled Device)是一种集成电路，CCD上有许多排列整齐的电容，能感应光线，并将影像转变成数字信号。经由外部电路的控制，每个小电容能将其所带的电荷转给与它相邻的电容。CCD广泛应用在数码摄影、天文学，尤其是光学遥测技术、光学与频谱望远镜和高速摄影技术中。
5. 微机电系统：(Micro-Electro-Mechanical System，MEMS)也叫做微电子机械系统、微系统、微机械等，是在微电子技术(半导体制造技术)基础上发展起来的，是融合了光刻、腐蚀、薄膜、LIGA、硅微加工、非硅微加工和精密机械加工等技术制作的高科技电子机械器件。
6. 陀螺仪(角运动检测装置)：陀螺仪是用高速回转体的动量矩敏感壳体相对惯性空间绕正交于自转轴的一个或两个轴的角运动检测装置。利用其他原理制成的角运动检测装置起同样功能的也称陀螺仪。
7. 鲁棒性：鲁棒是Robust的音译，也就是健壮和强壮的意思。它是在异常和危险情况下系统生存的关键。例如，计算机软件在输入错误、磁盘故障、网络过载或有意攻击情况下，能否不死机、不崩溃，就是该软件的鲁棒性。
8. Wheatstone桥电路：主要用于测量电阻器R_x的电阻值，电桥平衡方程为$R_x=\frac{R_2R_3}{R_1}$，利用已知的R_1、R_2、R_3 3个电阻值，通过计算即可得到R_x的阻值。
9. 光敏二极管：又叫光电二极管(Photodiode)是一种能够将光根据使用方式，转换成电流或者电压信号的光探测器。
10. 注入站：向导航卫星注入导航信息的地面无线电发射站。
11. 刚性连接：通过对用交联材料制成的热收缩管(带)进行火焰加热，使热收缩管(带)内表面的热熔胶与管材外表面粘接成一体，热收缩管(带)冷却固化形成恒定的包紧力的管道连接方法，属刚性连接。
12. 世界坐标系：是系统的绝对坐标系，在没有建立用户坐标系之前画面上所有点的坐标都是以该坐标系的原点来确定各自的位置的。
13. 普适计算：普适计算又称普存计算、普及计算(Pervasive Computing或者Ubiquitous Computing)，这一概念强调和环境融为一体的计算，而计算机本身则从人们的视线里消失。在普适计算的模式下，人们能够在任何时间、任何地点、以任何方式进行信息的获取与处理。
14. 力敏元件：其特征参数随所受外力或应力变化而明显改变的敏感元件。

第3章 虚拟现实系统的输出设备

导学

1. 内容与要求

本章介绍虚拟现实系统的输出设备，为用户提供仿真过程对输入的反馈。通过输出接口给用户产生反馈的感觉通道，包括视觉（通过图形显示设备）、听觉（通过三维声音显示设备）和触觉（通过触觉显示设备）。

图形显示设备部分要求了解图形显示设备的概念；了解人类视觉系统原理；掌握头盔显示器的概念和常用头盔显示器；了解单通道立体投影系统、多通道环幕立体投影显示系统、球面投影系统的概念和原理；了解立体眼镜的原理。

声音显示设备部分要求了解声音显示设备的概念；了解人类听觉系统原理；了解基于HRTF的三维声音和基于扬声器的三维声音的原理和应用。

触觉反馈部分要求掌握触觉反馈和力反馈的概念与区别；了解人类触觉系统；了解触觉鼠标和iMotion触觉反馈手套的原理和应用；了解力反馈操纵杆和CyberGrasp力反馈手套的原理和应用。

2. 重点、难点

本章的重点是图形显示设备、声音显示设备、接触反馈和力反馈的基本概念和区别；常用头盔显示器、沉浸式立体投影显示系统、立体眼镜（鹰眼）、基于HRTF的三维声音和基于扬声器的三维声音的概念和原理。难点是人类视觉系统原理、人类听觉系统原理和人类触觉系统原理。

人置身于虚拟世界中，要体验到沉浸的感觉，就必须让虚拟世界能模拟人在现实世界中的多种感受，如视觉、听觉、触觉、力觉、痛感、味觉、嗅觉等。输出设备的作用就是将虚拟世界中各种感知信号转变为人所能接受的多通道刺激信号，现在主要应用的输出设备主要是视觉、听觉和触觉（力觉）的设备，基于味觉、嗅觉等的设备还有待开发研究。

3.1 图形显示设备

图形显示设备是一种计算机接口设备，它把计算机合成的场景图像展现给虚拟世界中参与交互的用户。图形显示设备之所以多种多样，是因为视觉是人类最强大的感觉通道，有非常大的处理带宽。在VR系统中，图形显示设备是不可或缺的。

在人的感觉中，视觉摄取的信息量最大，反应最敏锐。所以，视觉感知的质量在用户对环境的主观感知中占有最重要的地位。对于虚拟现实环境而言，实时动态的图形视觉效果是产生现实感觉的首要条件，也是实现交互性的关键。因此，在各种各样的虚拟现实应用环境中，显示设备是最重要的设备。CRT 显示器、头盔显示器、沉浸式立体投影系统、立体眼镜等都是虚拟现实系统中最常见的显示设备。图形显示设备正向高分辨率、延迟小、质量轻、行动限制小、跟踪精度高等方向发展。

3.1.1　人类视觉系统

要设计图形显示设备，必须先了解人类的视觉系统。一个有效的图形显示设备需要使它的图像特性与人类观察到的合成场景相匹配。

人眼有 126 000 000 个感光器，这些感光器不均匀地分布在视网膜上。视网膜的中心区域称为中央凹，它是高分辨率的色彩感知区域，周围是低分辨率的感知区域。被显示的图像中投影到中央凹的部分代表聚焦区。在仿真过程中，观察者的焦点是无意识地动态变化的，如果能跟踪到眼睛的动态变化，就可以探测到焦点的变化。

人类视觉系统的另一个重要特性是视场(Field Of View，FOV)。一只眼睛的水平视场大约为 150°，垂直视场大约为 120°，双眼的水平视场大约为 180°。观察体的中心部分是立体影像区域，在这里两只眼睛定位同一幅图像，水平重叠的部分大约为 120°。大脑利用两只眼睛看到的图像位置的水平位移测量深度，也就是观察者到场景中虚拟对象的距离。人类立体视觉的生理模型如图 3.1 所示。

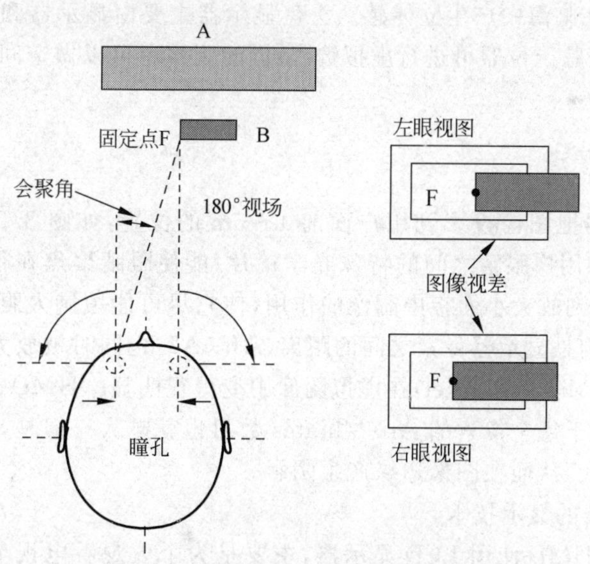

图 3.1　人类立体视觉的生理模型

在视场中，眼睛定位观察者周围的对象，例如对象 A 位于对象 B 的后面。当目光集中在对象 B 的一个特征点时，聚焦在固定点 F 上。视轴和固定点的连线之间的夹角确定了会聚角。这个角度同时也依赖于左眼瞳孔和右眼瞳孔之间的距离，这个距离称为内瞳距(Interpupillary Distance，IPD)，成年男女的内瞳距为 53～73mm。IPD 是人们解释真实世界中距离对象远近的基线，IPD 越大，会聚角就越大。由于固定点 F 对于两只眼睛的位置不同，因此在左眼和右眼呈现出水平位移，这个位移称为图像视差。

为了使人脑能理解虚拟世界中的深度，VR 的图形显示设备必须能产生同样的图像视差。实现立体图形显示，需要输出两幅有轻微位移的图像。当使用两个设备时（例如头盔显示器），每个设备都为相应的眼睛展示它生成的图像；当使用一个显示设备时，需要按时间顺序（例如使用快门眼镜）或空间顺序（例如自动立体图像显示）一次产生两幅图像。

立体视觉在图像视差非常大的近场显示中是一个很好的深度线索。当观察对象距离观察者越远，观察体中的水平偏移就越小，因此在距离用户 10m 以外的地方，立体视差会大幅度降低，这时根据图像中固有的线索也可以感知到深度，例如线性透视、阴影、遮挡（远处的对象被近处的对象挡住）、表面纹理和对象细节等。运动视差在单场深度感知中同样很重要，因此当用户移动头部时，近处的对象看上去比远处的对象移动的更多。即使使用一只眼睛，这些深度仍然是有效的。

设计满足所有这些需要，同时符合人机工程学的要求，并且价格便宜的图形显示设备，是一项非常艰难的技术任务。

3.1.2 头盔显示器

头盔显示器（Head Mounted Display，HMD）是常见的图形显示设备，利用头盔显示器将人对外界的视觉封闭，引导用户产生一种身在虚拟环境中的感觉。头盔显示器通常由两个 LCD 或 CRT 显示器分别显示左右眼的图像，这两个图像存在微小的差别，人眼获取这种带有差异的信息后在脑海中产生立体感。头盔显示器主要由显示器和光学透镜组成，辅以 3 个自由度的空间跟踪定位器可进行虚拟输出，同时观察者可以做空间上的自由移动，如行走、旋转等。

1. 头盔显示器原理

(1) 头盔显示器把图像投影到用户面前 1～5m 的位置，如图 3.2 所示。通过放置在 HMD 小图像面板和用户眼睛之间的特殊光学镜片，能使眼睛聚焦在很近的距离而不易感到疲劳，同时也能起到放大小面板中图像的作用，使它尽可能填满人眼的视场，如图 3.2 所示。唯一的负面影响是显示器像素之间的距离（A1—A2）也同时被放大了。因此，HMD 显示器的颗粒度（Arc-Minutes/Pixel）在虚拟图像中变得很明显。HMD 分辨率越低，FOV 越高，眼睛视图中对应于每个像素的 Arc-Minutes 数目也就越大。但是，如果 FOV 过大会使得出口瞳孔直径变大，从而在图像边缘产生阴影。

(2) 头盔显示器的显示技术。

普通消费级的 HMD 使用 LCD 显示器，主要是为个人观看电视节目和视频游戏设计的，而不是为 VR 设计的，它们能接受 NTSC（在欧洲是 PAL）单视场视频输入。当集成到 VR 系统中时，需要把图形流输出的红绿蓝（RGB）信号格式转换成 NTSC/PAL，如图 3.3 所示。HMD 控制器允许手工调节亮度，也允许把同样的信号发送给 HMD 的所有显示器。

专业级 HMD 设备则使用 CRT 的显示器，它能产生更高的分辨率，是专门为 VR 交互设计的，它接受 RGB 视频输入，如图 3.4 所示。在图形流中，两个 RGB 信号被直接发送给 HMD 控制单元，用于立体观察。通过跟踪用户的头部运动，把位置数据发送给 VR 引擎，用于图形计算。

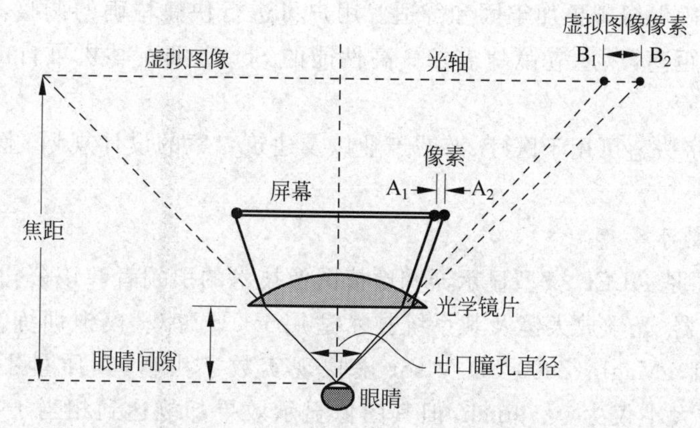

图 3.2　简化的 HMD 光学模型

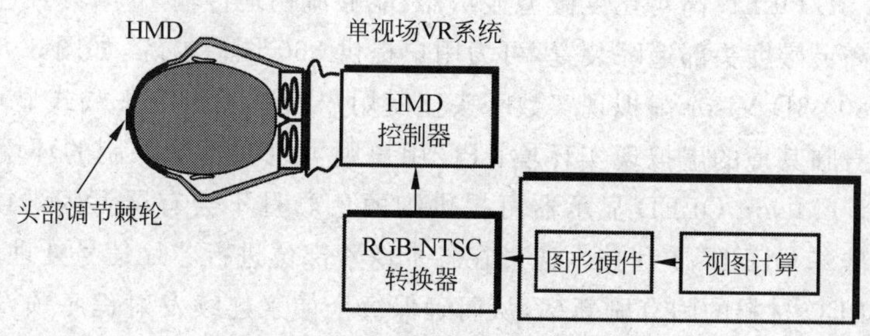

图 3.3　普通消费级(单视场)HMD

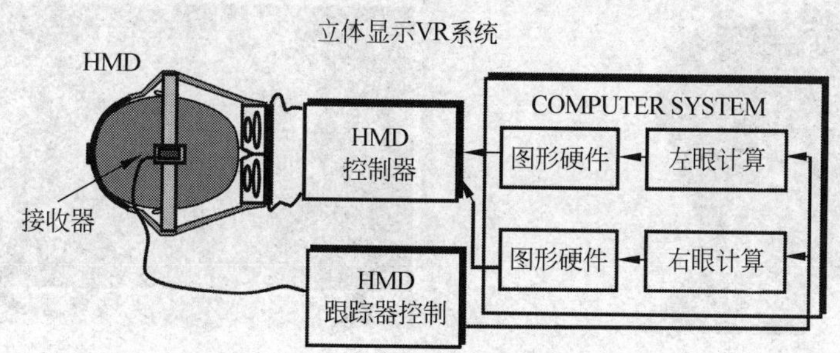

图 3.4　专业级(立体显示)HMD

2. 常见头盔显示器

1) Virtual Research 1280 数字头盔

Virtual Research VR1280 是一款双路输入 SXGA(1280×1024)分辨率反射 FLCOS 头戴式显示器，适用于高级虚拟现实应用领域，如图 3.5 所示。该产品将高亮度、高分辨率彩色微型显示器与量身设计的光学设备相结合，带给用户 60°宽视域的无与伦比的视觉灵敏度体验。Virtual Research VR1280 虚拟现实头盔显示器使用简便，且比以往的显示系统更加结实耐用。该产品的佩戴过程只需短短几秒，后部和顶部的棘

图 3.5　VR1280 数字头盔

齿和前额弹簧垫确保佩戴更加牢固和舒适。用户可进行快捷精确的调整,通过调整瞳距还可同时调整良视距离,以适应镜片需求。高性能的 Sennheiser 耳机可自由旋转,不使用时还可将其轻松拆除。

VR1280 数字头盔可用于医疗、游戏产业以及建筑专案的设计规划、虚拟现实模拟训练等领域。

2) eMagin 数字头盔

eMagin 公司是 OLED 微型显示器和虚拟图像技术的引领者。该公司集成高分辨率的 OLED 微型显示器、光学放大镜及其系统技术适用于 3D 游戏、模拟训练、工业仿真及商业应用领域。例如,eMagin Z800 3D Visor 虚拟现实数字头盔,其质量不足 225g,eMagin OLED 显示器的大小仅为 0.59inch,但其图像显示效果却能达到相当于在 3.65m 外观看 105inch(266.70cm)的电影屏幕。eMagin Z800 3D Visor 虚拟现实数字头盔配备两部 eMagin SVGA 3D OLED 高对比度微型显示器,能够流畅地传输 1670 万种色彩的全动态视频图像。搭配高灵敏度头部追踪装置,可为用户提供 360°图像追踪,如图 3.6 所示。

eMagin Z800 3D Visor 虚拟现实数字头盔使用户摆脱了传统头戴式显示器的束缚,游戏用户可体验身临其境的虚拟现实环境;PC 用户则可以在不受限制的环境中工作和体验虚拟现实环境。eMagin OLED 显示器可提供绚丽色彩且不会有屏幕闪烁或模糊的 3D 图像。eMagin "硅基 OLED"专利技术通过在各个像素部位进行芯片信号处理和数据缓冲,极大地提高了 OLED 材料的固有刷新率,从而确保每个像素连续发射程序预设的颜色。全彩数据在每个显示像素下进行缓冲,确保屏幕的无闪烁立体视觉功能,如图 3.7 所示。

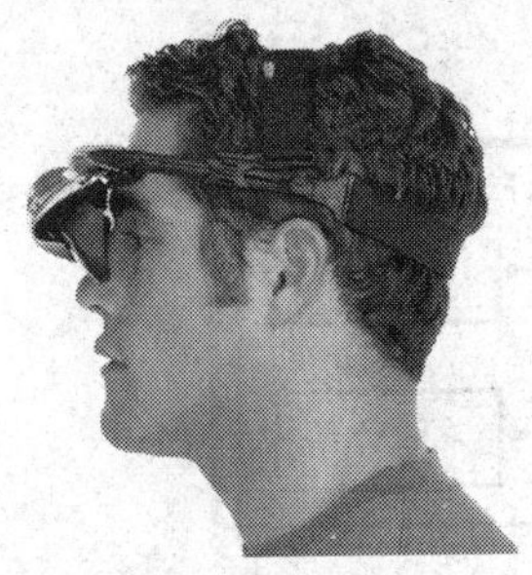

图 3.6 eMagin Z800 3D Visor(Ⅰ)

图 3.7 eMagin Z800 3D Visor(Ⅱ)

3) Liteye 单目穿透式头盔

数字头盔从外型上主要分为单目式数字头盔和双目式数字头盔,类似"能量探测器"的就是单目式数字头盔。双目式的两个 2D 显示器可以形成立体影像,因此常用于虚拟现实领域;而单目式虽然不能产生立体效果,但是因为其更加轻巧的质量和可透视显示器常被应用于增强现实和军事领域。

例如,Liteye LE-750A VGA 单目式数字头盔就是常用于军事训练的优秀产品,Liteye LE-750 透视型头戴式显示器结合采用了 Liteye 的专利棱镜设备和简便易用的通用支架,并使用 OLED 微型显示器,降低了耗电量且操作更加便捷,即使在极热和极冷的恶劣条件下同样能正常运行。该产品的通用支架使用户能够准确定位安装头戴式显示器,且佩戴十分舒适,如图 3.8 所示。

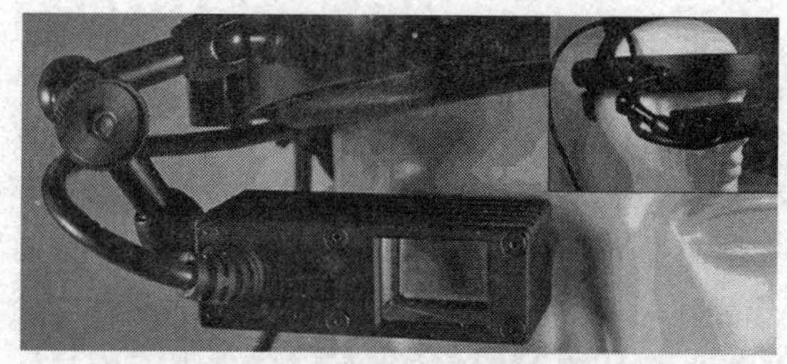

图 3.8　Liteye LE-750A VGA

4) Cybermind 双目式数字头盔

Cybermind hi-Res800_PC 3D 是一款全彩的 SVGA 沉浸式的头戴式显示器，它集高品质和卓越设计于一身，可满足用户的不同需求，且具有超高的性价比。Cybermind hi-Res800_PC 3D 具有完全 3D 沉浸感，广泛地应用于娱乐和仿真等各个领域。Cybermind hi-Res800_PC 3D 机身重量小于 600g，即插即用，几乎可同任何类型的计算机相兼容，为用户提供最佳的 3D 立体影像，适用于娱乐、仿真、游戏、医疗等诸多领域，如图 3.9 所示。

5) 5DT 数字头盔

5DT 头盔显示器具有超高的分辨率，可提供清晰的图像和优质的音响效果，产品外形设计简约流畅，便于携带。用户可根据自己对沉浸感的需求进行不同层级的调节，另外它还有可进行大小调节的顶部旋钮、背部旋钮、穿戴式的头部跟踪器以及便于检测的翻盖式设计，如图 3.10 所示。

图 3.9　Cybermind hi-Res800_PC 3D 双目式 HMD

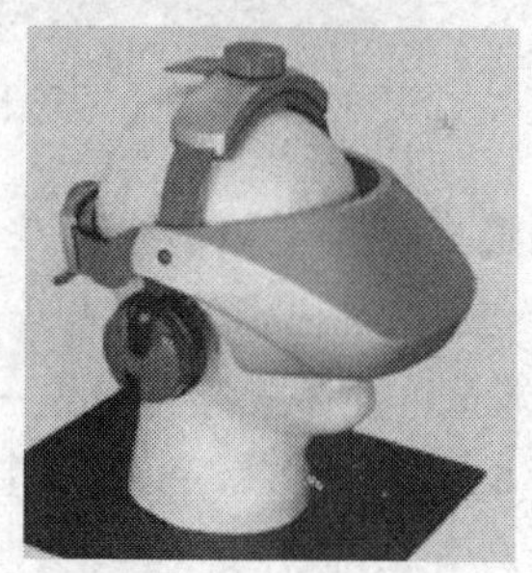

图 3.10　5DT 头盔显示器

3.1.3　沉浸式立体投影系统

沉浸感是虚拟现实技术的本质特征之一，也是虚拟现实系统建设的重要内容。在虚拟现实实验室建设过程中，沉浸感的实现手段有很多，其中显示部分主要通过具有沉浸感的大屏幕立体投影系统来实现。目前，大屏幕三维立体投影显示系统是一种最典型、最实用、最高级的沉浸式虚拟现实显示系统，根据沉浸程度的不同，通常可分为单通道立体投影系统、多通道环幕立体投影系统、CAVE 投影系统、球面投影系统等。这类沉浸式显示系统非常适合于军事模拟训练、CAD/CAM(虚拟制造/虚拟装配)、建筑设计与城市规划、虚拟生物医学工程、3D GIS 科学可视化、教学演示等诸多领域的虚拟现实应用。

1. 单通道立体投影系统

单通道立体投影显示系统是一套基于高端PC虚拟现实工作站平台的入门级虚拟现实三维投影显示系统，该系统通常以一台图形计算机为实时驱动平台，以两台叠加的立体专业LCD或DLP投影机作为投影主体显示一幅高分辨率的立体投影影像，所以通常又称之为单通道立体投影显示系统。与传统的投影相比，该系统最大的优点是能够显示优质的高分辨率三维立体投影影像，为虚拟仿真用户提供一个有立体感的半沉浸式虚拟三维显示和交互环境，同时也可以显示非立体影像，而由于虚拟仿真应用的特性和要求，通常情况下均使用其立体模式，如图3.11所示。

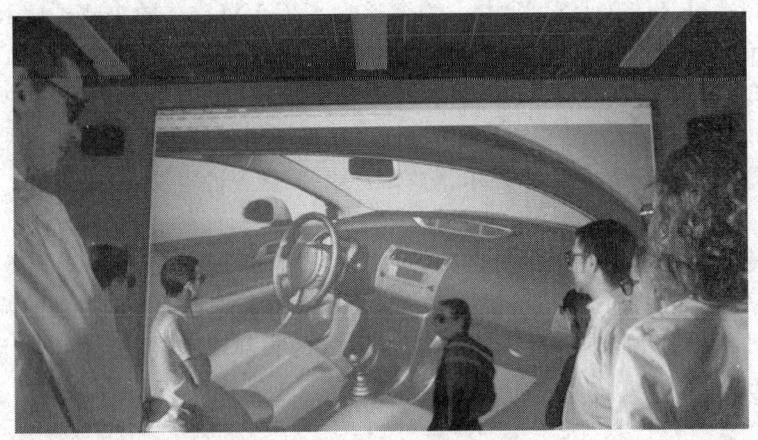

图3.11 单通道立体投影系统

单通道立体投影显示系统在虚拟现实应用中用以实时显示虚拟现实仿真应用程序，它通常主要包括专业投影显示系统、悬挂系统、成像装置三部分。在众多的虚拟现实三维显示系统中，单通道立体投影系统是一种低成本、操作简便、占用空间较小、具有极好性能价格比的小型虚拟三维投影显示系统，其集成的显示系统使安装、操作使用更加容易，被广泛应用于高等院校和科研院所的虚拟现实实验室中。

2. 多通道环幕立体投影系统

PowerWall柱面沉浸式虚拟现实显示系统是一种沉浸式虚拟仿真显示环境，系统采用环形的投影屏幕作为仿真应用的投射载体，所以通常又称为多通道环幕立体投影显示系统。根据环形幕半径的大小，通常为120°、135°、180°、240°、270°、360°弧度不等，由于其屏幕的显示半径巨大，通常用于一些大型的虚拟仿真应用，例如，虚拟战场、虚拟样机、数字城市规划、三维地理信息系统等大型场景仿真环境，近年来开始向展览展示、工业设计、教育培训、会议中心等专业领域发展。

多通道环幕投影系统是目前非常流行的一种具有高度沉浸感的虚拟现实投影显示系统。该系统以多通道视景同步技术、数字图像边缘融合技术、多通道亮度和色彩平衡技术及多通道视景同步技术为支撑，将三维图形计算机生成的三维数字图像实时地输出并显示在一个超大幅面的环形投影幕墙上，并以立体成像的方式呈现在观看者的眼前，使观看者和参与者获得一种身临其境的虚拟仿真视觉感受，如图 3.12 所示。它是整个虚拟现实系统中重要的组成部分。

图 3.12 多通道环幕立体投影显示系统

3. CAVE 沉浸式虚拟现实系统

CAVE 沉浸式虚拟现实显示系统是一种基于多通道视景同步技术、三维空间整形校正算法、立体显示技术的房间式可视协同环境，如图 3.13 所示。该系统可提供一个同房间大小的四面(或六面)立方体投影显示空间，供多人参与。所有参与者均完全沉浸在一个被三维立体投影画面包围的高级虚拟仿真环境中，借助相应虚拟现实交互设备(如数据手套、力反馈装置、位置跟踪器等)，从而获得一种身临其境的高分辨率三维立体视听影像和六自由度交互感受。由于投影面积能够覆盖用户的所有视野，所以 CAVE 系统能提供给使用者一种前所未有的带有震撼性的沉浸感。这种完全沉浸式的立体显示环境，为科学家带来了空前创新的思维模式。

图 3.13 CAVE 沉浸式虚拟现实显示系统

科学家能通过 CAVE 直接看到他们的可视化研究对象。例如，大气学家能“钻进”飓风的中心观看空气复杂而混乱无序的结构；生物学家能检查 DNA 规则排列的染色体链结构，并虚拟拆开基因染色体进行科学研究；理化学家能深入到物质的微细结构或广袤的环境中进行试验探索。可以说，CAVE 可以应用于任何具有沉浸感需求的虚拟仿真应用领域，是一种全新的、高级的、完全沉浸式的科学数据可视化手段。

4. 球面投影显示系统

球面投影显示系统也是近年来最新出现的沉浸式虚拟现实显示系统，也是采用三维投影显示方式予以实现，其最大的特点是视野非常广阔，能覆盖观察者的所有视野，从而能让观察者感觉完全置身于飞行场景中，给人身临其境的沉浸感，如图 3.14 所示。

图 3.14 球面投影显示系统

球面投影系统不仅仅是普通科研工作者想象的那样简单，其所包括的技术模块有：球面视锥的科学设计算法、多通道图像边缘融合曲面几何矫正、PC-Cluster 并行集群同步渲染技术。其中球面视锥的科学设计算法是球面显示系统的最关键技术门槛，如果不能解决这个问题，即使做好边缘融合和几何校正，最后显示出来的三维效果也是错误的。

目前在全球范围内，只有为数不多的厂商能够提供球面显示系统的解决方案，例如，3DP、Barco 等。其中 3DP 有近 20 年的视景仿真项目经验，为全球 50 多个国家提供数百套球面显示系统解决方案，具有毋庸置疑的技术领导地位。

3.1.4 立体眼镜

立体眼镜(鹰眼)以其结构简单、外形轻巧和价格低廉的特点成为理想的选择，是目前最为流行和经济实用的虚拟现实观察设备，如图 3.15 所示。

它的结构原理是：经过特殊设计的虚拟现实监视器能以 120～140f/s 或两倍于普通监视器的扫描频率刷新屏幕，与其相连的计算机向监视器发送 RGB 信号中含有两个交互出现的、略微有所漂移的透视图；与 RGB 信号同步的红外控制器发射红外线，立体眼镜中红外接收器依次控制正色液晶检波器保护器轮流锁定双眼视觉。因此，大脑中就记录有一系列快速变化的左、右视觉图像，再由人眼视觉的生理特征将其加以融合，就产生了深度效果，即三维立体画面。检波器保护器的开/关时间极短，只有几毫秒，而监视器的刷新频率又很高，

图 3.15 3D VISION2 立体眼镜

因此，产生的立体画面无抖动现象。有些立体眼镜也带有头部跟踪器，能够根据用户的位置变化实时做出反应。与 HMD 相比，立体眼镜结构轻巧、造价较低，而且佩戴很长时间眼睛也不至于疲劳。

3.2 声音显示设备

声音显示设备是一类计算机接口，它把计算机合成的场景声音展现给虚拟世界中参与交互的用户。声音可以是单声道的(两只耳朵听到相同的声音)，也可以是双声道的(每只耳朵听到不同的声音)。声音显示设备在增加仿真的真实感中扮演着重要的角色，它是对前面介绍的图形显示设备提供的视觉反馈的补充。

3.2.1 三维声音

假设一个用户看到了 CRT 显示器中显示的虚拟球在虚拟空间中弹来弹去，他心理会觉得应该能听到非常熟悉的“嘭，嘭”的声音。如果在虚拟场景中加入该声音，用户的沉浸感、交互性和感知图像的质量都会明显地提高。在这个场景中，如果球一直在用户前方，并且有监视器显示，使用简单的单声道声音就可以了。

如果有另外一个用户，他看到的也是这个虚拟场景，但是虚拟场景是通过 HMD 显示的。假设球在弹回时超出了用户的视场范围，用户就无法只根据视觉信息或单声道的声音判断球的位置。这时，虚拟现实系统就需要另外一种输出设备，这种输出设备能够提供双声道的声音，用户可以通过这个输出设备确定“嘭，嘭”的声音在三维空间中的相对位置。上面的例子说明了声音反馈的重要区别。高沉浸感的虚拟现实仿真系统除了有图形反馈之外，还应该有三维声音，又称为虚拟声音。

立体声音与三维声音的区别如图 3.16 所示。耳机中的立体声音听上去好像是从用户的头里发出来的，而真实的声音应该在头的外面。当用户戴着简易的立体声耳机时，随着用户头部的移动，小提琴的声音也跟着改变了方向。

而从同一个耳机或扬声器中的三维声音则包含着重要的心理信息，这个心理信息可以改变用户的感觉，使用户相信这些三维声音真的来自于用户外面的环境。在图 3.16 中，三

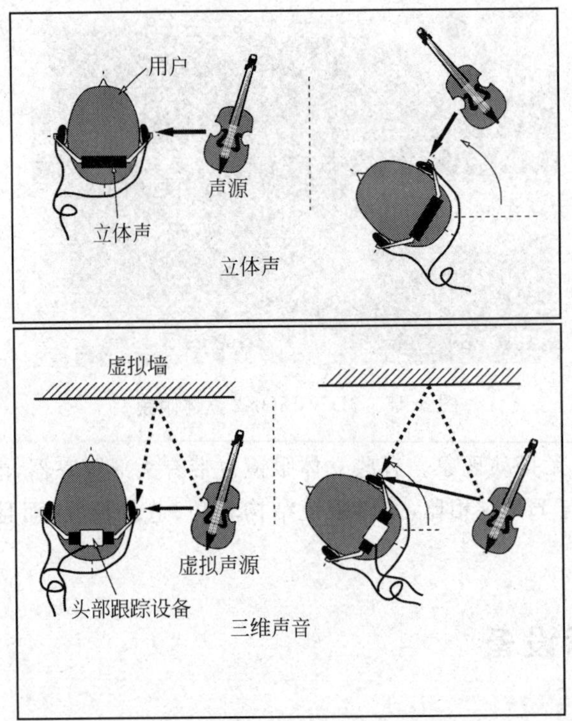

图 3.16 立体声音与三维声音的对比

维声音是使用头部跟踪器的数据合成的，虚拟小提琴在空间中的位置保持不变，因此声音听起来好像来自头的外面。

3.2.2 人类的听觉系统

要了解三维声音显示原理，必须先了解人类在空间中定位声源的方法。当振动经由骨骼系统或耳道到达大脑时，人类就感觉到了声音。

1. 纵向极坐标系统

为了测量声音的位置，就必须先建立一个附着在头部的坐标系统。用一个称为纵向极坐标系统来表示三维声源位置，如图 3.17 示，声源的位置由三个变量唯一确定，分别称为方位角、仰角和范围。方位角 θ(±180°)是鼻子与纵向轴 Z 和声源的平面之间的夹角；仰角 φ(±90°)是声源和头部中心点的连线与水平面的夹角；范围 r(大于头的半径)是沿这条连线测量出的声源距离。大脑根据声音的强度、频率和时间线索判断声源的位置(方位角、仰角和范围)。

2. 方位角线索

既然声音在空间中的传播速度是固定的，那么声音先到达距离声源比较近的那只耳朵，如图 3.18 所示。声波稍后到达另一只耳朵，因为声音到达另一只耳朵得多走一段距离，这段距离可表示为 $a\theta+a\sin\theta$。声音到达两只耳朵的时间差称为两耳时差(Interaural Time

Difference,ITD),可用下列公式来表达：

$$\mathrm{ITD} = \frac{a}{c}(a\theta + a\sin\theta)$$

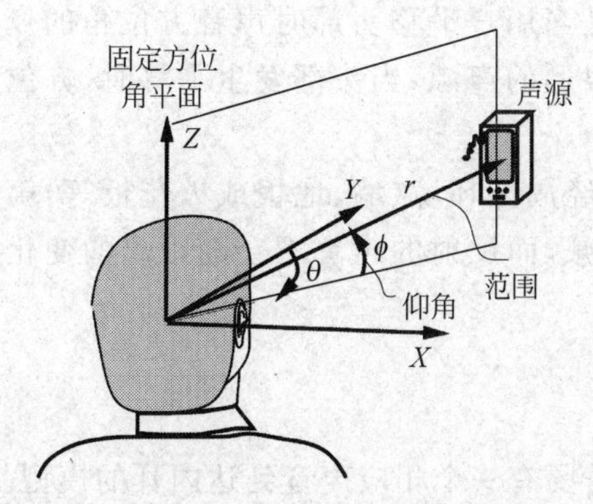

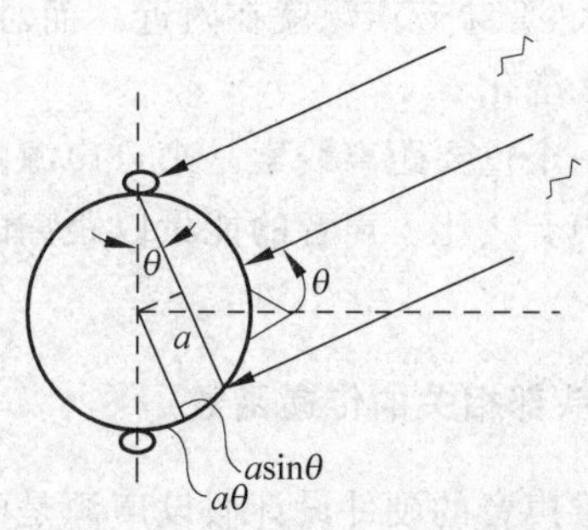

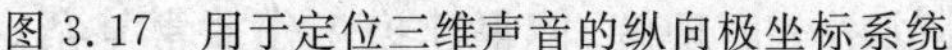

图 3.17　用于定位三维声音的纵向极坐标系统　　图 3.18　两耳时差示意图

其中,a 是头的半径,c 是声音的传播速度,θ 是声源的方位角。当 θ 等于 90°时,两耳时差最大,当声源位于头的正后方或者正前方时,两耳时差为 0。

大脑估计声源方位角的第二个线索是声音到达两只耳朵的强度,称为两耳强度差(Interaural Intensity Difference,IID),如图 3.19 所示。声音到达比较近的耳朵的强度比较远的耳朵强度大,这种现象称为“头部阴影效果”。对于高频声音(大于 1.5kHz),用户能感觉到这种现象的存在；对于频率非常低的声音(低于 250Hz),用户是感觉不到这种现象的。

3. 仰角线索

如果在对头部进行建模时,把耳朵表示成简单的小孔,那么对于时间线索和强度线索都相同的生源,“误区圆锥”(Cones Of Confusion)会导致感觉倒置或前后混乱。位于用户后面的声源,却被用户感觉成位于前面,反之一样。但在现实中,耳朵并不是简单的小孔,而是有一个非常重要的外耳(耳廓),声音被外耳反射后进入内耳,如图 3.20 所示。来自用户前方的声源与头顶的声源有不同的反射路径,一些频率被放大,另一些被削弱。之所以会被削弱,是因为声音和耳廓反射声音之间是有冲突的。既然声音和耳廓反射声音之间的路径差异随仰角的变化而变化,那么耳廓就提供了声源仰角的主要线索。

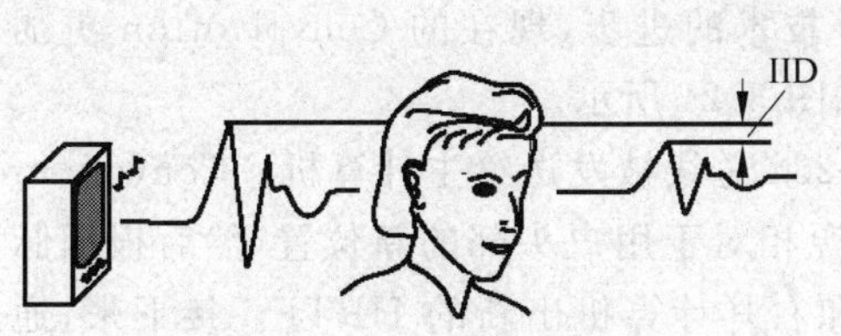

图 3.19　两耳强度差示意图

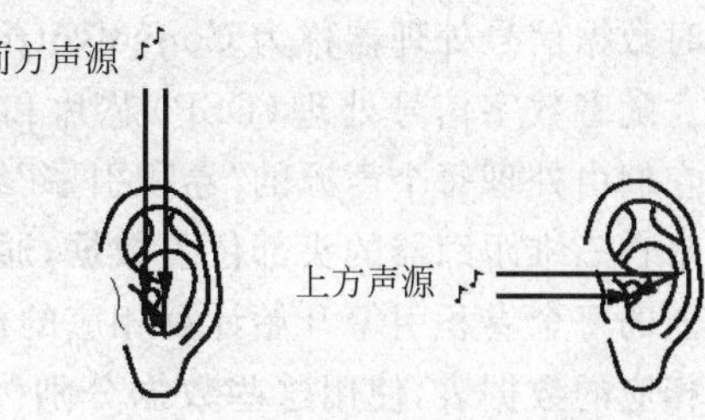

图 3.20　声音线路变化与声源仰角

4. 距离线索

大脑利用对给定声源的经验知识和感觉到的声音响度估计声源和用户之间的距离。

其中一个距离线索就是运动视差，或者说是当用户平移头部时声音方位角的变化。运动视差大，意味着声源就在附近。而对于距离很远的声源，当头部发生平移时，方位角几乎没有什么变化。

另一个重要距离线索是来自声源的声音与经周围环境（墙、地板或天花板等）第一次反射后的声音之比。声音的能量以距离的平方衰减，而反射的声音不会随距离的变化发生太大变化。

5. 头部相关的传递函数

三维声音的硬件设计假设声源是已知的，需要有一个相应声音到达内耳的模型。但是，由于现象的多维性、个体的差异和对听觉系统的不全面理解，使得建模工作非常复杂。

方法是把人放在一个有多个声源（喇叭）的圆屋顶（Dome）下，并且在实验者的内耳放置一个微型麦克风。当喇叭依次打开时，把麦克风的输出存储下来并且进行数字化。这样，就可以用两个函数（分别对应一只耳朵）测量出对喇叭的响应，称为与头部相关的脉冲响应（Head-Related Impulse Responses，HRIR）。相应的傅里叶变换称为与头部相关的传递函数（Head-Related Transfer Functions，HRTF），它捕获了声音定位中用到的所有物理线索。正如前面讨论过的，HRTF 依赖于声源的方位角、高度、距离和频率。对于远声场声音，HRTF 只与方位角、高度和频率有关。每个人都有自己的 HRTF，因为任何两个人的外耳和躯干的几何特征都不可能完全相同。

3.2.3 基于 HRTF 的三维声音

一旦通过实验确定了用户的 HRTF，就有可能获得任何声音，将脉冲响应（Finite Impulse Response，FIR）滤波器，通过耳机传递给用户回放声音。这样，用户就会产生听到了声音的感觉，并且能感觉到这个声音来自放置在空间中相应位置的虚拟扬声器。这种信号处理技术称为卷积。实验表明，该技术具有非常高的识别率，特别是当听到的声音是用自己的 HRTF 生成时，识别率会更高。

在设计三维声音时，通用的方法就是围绕一些通用的 HRTF 设计硬件。第一个虚拟三维音频输出设备是 1988 年由 Crystal River Engineering 为美国航空航天局签约开发的。这个实时数据信号处理器称为 Convolvotron，由旋转在分离外壳中的一组与 PC 兼容的双卡组成。随着数字信号处理（DSP）芯片和微电子技术的进步，现在的 Convolvotron 更加小巧。它们由处理每个声源的"卷积引擎"组成，如图 3.21 所示。

来自三维跟踪器的头部位置数据，通过 RS-232 总线被发送给主计算机。Convolvotron 主板上的每个卷积引擎开始计算相应的模拟声源相对于用户头部的新位置，然后根据脉冲查找相应的数据表，使用这些数据分别为左耳和右耳计算机出新的 HRTF。接下来，通过卷积引擎将滤波器作用于输入声音（第一次数字化之后的），再把从卷积器 1 得到的声音与卷积器 2 得到的声音累积在一起，以此类推，直到把所有的输出都累加到一起。最后把对应于所有的三维声源的合成声音转换成模拟信号，并发送到耳机。

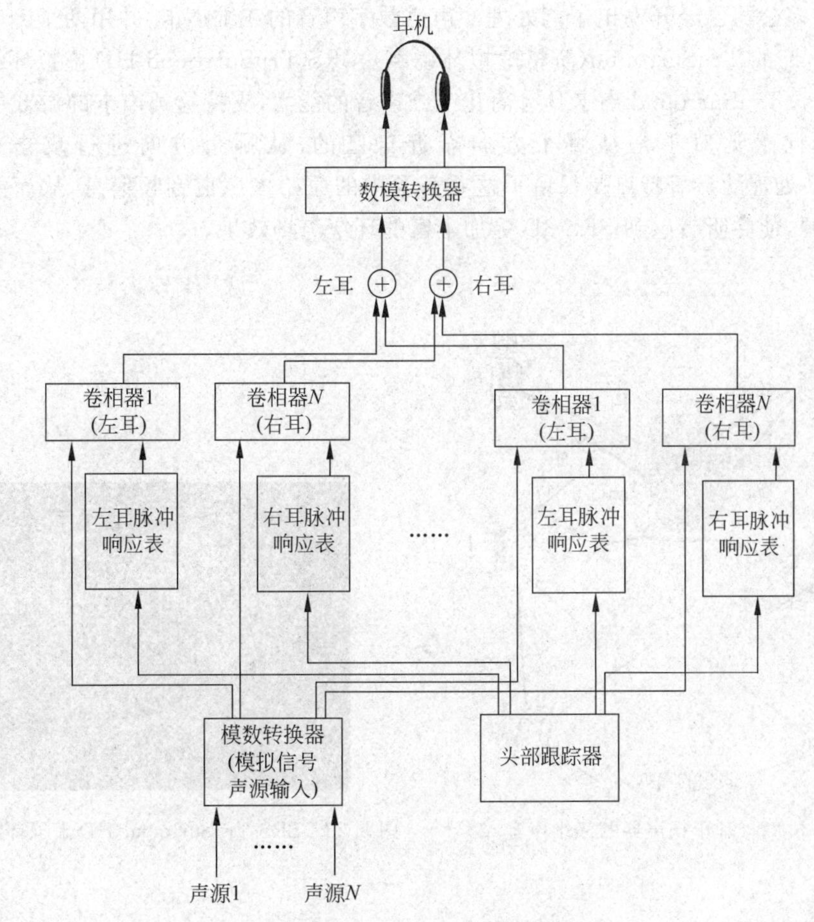

图 3.21 Convolvotron 处理器结构图

3.2.4 基于扬声器的三维声音

最简单的多扬声器听觉系统是立体声格式的，它产生的声音来自两个扬声器所定义的平面。立体声格式可进一步改进为四声道的格式，在用户前面和后面各放两个扬声器。另一种配置是"5.1 环绕"格式，即在用户前面放 3 个扬声器，侧面(左面和右面)放两个扬声器，还有一个是重低音。

这种多通道音频系统能产生出比立体声更丰富的声音，但是价格昂贵、结构复杂，而且占用的空间更多。最重要的是，这个声音显示是从喇叭中发出的，而不是来自周围的环境，听起来像是环绕在房间的四周，由于没有使用 HRTF，所以无法实现来自某个位置的声音。

近年来出现了新一代 PC 三维声卡。这些声卡使用 DSP 芯片处理立体声或 5.1 格式的声音，并且通过卷积输出真实的三维声音。如图 3.22 所示，PC 的喇叭装在监视器的左右两侧，与监视器方向一致，面向用户。知道了用户头部的相对位置(面向 PC，位于最佳区域)，就可以从查表中检索得到 HRTF。这样，只要用户保持处于最佳位置区域中，就有可能创建出在用户周围有许多扬声器的假象，并且能设置扬声器的方位角和位置。

现在,许多公司已经开发出了能处理6声道数字声音的三维声卡,并用两个喇叭进行播放,如SRS生产的TruSurround(资格虚拟环绕声),SRS TruSurround HD虚拟环绕技术如图3.23所示。TruSurround声卡具有简化三维声音的能力,支持这类声卡的游戏能让游戏玩家通过听觉感觉对手是从哪个方向靠近自己的,从哪个方向进行攻击的。SRS TruSurround处理的显著特点是保留了这些声源中的原始多声道音频信息,从而能够形成附加幻觉声源,使聆听者感到SRS 3D更加丰富的环绕声场效果。

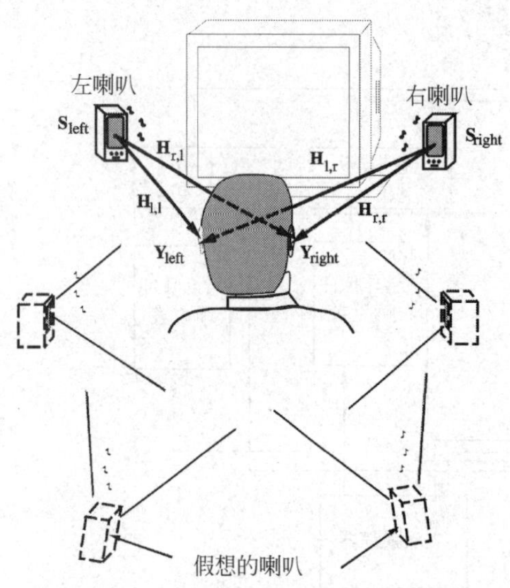

图3.22 基于扬声器的三维声音

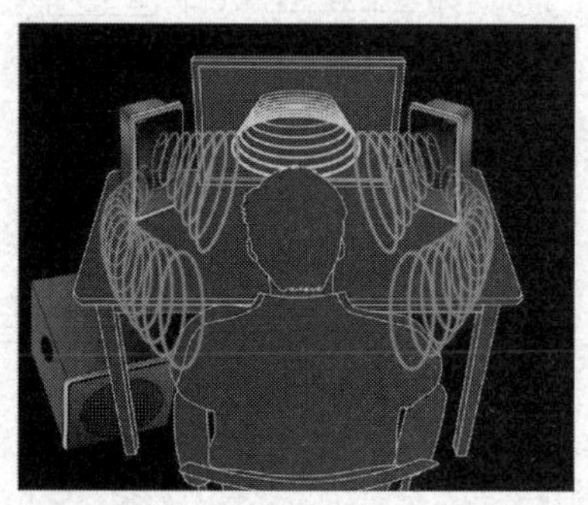

图3.23 SRS TruSurround HD虚拟环绕技术

3.3 触觉反馈

触觉反馈这个词来自希腊语的Happen,意思是接触,它们能传送一类非常重要的感官信息,用户能利用触觉来识别虚拟环境中的对象。触觉反馈与前面介绍的视觉反馈和三维听觉反馈结合起来,可以大大提高虚拟现实系统的真实感。

触觉反馈可以分为接触反馈(Touch Feedback)和力反馈(Force Feedback)两种模态。

接触反馈传送接触表面的几何结构、虚拟对象的表面硬度、滑动和温度等实时信息。它不会主动抵抗用户的触摸运动,不能阻止用户穿过虚拟表面。

力反馈提供虚拟对象表面柔顺性、对象的重量和惯性等实时信息。它主动抵抗用户的触摸运动,如果反馈力比较大,还能阻止该运动,力反馈比接触反馈系统更难实施。

3.3.1 人类的触觉系统

人类触觉系统的输入是由感知循环提供的,对环境的输出(对触觉反馈接口而言)是以传感器-发动机控制循环为中介的。输入数据由众多的触觉传感器、本体感受传感器和温度传感器收集,输出的是来自肌肉的力和扭矩。这个系统是不平衡的,因为人类产生触觉感知的速度要比做出反应的速度快得多。

1. 触觉

皮肤中有 4 种触觉传感器：最主要的是触觉小体(Meissner Corpuscle)，还有 Merkel 细胞小体(Merkel Cell Corpuscle)、潘申尼小体(Pacinian Corpuscle)和鲁菲尼小体(Ruffini Corpuscle)。当这些触觉传感器受到刺激时，会产生很小的放电，最终被大脑所感知。慢适应(Slow-Adapting，SA)传感器(Merkel 和 Ruffini)在响应作用于皮肤上的恒力时，长时间保持恒定的放电速度；快适应(Fast-Adapting，FA)传感器(Meissner 和 Pacinian)可以迅速降低放电速度，使得恒定的触点压力变成未探测到的。

皮肤空间分辨率的变化取决于皮肤中感受器的密度。如对于指尖和手掌，指尖的感受器密度最高，可以区分出距离 2.5mm 的两个接触点；手掌却很难分别出距离 11mm 以内的两个接触点，用户的感觉是只有一个点。当在很短的时间内，在皮肤上连续发生两次接触时，就需要用时间分辨率来补充空间分辨率。皮肤的机械性刺激感受器的连续感知极限仅为 5ms，远远小于眼睛的连续感知极限(25ms)。

本体感受是用户对自己身体位置和运动的感知。这是因为神经末梢、Pacinian 小体和 Ruffini 小体位于骨骼关节中。感受器放电的振幅是关节位置的函数，它的频率对应于关节的速度。身体定位四肢的精确性取决于本体感受的分辨率，或者能检测出的关节位置的最小变化。

肌肉运动知觉是对本体感受的补充，它能感知肌肉的收缩和伸展。这是由位于肌肉和相应的肌腱之间的 Golgi 器官以及位于单个肌肉中的肌梭实现的。

2. 传感器—发动机控制

身体的传感器—发动机控制系统使用触觉、本体感受和肌肉运动知觉来影响施加在触觉接口上的力。人类的传感器-发动机控制的关键特征是最大施力能力、持续施力、力跟踪分辨率和力控制带宽。

手指的触点压力取决于该动作是有意识的还是一种本能反应，抓握对象的方式以及用户的性别、年龄和技巧。抓握方式可以分为精确抓握和用力抓握，如图 3.24 所示。精确抓握用于巧妙地操纵对象，对象只与手指接触；用力抓握，对象被握在手掌和弯曲 90°以上的闭合手指指尖，它的稳定性更高，施加的力也更多，但是缺乏灵活性。触觉接口并不需要产生太大的力，因为用户无法维持太长时间的用力。

3.3.2　触觉反馈接口

本节主要讨论手部触觉反馈，刺激皮肤的触觉感受的方法有很多种，从空气风箱和喷嘴到电激励器产生的振动，再到卫星针阵列、直流电脉冲和功能性的神经肌肉刺激等都能刺激皮肤的触觉。电子触觉反馈给皮肤提供不同宽带、不同频率的电脉冲。神经肌肉仿真直接给用户的表皮层提供信号。

事实上，触觉反馈，就是能够模拟“感觉”的一项技术。举个例子，如果你想推动智能手机上的按钮，你就会真实地感觉到凹槽或者按钮的触感，尽管实际上那里什么也没有，只是一个平面屏幕。想象一下这样的世界，可以随心所欲地将触摸屏“转换”成任何人们想要的屏幕。

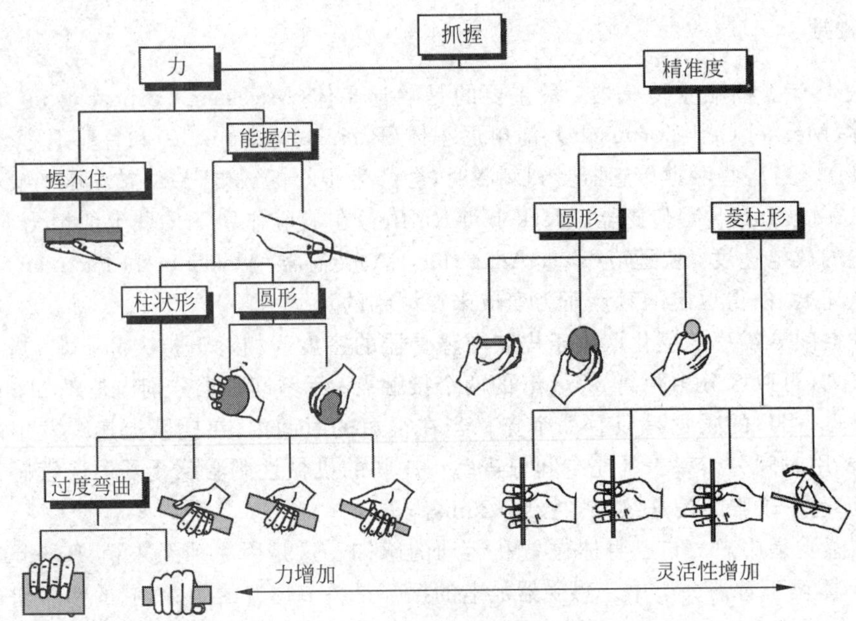

图 3.24 人的抓握几何

1. 触觉鼠标

计算机鼠标是一种标准接口，可以用来进行开放回路漫游、指点和选择操作。开放回路意味着信息流是单向的，用户只能将信息从鼠标发送到计算机（X 和 Y 位置增量或按钮状态）。

通常在使用鼠标时用户要一直观看屏幕，以免失去控制。触觉鼠标增加了响应用户动作的另一条线索，从而可以对此进行适当的补偿（即使把脸转过去也能感知到）。

iFeel Mouse 就是一种触觉鼠标，如图 3.25 所示，它的外观和重量都与普通的鼠标相似，不同的是附加的电子激励器可以引起鼠标外壳的震动。

图 3.25 iFeel 触觉鼠标

如图 3-26 所示，随着固定元件产生的磁场，激励器的轴上下移动。轴上有一个质量块，能产生超过 1N 的惯性力，使用户的手掌感觉到振动。激励器垂直放在鼠标底座上，产生沿 Z 方向的振动。这种设计能尽可能减少振动对鼠标在 X-Y 平面移动时的影响，避免鼠标指点不精确。鼠标垫要比普通的厚一些，而且最好是碎屑质地，目的是能吸收一些来自桌面的反作用力。安装在鼠标上的微处理器使用光学传感器数据来确定鼠标的平移量，这些数据通过通用串行总线（USB 线）发送给主计算机，USB 线同时也用于提供电能。主机软件探测鼠标控制的屏幕箭头与具有触觉特性的窗口边框、图标或表面的接触。

其结果是，指示触觉反馈开始和反馈类型的鼠标命令被发送给鼠标处理器。处理器继而把这些高级命令转换成振动幅度和频率，并通过激励器接口驱动激励器。如果 PC 只发送了一个脉冲命令，用户感觉到的是一种“脉冲”触觉，如果 PC 发送的是复杂的调幅脉冲命

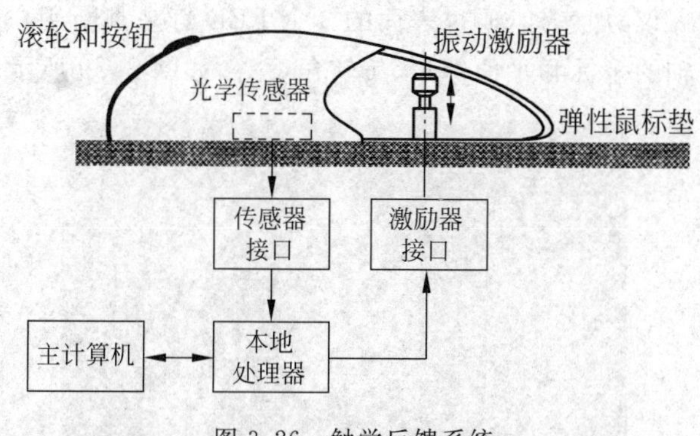

图 3.26 触觉反馈系统

令，那么用户就能感觉到各种触觉纹理。

2. iMotion 触觉反馈手套

Intellect Motion 开发了一款名为 iMotion 的触觉反馈手套，可以为 Oculus Rift 及任何配备摄像头的 Mac、PC 甚至 Android 设备带来动作操控，如图 3.27 所示。iMotion 是一款带有触觉反馈的体感控制器，可以通过设定的动作来实现对 PC、手机和平板等设备的体感控制，并使用户畅玩相关游戏。在外观上，iMotion 控制器的正面拥有 3 个 LED 灯，用于检测 X、Y、Z 轴的坐标和平面仰角、旋转角度等；背面拥有 4 颗力反馈装置，通过"绑带"来戴在手上，甚至腰间；而控制器内置的陀螺仪和加速计能够精准检测到玩家的任何动作，并最终解析为相关操作指令。

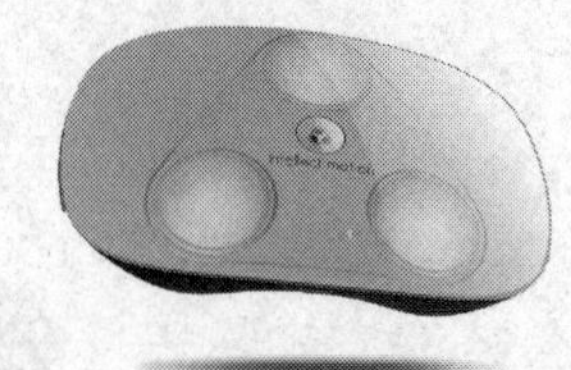

图 3.27 iMotion 触觉反馈手套

iMotion 采用优雅的机身设计，风格跟苹果的鼠标近似。据官方介绍，iMotion 可以提供精准的 3D 动作控制，并且横跨各大平台和诸多 APP。该设备在用户面前创建了一个虚拟的触摸空间，并且拥有触觉反馈，目的是让用户"真实触摸"到游戏或应用中的物体。它能够欺骗人们的大脑，让人们误以为自己的双手正在推、拉，或者进行其他应用（游戏）想要的动作，如图 3.28 所示。iMotion 兼容个人电脑、游戏机，甚至手机和平板。iMotion 能够配对 Oculus Rift 头戴式显示器，因此玩家可以真正地置身于游戏的场景当中。iMotion 虚拟的触觉反馈创造了真实的按钮触感，沉浸式体验就更不用多说了。

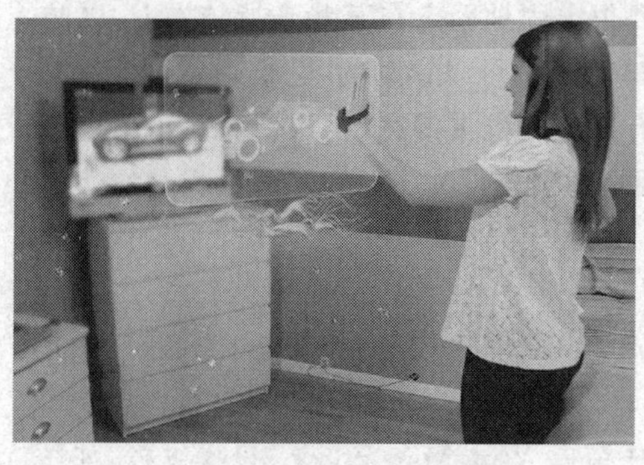

图 3.28 虚拟的触觉反馈

iMotion 内置陀螺仪、加速计，通过表面的 3 个 LED 灯来判断用户身体在 3D 空间的位置——检测 X、Y、Z 轴的坐标和平面仰角、旋转角度等，如图 3.29 所示。

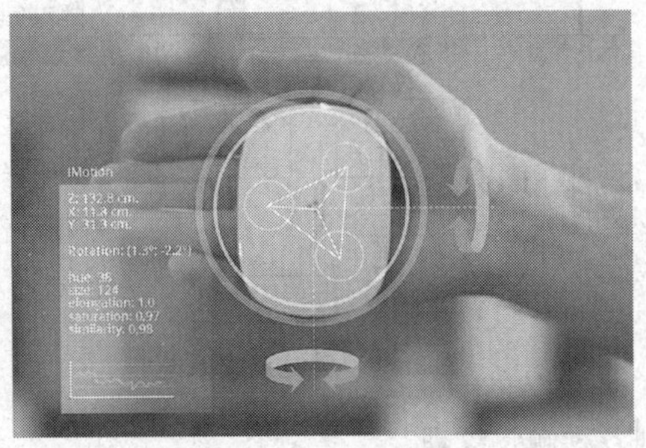

图 3.29　iMotion 内置的陀螺仪和加速计

iMotion 里面 4 个橙色的部件用来提供触觉反馈，如图 3.30 所示。iMotion 的触觉反馈技术是通过蓝牙向用户发出信息的，提供 5 种不同的反馈模式，对应不同的强度和持续时间。

图 3.30　iMotion 里面 4 个橙色的部件用来提供触觉反馈

3.3.3　力反馈接口

力反馈接口设备与触觉反馈接口设备的区别：

(1) 力反馈接口要求能提供真实的力来阻止用户的运动，这样就导致使用更大的激励器和更重的结构，从而使得这类设备更复杂、更昂贵；

(2) 力反馈接口需要很牢固地固定在某些支持结构上，以防止滑动和可能的安全事故，例如操纵杆的力反馈接口就是不可以移动的，它们通常固定在桌子或地面上；

(3) 力反馈接口具有一定的机械带宽，机械带宽表示用户(通过手指附件、手柄等)感觉到的力的频率和转矩的刷新率(单位为 Hz)。

1. 力反馈操纵杆

力反馈操纵杆的特点：自由度比较小，外观也比较小巧，能产生中等大小的力，有较高的机械带宽。

比较有代表性的例子就是 WingMan Force 3D 操纵杆，如图 3.31 所示。它有 3 个自由度，其中两个自由度具有力反馈，游戏中使用的模拟按钮和开关也具有力反馈。这种力反馈结构安装在操纵杆底座上，有两个直流电子激励器，通过并行运动机制连接到中心操作杆上。每个激励器都有一个绞盘驱动器和滑轮，可以移动一个由两个旋转连杆组成的万向接头机制。这两个激励器与万向接头部件互相垂直，允许中心杆前后倾斜和侧面（左右）倾斜。操纵杆的倾斜程度通过两个数字解码器测量，这两个数字解码器与发动机传动轴共轴。测量得到的角度值由操纵杆中附带的电子部件（传感器接口）处理后，通过USB线发送给主PC。当数/模转换器完成对模拟信号的转换后，操纵杆按钮的状态信息也被发送给计算机。计算机根据用户的动作改变仿真程序，如果有触觉事件（射击、爆炸、惯性加速）就提供反馈。这些命令继而被操纵杆的模/数转换器转换成模拟信号并放大，然后发送给产生电流的直流激励器。这样就形成了闭合的控制回路，用户就可以感觉到振动和摇晃，或者感觉到由操纵杆产生的弹力。

图 3.31　WingMan Force 3D 操纵杆

2. CyberGrasp 力反馈手套

力反馈手套是数据手套的一种，它借助数据手套的触觉反馈功能，使用户能够用双手亲自“触碰”虚拟世界，并在与计算机制作的三维物体进行互动的过程中真实感受到物体的振动。触觉反馈能够营造出更为逼真的使用环境，让用户真实感触到物体的移动和反应。此外，系统也可用于数据可视化领域，能够探测与出地面密度、水含量、磁场强度、危害相似度、或光照强度相对应的振动强度。

Immersion CyberGrasp 是一款设计轻巧而且有力反馈功能的装置，像盔甲一般附在 Immersion CyberGlove 上。使用者可以通过 Immersion CyberGrasp 的力反馈系统去触摸电脑内所呈现的 3D 虚拟影像，感觉就像触碰到真实的东西一样，如图 3.32 所示。Immersion CyberGrasp 最初是为了美国海军的远程机器人专项合同进行研发的，可以对远处的机械手臂进行控制，并真实地感觉到被触碰的物体。

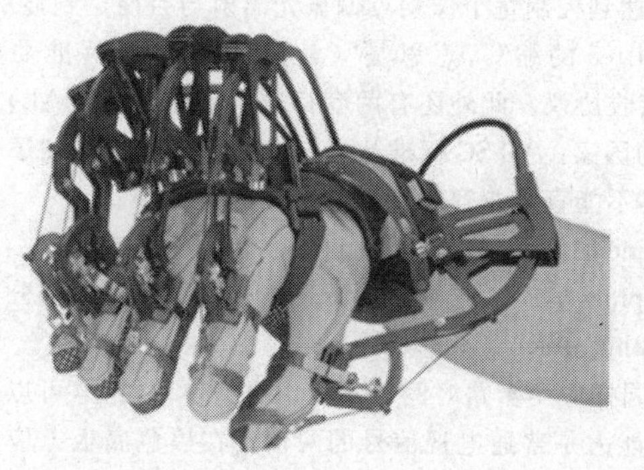

图 3.32　CyberGrasp 力反馈手套

该产品重量很轻，可以作为力反应外骨骼佩戴在 Immersion CyberGlove 数据手套（有线型）上使用，能够为每根手指添加阻力反馈。使用 Immersion CyberGrasp 力反馈系统，用户能够真实感受到虚拟世界中电脑 3D 物体的真实尺寸和形状。

接触 3D 虚拟物体所产生的感应信号会通过 Immersion CyberGrasp 特殊的机械装置而产生真实的接触力，让使用者的手不会因为穿透虚拟的物件而破坏了虚拟实境的真实感。

使用者手部用力时，力量会通过外骨骼传导至与指尖相连的肌腱。一共有 5 个驱动器，每根手指一个，分别进行单独设置，可避免使用者手指触摸不到虚拟物体或对虚拟物体造成损坏。高带宽驱动器位于小型驱动器模块内，可放置在桌面上使用。此外，由于 Immersion CyberGrasp 系统不提供接地力，所以驱动器模块可以与 GrapPack 连接使用，具有良好的便携性，极大地扩大了有效的工作区。

在用力过程中，设备发力始终与手指垂直，而且每根手指的力均可以单独设定。Immersion CyberGrasp 系统可以完成整手的全方位动作，不会影响佩戴者的运动。

Immersion CyberGrasp 系统可以为真实世界的应用带来巨大的利益，包括医疗、虚拟现实培训和仿真、计算机辅助设计(CAD)和危险物料的遥控操作。

本章小结

本章介绍了 VR 专用的输出设备，通过输出接口给用户产生反馈的感觉通道，包括视觉(通过图形显示设备)、听觉(通过三维声音显示设备)和触觉(通过触觉反馈)。通过本章的学习掌握图形显示设备、声音显示设备、触觉反馈设备的基本概念和区别；掌握常用头盔显示器、沉浸式立体投影显示系统、立体眼镜(鹰眼)、基于 HRTF 的三维声音和基于扬声器的三维声音与的概念和原理；了解人类视觉系统、人类听觉系统和人类触觉系统的基本原理。

【注释】

1. 视场：天文学术语，指望远镜或双筒望远镜所能看到的天空范围。视场代表着摄像头能够观察到的最大范围，通常以角度来表示，视场越大，观测范围越大。
2. 深度知觉：是指人对物体远近距离即深度的知觉，它的准确性是对于深度线索的敏感程度的综合测定。
3. LCD 显示器：Liquid Crystal Display 的简称，液晶显示器。LCD 的构造是在两片平行的玻璃基板当中放置液晶盒，下基板玻璃上设置 TFT(薄膜晶体管)，上基板玻璃上设置彩色滤光片，通过 TFT 上的信号与电压改变来控制液晶分子的转动方向，从而达到控制每个像素点偏振光出射与否而达到显示目的。
4. NTSC：是 National Television Standards Committee 的缩写，意思是"(美国)国家电视标准委员会"。NTSC 负责开发一套美国标准电视广播传输和接收协议。此外还有两套标准：逐行倒相(PAL)和顺序与存色彩电视系统(SECAM)，用于世界上其他的国家。NTSC 标准从它们产生以来除了增加了色彩信号的新参数之外没有太大的变化。NTSC 信号是不能直接兼容于计算机系统的。
5. PAL：电视广播制式，是英文 Phase Alteration Line 的缩写，意思是逐行倒相，也属于同时制。
6. SXGA：高级扩展图形阵列(Super Extended Graphics Array 或 Super XGA 或 SXGA)。一个分辨率为 1280×1024 的既成事实显示标准，每个像素用 32bit 表示(真彩色)。
7. FLCOS：FLCOS 微显示技术面板与 LCOS 面板同样应用多路时间分割技术机型单色转化，可以每分钟进行 360 次红绿蓝三原色转换，这样的色彩转换能力是普通电视信号的两倍。在黑色底板上应用红绿蓝像素滤波器的 LCOS 微显示芯片，其亮度表现和相应时间都要比 TFT 液晶面板更为出色。
8. OLED：有机发光二极管，又称为有机电激光显示(Organic Light-Emitting Diode)，由美籍华裔教授邓青云在实验室中发现，由此展开了对 OLED 的研究。OLED 显示技术具有自发光的特性，采用非常薄的有机材料涂层和玻璃基板，当有电流通过时，这些有机材料就会发光，而且 OLED 显示屏幕可视角度大，并且能够节省电能。

9. HTC Vive：由 HTC 与 Valve 联合开发的一款 VR 虚拟现实头盔产品，于 2015 年 3 月在 MWC2015 上发布。由于有 Valve 的 SteamVR 提供的技术支持，因此在 Steam 平台上已经可以体验利用 Vive 功能的虚拟现实游戏。
10. DLP 投影机：数码光处理投影机，是美国德州仪器公司以数字微镜装置 DMD 芯片作为成像器件，通过调节反射光实现投射图像的一种投影技术。它与液晶投影机有很大的不同，它的成像是通过成千上万个微小的镜片反射光线来实现的。
11. 边缘融合技术：分为纯硬件边缘融合(单片机原理)、软件融合(GPU)、集成式边缘融合服务器(集融合矫正、布局窗口、信号输入、中央控制等功能为一体)，主要技术特点是将多台投影机投射出的画面进行边缘重叠，并通过融合图像技术将融合亮带进行几何矫正、色彩处理，最终显示出一个没有物理缝隙，并更加明亮、超大、高分辨率的整幅画面，画面的效果就像是一台投影机投射的画面。
12. 色彩平衡：是图像处理(Photoshop)软件中一个重要环节。通过对图像的色彩平衡处理，可以校正图像色偏、过饱和或饱和度不足的情况，也可以根据自己的喜好和制作需要，调制需要的色彩，更好地完成画面效果，应用于多种软件和图像、视频制作中。
13. 卷积：在泛函分析中，卷积、旋积或摺积(英语：Convolution)是通过两个函数 f 和 g 生成第 3 个函数的一种数学算子，表征函数 f 与 g 经过翻转和平移的重叠部分的面积。如果将参加卷积的一个函数看作区间的指示函数，卷积还可以被看作是“滑动平均”的推广。
14. 吞吐量：指对网络、设备、端口、虚电路或其他设施，单位时间内成功地传送数据的数量(以比特、字节、分组等测量)。
15. RS-232：个人计算机上的通信接口之一，由电子工业协会(Electronic Industries Association，EIA)所制定的异步传输标准接口。通常 RS-232 接口以 9 个引脚(DB-9)或是 25 个引脚(DB-25)的形态出现，一般个人计算机上会有两组 RS-232 接口，分别称为 COM1 和 COM2。
16. 触觉小体(Meissner Corpuscle)：又称 Tactile 小体，分布在皮肤真皮乳头内，以手指、足趾掌侧的皮肤居多，感受触觉，其数量可随年龄的增长而减少。
17. Merkel 细胞(Merkel Cell)：是树枝状细胞的一种，位于光滑皮肤的基底细胞层及有毛皮肤的毛盘，数量很少。多数情况下，它位于神经末梢，因此被称为 Merkel 神经末梢(Merkel Nerve Endings)。
18. 潘申尼小体(Pacinian Corpuscle)：又称环层小体(Lamellar Corpuscle)，体积较大(直径 1～4mm)，卵圆形或球形，广泛分布在皮下组织、肠系膜、韧带和关节囊等处，感受压觉和振动觉。小体的被囊是由数十层呈同心圆排列的扁平细胞组成的，小体中央有一条均质状的圆柱状。有髓神经纤维进入小体失去髓鞘，裸露轴突穿行于小体中央的圆柱体内。
19. 鲁菲尼小体(Ruffini 小体)：是机械刺激感受器中的一种触觉感受器，呈长梭形，被膜松弛，位于真皮内，属于本体感觉器，是一种慢适应感受器。
20. Golgi 器官：最早由 Golgi 发现，故又名高尔基腱器官(Golgi Tendon Organ)。腱器官的功能是将肌肉主动收缩的信息编码为神经冲动，传入到中枢，产生相应的本体感觉。
21. 惯性力(Inertial Force)：是指当物体加速时，惯性会使物体有保持原有运动状态的倾向，若是以该物体为参照物，看起来就仿佛有一股方向相反的力作用在该物体上，因此称之为惯性力。因为惯性力实际上并不存在，实际存在的只有原本将该物体加速的力，因此惯性力又称为假想力(Fictitious Force)。
22. Oculus Rift：一款为电子游戏设计的头戴式显示器。这是一款虚拟现实设备，这款设备很可能改变未来人们游戏的方式。Oculus Rift 具有两个目镜，每个目镜的分辨率为 640×800，双眼的视觉合并之后拥有 1280×800 的分辨率。
23. 转矩：机械元件在转矩作用下都会产生一定程度的扭转变形，故转矩有时又称为扭矩(Torsional Moment)。转矩是各种工作机械传动轴的基本载荷形式，与动力机械的工作能力、能源消耗、效率、运转寿命及安全性能等因素紧密联系，转矩的测量对传动轴载荷的确定与控制、传动系统工作零件的强度设计以及原动机容量的选择等都具有重要的意义。
24. DC 马达：为英语 Motor 的音译，即为电动机、发动机。DC 马达是直流电动机。

第4章 虚拟现实的计算体系结构

导学

1. 内容与要求

本章介绍虚拟现实绘制流水线相关技术，阐述基于PC和工作站的虚拟现实图形体系结构，讨论分布式虚拟现实体系结构中常见的问题和相应的网络拓扑结构。目的是帮助读者了解虚拟现实开发整体框架，掌握虚拟现实引擎的基本运行原理。

绘制流水线要掌握图形绘制流水线和触觉绘制流水线的原理；了解产生图形绘制流水线瓶颈的原因和相应的优化方法。

图形体系结构要了解PC总线带宽对绘制性能的影响；了解基于PC的虚拟现实系统的构成和基于工作站的虚拟现实计算体系结构。

分布式虚拟现实体系结构要理解多流水线的同步机制；了解联合定位绘制流水线的概念；了解PC集群的应用；理解分布式虚拟现实的概念；掌握两用户分布虚拟现实环境和多用户分布式虚拟现实网络拓扑结构。

2. 重点、难点

本章重点是图形绘制流水线和触觉绘制流水线的原理，多用户分布式虚拟现实网络拓扑结构。难点是图形绘制流水线和触觉绘制流水线的处理阶段理解以及基于工作站虚拟现实计算体系结构的分析。

在虚拟现实开发中，主要的任务是构架VR引擎。引擎一词是借助制造工业的同名术语，表明在整个系统中处于核心地位。VR引擎就像汽车的发动引擎一样，决定着VR的速度、真实感、用户体验等。VR引擎从输入设备中读取数据，访问与任务相关的数据库，执行任务要求的实时计算，从而实时更新虚拟世界的状态，并把结果反馈给输出显示设备。它对底层的通用技术细节进行封装，形成一个开发框架，方便VR开发人员进行具体VR应用，而不必去关心底层技术实现的细节，降低了开发的难度和工作量。

在VR仿真过程中，用户动作是多变的、随机的，用户的某一刻状态是不可以预见的，在系统的内存中也不可能存储所有相应状态。由于虚拟世界不断动态创建和删除变化的特性，要求VR仿真具有较高的实时性。研究表明，为了实现连续平滑仿真至少要求以24～30f/s(帧率，刷新率)的速度显示。因此，VR引擎每间隔33ms就要重新构建一次虚拟世界。同时VR引擎还要存储不断变化的系统状态和承担与I/O通信等功能，导致了巨大的计算量。

VR的交互性是给用户真实体验的基础，影响交互性最重要的因素是整个仿真的延迟，即用户动作与 VR 反馈之间的时间间隔大小。整个系统的仿真延迟是用户传感器延迟、传送延迟和计算显示一个 VR 新世界状态的时间的延迟之和。这要求 VR 引擎具有高速的处理器和图形加速能力。

大量的数据计算、低延迟和图形、触觉实时显示都要求 VR 引擎具有强健的计算体系结构。VR 系统结构的设计中最重要的是绘制技术。

4.1 绘制流水线

在 VR 中，术语"绘制(Rendering)"表示把虚拟世界中的三维几何模型转变成二维场景展现给用户的过程。这一过程有一系列必须依次顺序完成的操作，通常把这个过程叫做绘制流水线(Rendering Pipeline)，又叫绘制管道。绘制在 VR 中不仅指视觉(图形、图像)也包括其他各种感觉，如触觉。

多边形(三角形)网格表示法(Polygonal Mesh)是最常见的虚拟现实三维模型表示法，即物体的立体几何信息是通过它们的边界面或包围面来表示的，而物体的边界面可以用许多单独的多边形表示，如图 4.1 所示。这种方法也是目前最成熟的三维模型表示方法。改变多边形的数量可以调节物体细节精细程度。多边形的数量越多，物体细节越真实，如图 4.2 所示，一个女性的人物模型多边形的数量从左至右依次为 100%、20%和 4%的效果。单位时间内处理多边形的数量也常常作为衡量一个三维图形绘制系统处理能力的指标。

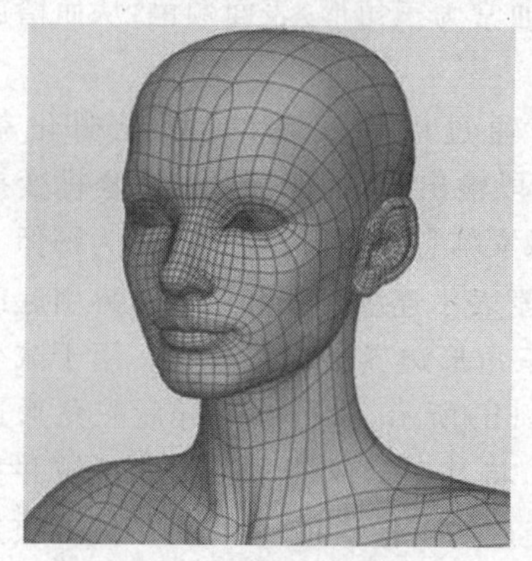

图 4.1　使用多边形网格法建模的三维图像

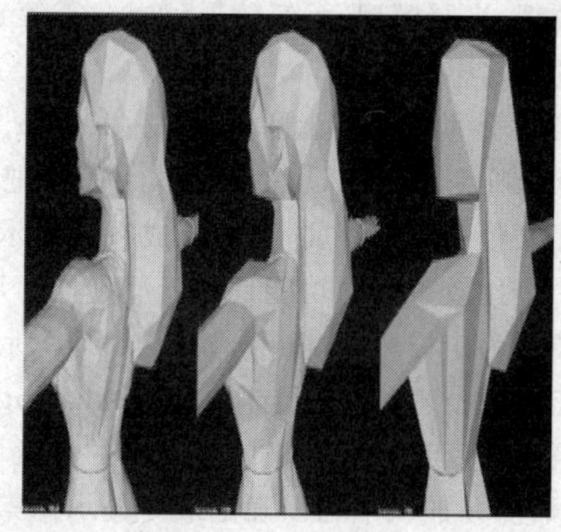

图 4.2　多边形数量的多少对物体细节的影响

流水线技术是指把一个重复的过程分成若干子过程，每一个子过程可以与其他子过程并行执行。通过这种技术可以加速过程处理。由于这种工作方式与工厂的生产流水线类似，因此称作流水线工作方式。图形绘制流水线(The Graphics Rendering Pipeline)指的是把图形绘制过程划分成几个阶段，并把它们指派给不同的硬件资源并行处理，用来提高图形绘制速度。

4.1.1 图形绘制流水线

图形绘制流水线主要分为3个阶段，如图4.3所示。第一阶段是应用程序阶段(Application)，它是用软件编程方法通过计算机CPU完成的，在高性能计算机中是由GPU完成的。该阶段要完成建模、加速计算、动画、人机交互响应用户输入(如鼠标、数据手套、跟踪器)等功能，还包括触觉绘制流水线一些任务。这一阶段的末端需要将绘制的内容(多边形)输入到几何处理阶段。这些多边形都是图元(如点、线、三角形等)，最终需要在输出设备上显示出来。

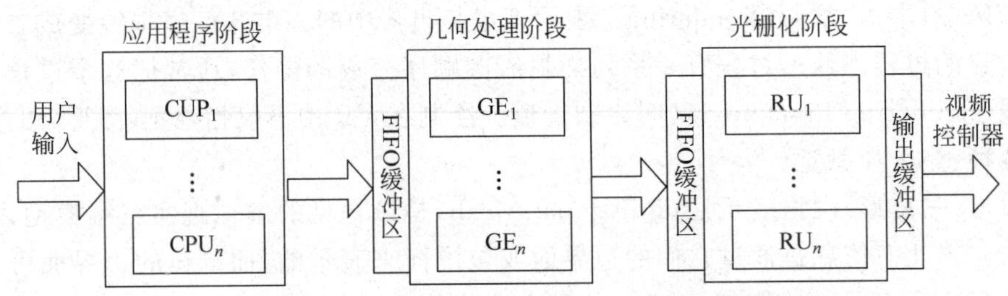

图4.3 图形绘制流水线的3个阶段

第二阶段是几何处理阶段(Geometry)。几何处理阶段通过硬件实现，由几何处理引擎(Geometry processing Engine,GE)完成。该阶段是从三维坐标变换为二维屏幕坐标的过程，包括模型变换(坐标变换、平移、旋转和缩放等)、光照计算、场景投影、剪裁和映射。其中光照计算子阶段的作用是为了使场景具有明暗效果，根据场景中的模拟光源的类型和数目、材料纹理、光照模型、大气效果(如烟、雾等)计算模型(通常为三角形)表面颜色，从而增加了场景的真实感。

第三个阶段是光栅化阶段(Rasterizer)。它是通过硬件实现的，由光栅化单元(Rasterizer Unitis,RU)完成。这一阶段把几何处理阶段输出的几何图形信息(坐标变换后加上了颜色和纹理等属性)转换成视频显示器需要的像素信息，即几何场景转化为图像。此阶段一个比较重要的功能是执行反走样。用离散的像素表示连续直线和区域边界引起的失真现象称为走样(Aliasing)，如图4.4(a)所示，绘制的三角形边界出现锯齿状。用于减少或消除走样的技术称为反走样(Anti-Aliasing)，如图4.4(b)所示，执行反走样后三角形边界变平滑了。反走样处理把图形走样的像素增加采样点，将其细分成若干子像素区域并指定相应颜色，并加权平均以确定最终显示像素的颜色。使用的子像素越多，得到的图像质量越好，但光栅化阶段的计算量就越大，同时计算时间相对延长，减慢了绘制速度。在绘制质量和绘制时间之间需要综合考虑。

1. 图形绘制流水线实例

HP Visualize fx卡是图形绘制流水线中硬件实现几何处理阶段和光栅化阶段的一个典型例子，如图4.5所示。接口芯片接收系统总线传送的3D数据，然后把它们发送到几何处理主板。接着由几何处理主板上最空闲的几何处理引擎执行相关操作，开始处理相应的三维数据，并返回结果到接口芯片。接口芯片将经过几何处理的数据发送给纹理芯片。纹理芯片负责加速纹理映射。两个纹理芯片生成透视校正结果，并把缩放后以适应几何体的

(a) 绘制三角形走样效果

(b) 执行反走样后的效果

图 4.4 走样和反走样效果

纹理数据传送给光栅芯片,或存储在纹理高速缓冲存储器中。纹理高速缓冲存储器中的数据也可以被其他对象重新引用,以加快流水线处理速度。光栅化单元从纹理芯片中读取数据,把它们转换成像素信息,然后发送到帧缓冲区。最后,视频芯片把像素颜色映射成真彩色,进行数/模转换和视频同步处理,输出显示结果。

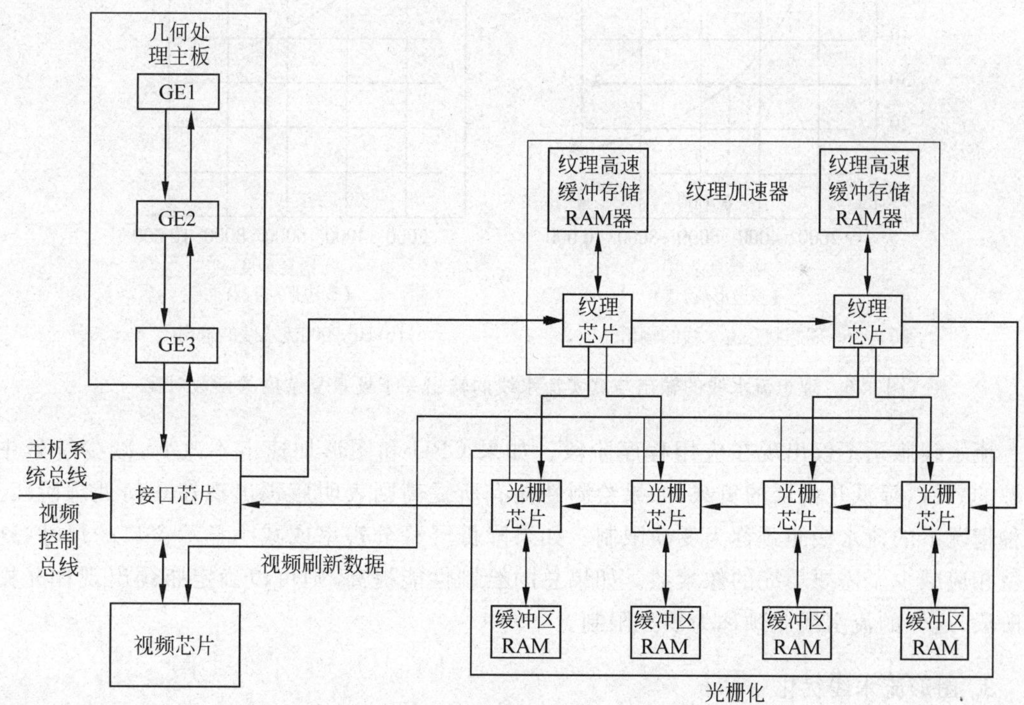

图 4.5 HP Visualize fx 流水线体系结构

2. 图形流水线瓶颈

流水线的速度是由最慢的部分也就是瓶颈部分决定的。只有对瓶颈部分进行特殊处理,才会提高整体效率。理想流水线输出情况如图 4.6(a)所示,帧刷新率是与场景的复杂度成反比的。如果场景的复杂度降低,则刷新率呈指数增长。例如,在单视场模式(平面视觉效果)下,场景复杂度从 10 000 个多边形降低到 5000 个多边形时,刷新率从 30f/s 提高到

60f/s。如果使用同样的流水线绘制立体场景，性能也会降低一半。例如，要达到 30f/s 图像刷新率，单视场模式下一帧场景可以绘制 10 000 个多边形，而立体模式只有 5000 左右。

以 HP 9000 图形工作站绘制一条流水线为例来讨论真实情况，如图 4.6(b)所示。图 4.6(b)中的场景复杂度低于 3000 个多边形时，单视场和立体两种模式下的曲线都接近水平状态，这是由 CPU 运行速度较慢造成的瓶颈。即使需要绘制的多边形数目很少，慢速的 CPU 也会把刷新率限制在 8～9f/s。如果流水线瓶颈出现在应用程序阶段，此时的流水线瓶颈称为 CPU 限制。

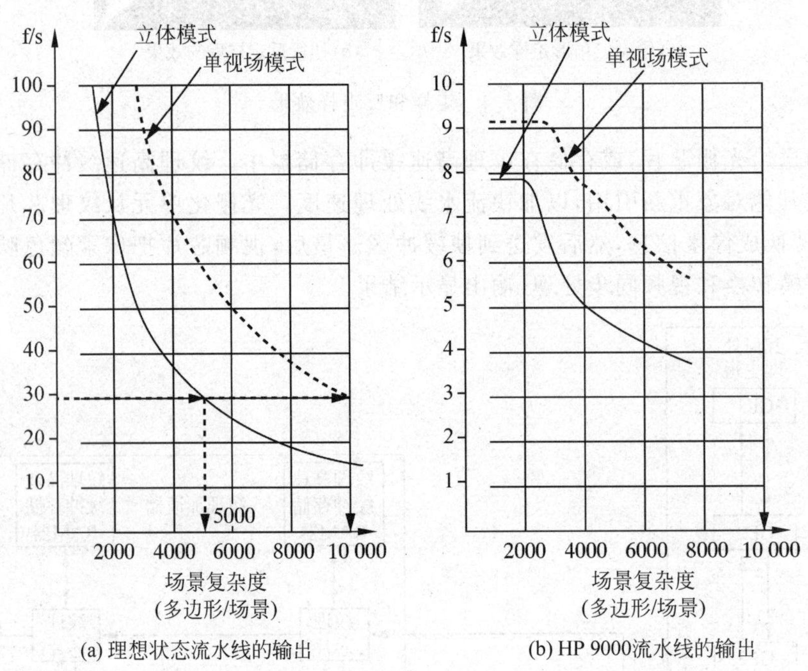

图 4.6 理想流水线的输出与真实流水线的输出关于场景复杂度的函数对比

流水线瓶颈不仅出现在应用程序阶段。如果 CPU 和图形加速卡不改变，减少场景中光源的数目，降低几何层的负载，如果绘制性能有所提高则表明瓶颈出现在几何处理阶段。这种情况下的流水线瓶颈称为变换限制。如果降低屏幕分辨率或减小显示窗口的尺寸，这样就相应减少了需要填充的像素数。如果总的绘制性能提高，则可以确定瓶颈出现在光栅化阶段，这样的流水线瓶颈称为填充限制。

3. 图形流水线优化

已知流水线中瓶颈位置后，需要采取相应的措施减少或消除绘制过程中的瓶颈，提高整体性能。这些措施称为流水线优化。

在应用程序阶段优化常采用的方法是提高 CPU 的速度，用速度较快的 CPU 取代慢速 CPU，或使用双 CPU。若不能更换当前使用的 CPU，则需要减少它的计算负载。同时在保证绘制质量的情况下可以尽量减少建模使用的多边形数目，以降低场景的复杂度。也可以通过优化仿真软件来减少应用程序阶段负载，采用编译器或编程技巧来实现。例如，代码编写时要尽少地应用除法运算。

如果流水线瓶颈出现在几何处理阶段，就需要检查分配给几何处理引擎的计算负载。虚拟场景的光照计算是一个重要的部分，可通过减少场景光源数量或更改光源类型（如用平行光源替代点光源或聚光源）等方法减少计算量。影响几何处理阶段计算量的另一个主要因素是多边形明暗处理模式（Polygon Shading Mode），如图 4.7（a）所示，采用线框模式（Wire-Frame Models）来表示的人的腿骨模型。用线框模式来表示三维对象最为简单，只要显示多边形的可见边即可。对于这类对象，最简单的明暗处理模式是平面明暗处理（Flat Shading），或者称为面片明暗处理，只需把对象的一个多边形（或面）内所有的像素都赋予相同的颜色，如图 4.7（b）所示。这种方法简化了几何处理阶段的计算量，但显示对象表面相邻的多边形之间颜色差异较大，看起来会出现棋盘格式的明暗效果。Gouraud 明暗处理法（Gouraud Shading）可以获得比较自然的物体外观，如图 4.7（c）所示。这种方法不仅对每个多边形的每个顶点赋予一组色调值，将多边形填充上比较顺滑的渐变色，并且对相交的棱边做平滑处理。这样处理出来的对象实体效果更加逼真。但是，与平面明暗处理方法相比，增加了计算量，降低了刷新率。采用恰当的明暗处理算法可以优化几何处理阶段的速度。例如在生成预览动画效果时，对成像的速度要求要重于细致度，就可以采用平面明暗处理而不用 Gouraud 明暗处理。

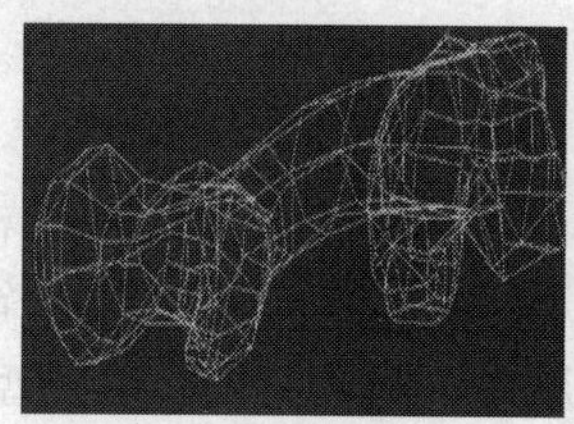

(a) 线框模型

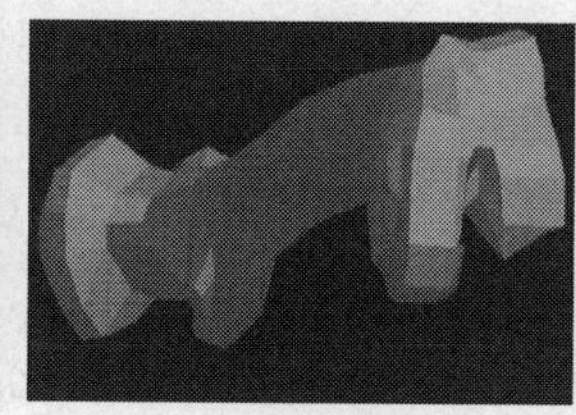

(b) 平面明暗处理

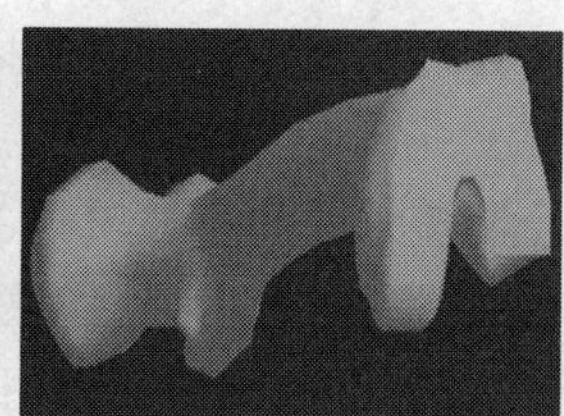

(c) Gouraud明暗处理

图 4.7　人的大腿骨

如果流水线的瓶颈出现在光栅化阶段，需要通过降低屏幕的分辨率或减小显示窗口的尺寸进行优化。

但需要注意的是有些优化技术是以牺牲绘制质量来提高执行速度的，如图 4.8 所示，简单化光照明模式后，显示物体的真实感下降。一个优化原则是，当最慢的阶段不能再优化时，则应尽量增加其他阶段的工作量，让其速度接近最慢的阶段。因为整个系统的速度是由最慢阶段决定的。例如，假设应用阶段为瓶颈，耗时 60ms，几何和光栅阶段耗时 30ms，那么几何和光栅阶段可利用这 60ms，采用更精致的光照模型，更复杂的阴影，更精确的显示等来提高绘制物体的真实度。

(a) 采用增量式光照明的模型显示

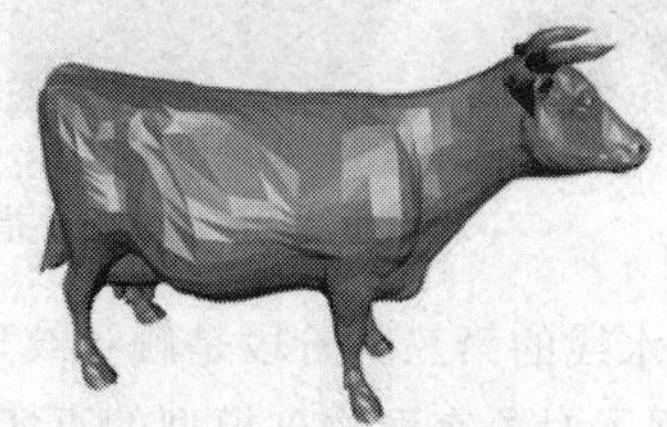

(b) 采用简单光照明的模型显示

图 4.8　不同光源照明对物体的显示效果

4.1.2 触觉绘制流水线

在现代 VR 仿真系统中，对象的特征与行为是相互作用的。对象模型的真实感除了视觉效果外，还需要触觉来感知物体。可以通过多阶段的触觉绘制流水线（Haptics Rendering Pipeline）描述触觉模型的过程，如图 4.9 所示。

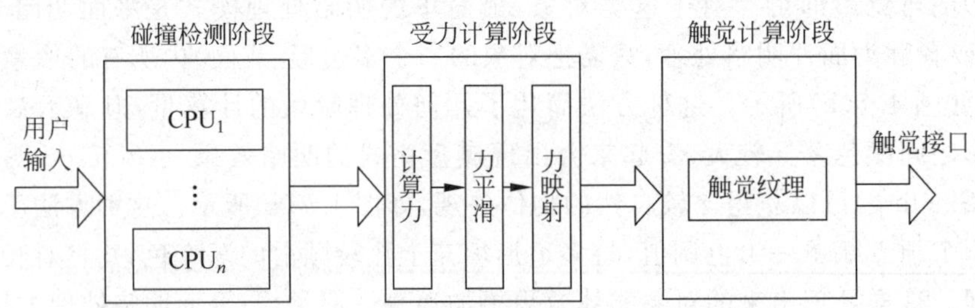

图 4.9 触觉绘制流水线的 3 个阶段

触觉绘制流水线的第一阶段主要是执行碰撞检测（Collision Detection），确定两个（或多个）虚拟对象之间是否有接触。与图形流水线不同，只有发生了碰撞的对象才会在触觉绘制流水线中处理。这一阶段还包括从数据库中加载虚拟对象的物理特性，如光滑度、表面温度和质量等。

触觉绘制流水线的第二阶段主要是受力计算（Force Computation）。受力计算是当用户与物体表面进行交互时，他们感觉到的反作用力，如图 4.10 所示，手指在挤压一个虚拟弹性球时，不仅要感觉到球的反作用力，还要感觉到力的变化顺序。最简单的仿真模型基于胡克定律，即物体表面变形的程度与触点压力的大小成正比。有时还涉及阻尼力和摩擦力的模型（如碰触到一面虚拟墙时要产生突然的反馈力和墙的硬度等），它们使用户感觉到的力更加真实。力平滑（Force Smoothing）和力映射（Force Mapping）也是触觉绘制流水线的第二阶段包括的内容。力平滑指调整力向量的方向，对力进行渐变处理来模拟与光滑的曲面表面接触时的感觉，而力映射是指把力映射成触觉显示系统的某些特性。如力反馈手套通常映射成一只虚拟手，在计算时就要考虑虚拟手指的几何构造。

图 4.10 虚拟球在手指触碰施力过程中的变化

触觉绘制流水线的第三个阶段是触觉纹理（Haptic Texturing），主要绘制仿真过程的接触反馈分量，增强了对象表面物理模型的真实感，如表面温度或光滑度等，附加在力向量上，发送给触觉输出设备。常见的模拟不同触觉纹理的方法是利用电信号或振动来刺激人手的相应部位。就像 CyberTouch 力反馈手套，在指尖内侧的小振动触觉传感器可产生简单的感觉，如脉动或类似的振动；也可以复合产生复杂的触觉反馈。

触觉绘制是一门新的学科，与图形绘制流水线相比，缺乏标准的体系结构，也有很多问题要研究。目前的VR系统触觉绘制技术主要集中在力觉反馈和人体运动感知上，对绘制真实感觉方面还很少(如温度、皮毛等)。虽然现今触觉技术正快速发展，图4.11所示为日本新研究的触觉放映机技术，它将壁虎奔跑的影像投射在放映机上，一旦人进入放映区域中，就可以感觉摸到了壁虎的皮肤，但这些技术大多数还是实验性的，距真正的投入使用还有一段距离。

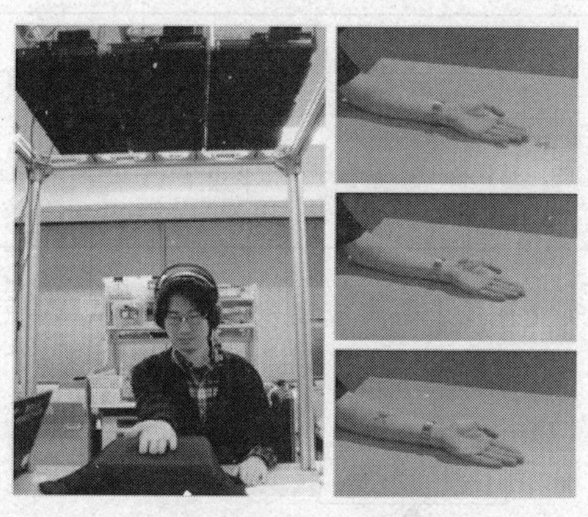

图4.11 日本最新开发的"触觉放映机"

4.2 图形体系结构

近年来，PC的全球年产量已达到十几亿台，支持VR的PC也达到千万台，数量每年还在不断地增长。工作站则是继PC之后用得最多的计算设备，具有较强的信息处理功能和高性能的图形、图像处理功能。就像高清视频推动了高端CPU的普及一样，VR需求也会迫使图形绘制和显示技术提升到新的高度。

4.2.1 基于PC的图形体系结构

现有PC的CPU速度已经发展到了4.0～4.2GHz(酷睿i7 6700k)，图形加速卡每秒能绘制过亿的Gouraud明暗处理多边形。PC的运算速度和图形卡绘制能力的提升满足了一般VR仿真中的大多数实时性要求。PC的这些性能以及价格上的巨大优势使之成为一种优秀的VR引擎。

在PC体系结构中除了CPU的速度和图形加速卡的绘制能力外，通信瓶颈直接影响实时图形绘制的性能，原因在于连接CPU、图形卡和其他I/O设备的接口(PCI)总线带宽问题。PCI总线的带宽只有132MB/s，传输速率较慢。而且PCI总线基于共享并行架构，所有设备共享单一总线，外设越多，可用的带宽就越少，从而影响了从系统RAM到图形存储器的数据传送的可用带宽。

Intel公司开发的专为图形加速卡设计的加速图像处理接口(Accelerate Graphical

Port,AGP)和新一代的正在流行的总线接口 PCI-Express(PCI-E)就是为了解决 PCI 总线的低带宽而开发的接口技术。AGP 通过将图形卡与系统主内存连接起来,能直接把纹理和其他图形数据从系统内存传送到图形卡上的视频存储器(帧缓冲器),在 CPU 和图形处理器之间直接开辟了更快的通道。PCI-E 采用了点对点串行连接,允许每个设备都有自己的专用连接,无须向整个总线申请带宽,避免了多个设备争抢带宽的情况发生。3 种总线接口技术的主要特征如表 4.1 所示。

表 4.1 PCI、AGP、PCI-E 总线接口技术的主要特征

特　征	PCI	AGP(8x)	PCI-E(x16)
推出时间(年)	1991	1996	2002
总线类型	并行共享	与主存直接相连	点对点串行
传输模式	单工	半双工	单工、半双工、全双工
理论带宽(B/S)	132M	2G	5G

只有将 PC 和虚拟现实交互式设备集成在一起才能构成 VR 引擎,如图 4.12 所示,它是一个简单的基于 PC 的 VR 引擎结构。将头部跟踪器连接到 PC 的一个串行端口,操纵杆

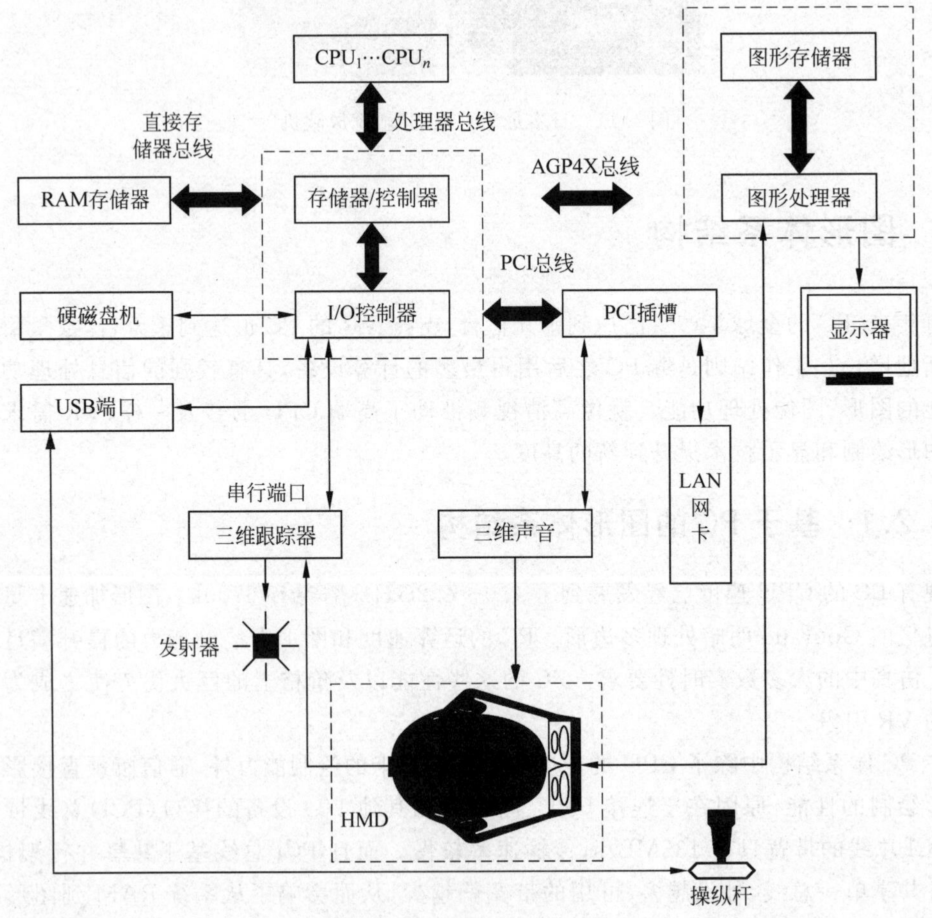

图 4.12 PC 的 VR 引擎

连接 USB 端口，用来接收用户的输入，操纵杆还可以接收触觉反馈；头戴式可视设备连接到图形卡输出端口，接收系统的视频反馈；而三维声卡插在 PCI 总线上，用户通过用带有三维声卡的耳机接收音频反馈。

4.2.2　基于工作站的体系结构

与 PC 相比，工作站使用了超级(多处理器)体系结构，具有更强大的计算能力、更大的磁盘空间和更快的通信形式。由于工作站多采用多任务的 Unix 操作系统，再配以高端的图形加速器来开发 VR 系统，很容易满足 VR 系统实时性的特性。例如，一个 CPU 实时地绘制图形流水线，同时另一个 CPU 专门处理用户交互活动。

1996 年，SGI 公司推出了高级并行 Infinite Reality 图形系统，如图 4.13 所示。Infinite Reality 是 SGI 公司开发的第一个为通用工作站专门设计，用于提供复杂场景下具有稳定的 60Hz 刷新率、高质量绘制的图形系统。

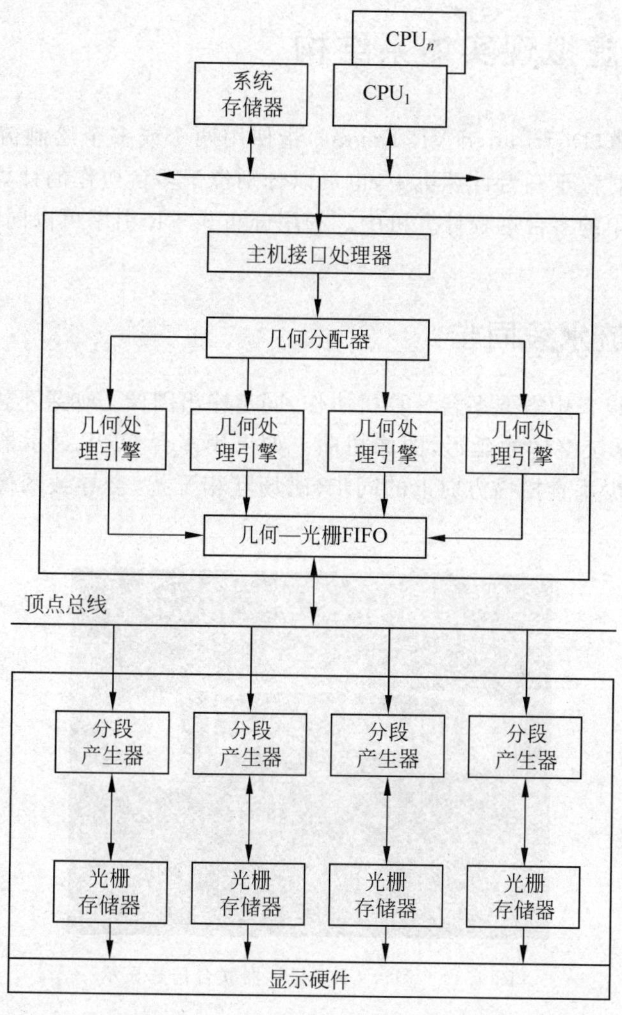

图 4.13　SGI Infinite Reality 体系结构

它与系统总线的通信是通过主机接口处理器(Host Interface Processor,HIP)完成的。通过 HIP,几何分配器将图形流水线中的数据分配到 4 个几何处理引擎上。多指令多数据方案可以把数据发送到最空闲的几何处理引擎上。每个几何处理引擎都是单指令多数据的,在几何阶段的计算(变换、光照、剪裁)中并行执行。几何-光栅 FIFO 缓冲器将 4 个几何处理引擎输出流以正确的顺序重新汇编成单个数据流,并把数据放置在一个顶点总线中,可以与 4 个光栅主板进行通信。每个光栅主板都有自己的分段产生器和存储器,这样可以将图像分割成子图像达到并行绘制的效果。把计算后的像素发送到显示硬件,在 4 个低分辨率或者一个高分辨率显示器上显示出来。

即使是可生成高质量图像的工作站 Infinite Reality 图形加速系统仍是基于 Gouraud 明暗处理结合普通的纹理技术。作为通向更高真实感图形的重要一步,实时 Phong 明暗处理以及凸凹纹理映射是目前研究的一个重点。改进的映射模式及更复杂的反射模型也是一个研究热门,预计它们将出现在新推出的图形工作站当中。

4.3 分布式虚拟现实体系结构

分布式 VR 引擎(Distributed VR Engine)指使用两个或多个绘制流水线的 VR 引擎。这些流水线可以同时位于一台计算机中,也可以分别位于多台协作的计算机中,或者位于集成在一个仿真系统中的多台远程计算机中。利用分布式 VR 引擎可以同时绘制仿真所要求的多个视图目标。

4.3.1 多流水线同步

在多视景显示设备中需要多台计算机协作,同步输出图像。如果不进行同步,帧刷新率不一致,就会导致系统整体的延迟,图像扭曲。如果用多台 CRT 显示器联合仿真显示,如图 4.14 所示,若缺少垂直扫描方向上的同步,磁场互相干扰,会导致图像闪烁,使用户产生视觉不适。

图 4.14 多台 CRT 显示器联合仿真显示

可以采用多种策略进行多流水线同步。软件同步法(Software Synchronized)如图 4.15(a)所示,它要求并行流水线的应用程序阶段在同一时刻开始处理新的一帧。但是,它没有考虑每条流水线的计算量可能会不同。如果图 4.15(a)中流水线 1 的计算量较小,处理速度就会快于流水线 2,因此其先填充帧缓冲器,图像先显示出来。

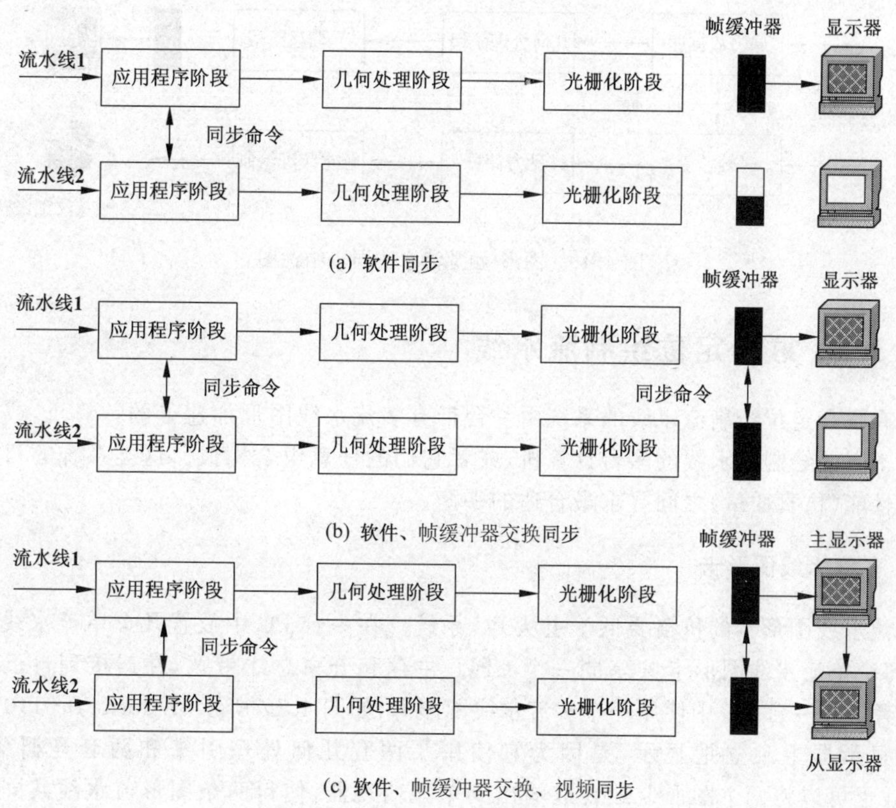

图 4.15　多流水线同步方法

第二种方法如图 4.15(b)所示,对两条流水线进行软件同步和帧缓冲器交换同步(Frame Buffer Synchronized),系统会给两个帧缓冲器发送一条垂直同步信号。流水线绘制 3D 图像前会等待垂直同步信号,当该信号到达时开始绘制一帧图像。但是垂直同步信号并不能保证绘制同步,因为如果一条流水线绘制速度较快,在下个垂直同步信号到来之前就完成了这帧的绘制,就会暂停等待下一个垂直同步信号到来才开始绘制下一帧,两幅图像之间就会产生偏差。

最优的方法是在综合前两种方法的基础上增加两个(或多个)监视器的视频同步(Video Synchronized),如图 4.15(c)所示。视频同步是将其中一个显示器作为主显示器,而其他显示器为从显示器。主从显示器图形卡之间通过内部视频逻辑电路连接,可确保从显示器的垂直和水平扫描线都与主显示器相同,确保了输出图像的一致性。

视觉和触觉两种感觉模态也需要同步绘制才能提高真实性,例如用户通过虚拟眼镜看到的是下雨,那么触觉反馈系统就会让用户感觉到下雨的效果。

视觉和触觉的同步是在应用程序阶段实现的,如图 4.16 所示。图形流水线遍历数据库的同时,触觉绘制流水线进行碰撞检测。有两种实现方法:①由主计算机上的 CPU 计算受力情况,并向接口控制器中的处理器传送力向量数据;②由触觉接口控制器中的处理器计算受力情况,这种方法中需要给接口控制器提供碰撞检测信息。这两种方法都需要通过专门的接口控制器完成。

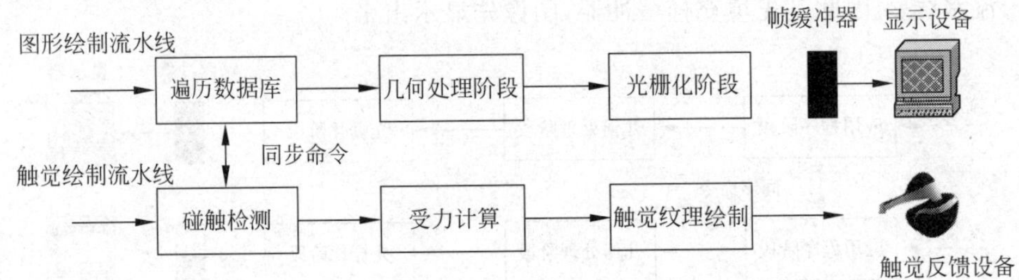

图 4.16 图形-触觉流水线同步结构图

4.3.2 联合定位绘制流水线

带有联合定位绘制流水线的系统由一台带有多流水线图形加速卡的计算机，或者每台带一个不同的绘制流水线的多台计算机，或者它们的任意组合构成。这类系统的目标是在价格和性能(仿真质量)之间寻求最合适的平衡。

1. 多流水线图形卡

多流水线图形卡的价格要低于主从 PC 系统。在一台 PC 中放置几个单流水线图形加速卡，每个单流水线图形卡共享同一个 CPU、主存和分享总线带宽，并连接到自己的监视器；或者是在一台 PC 中使用一个多流水线图形卡，如图 4.17 所示，Wildcat II 5110 能同时在两个显示器上独立地显示，是因为它使用了两套几何处理引擎和两套光栅化引擎。Wildcat 也可以将两个图形卡配置成输出到单显监视器，使得两条图形流水线共同绘制一幅图像，加快图像显示的速度。图 4.18 所示是 Wildcat II 5110 图形加速卡的外观。

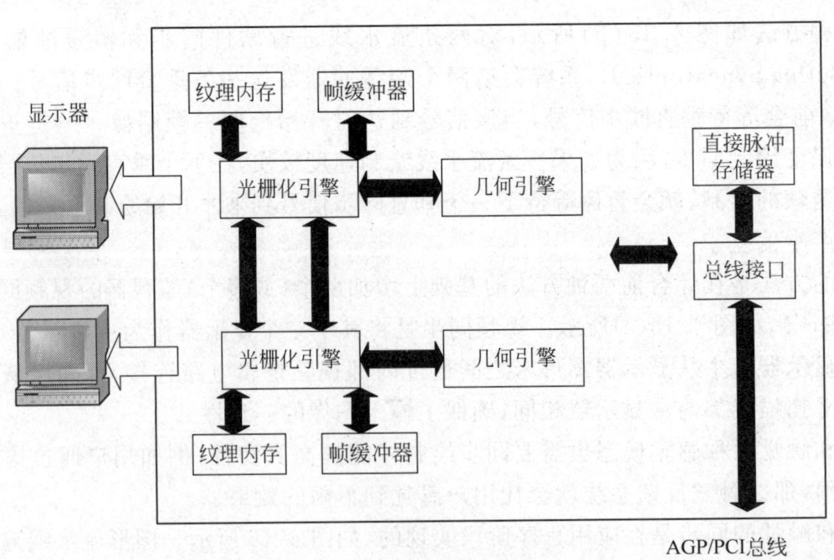

图 4.17 Wildcat II 5110 双流水线体系结构

图 4.18　Wildcat II 5110 图形加速卡外观

2. PC 集群

目前，由数台投影仪组成的大型平铺显示设备已被广泛应用，如果想达到较高的分辨率，就需要用相同数目的图形流水线来驱动它们。无法单独使用一台 PC 绘制这种大型图像是因为 PC 的图形加速卡接口插槽数目有限，因此无法安装多个图形卡；即使主板上有足够的插槽，多个图形卡也会出现争抢总线带宽的糟糕局面，因此图形卡数目越多，吞吐量就越差。

可以使用性能强大的基于多流水线的工作站来作为大型平铺显示设备，即把每条流水线分配给一个或多个显示器，依靠特殊的硬件进行图像合成，如图 4.19 所示。其缺点是工作站价格较高，而且降低了图像分辨率。也可以使用一组 PC 绘制服务器，每台机器都有自己单独的存储器、I/O 设备和操作系统，并分别驱动一个投影仪。但在用户和应用角度看是单一系统，如图 4.20 所示。采用这种方法，每个组合区域都是以最高分辨率绘制的，能够达到整体图像高分辨率显示。

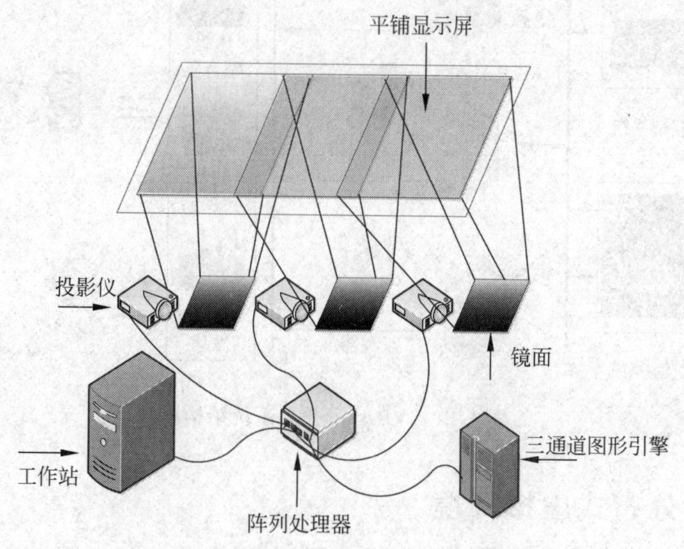

图 4.19　带有三投影仪的大型工作站

PC 集群(PC Clusters)必须通过高速 LAN 网络连接起来，使得控制服务器能够控制输出图形的同步。通过控制服务器，PC 集群可以实现统一调度，相互协调，发挥整体计算能力。但局域网的吞吐量成为限制集群大小的主要因素。加入集群的 PC 越多，合成显示的

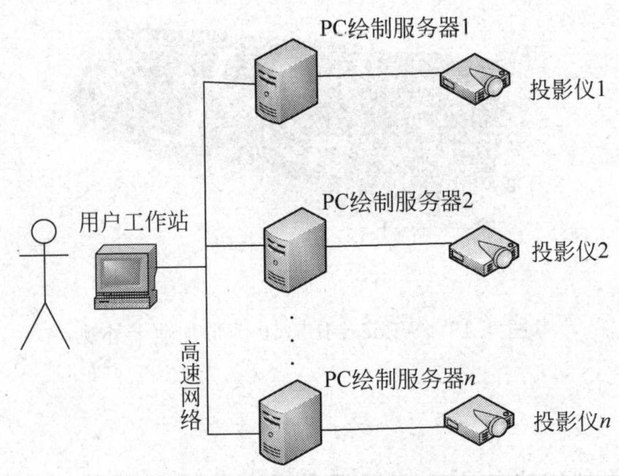

图 4.20　PC 集群网络结构

刷新率就越低。

现阶段大型的 VR 系统多采用多通道环形投影屏幕，将虚拟现实应用投影到大屏幕上，投影画面经过边缘融合处理，保持整幅画面均匀一致和较高的显示分辨率。其原理如图 4.21 所示，是经由多部图形工作站通过虚拟现实环幕以网络连接进行同步工作的，其所组成的集群投射组合成大尺寸、高分辨率的影像，拓展了观者的视野，满足了观众的舒适感和临场感。

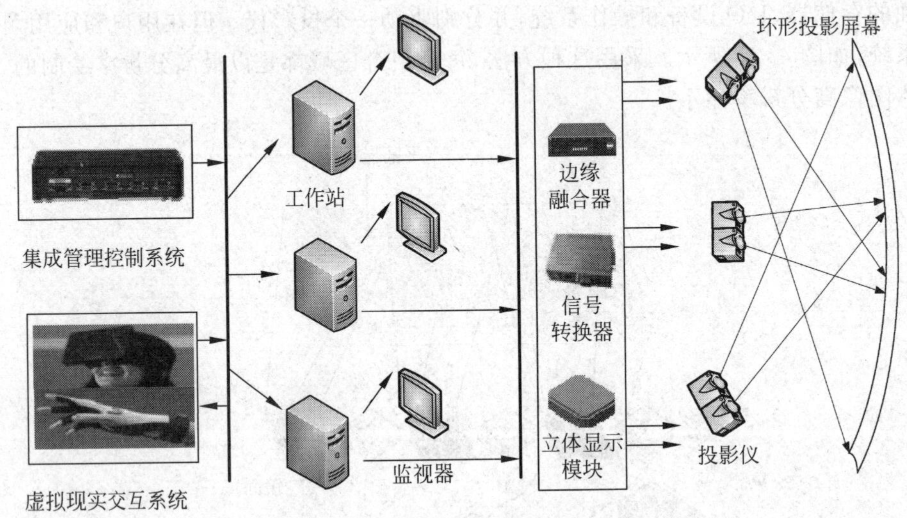

图 4.21　VR 环形投影系统结构图

4.3.3　分布式虚拟环境

分布式虚拟现实(Distributed VR，DVR)也称分布式虚拟环境、多用户虚拟环境、共享虚拟环境等，是随着网络技术的快速发展和网络普及发展起来的。特别是 VR 网络游戏促进了分布式虚拟现实技术的不断革新。网络分布的一个优点是使得远程计算机能够比较方便地访问和参与仿真，从而使两个或多个远程用户共享一个分布式虚拟环境的多用户 VR

仿真成为可能。另一个显著的优点是可充分利用连接网络的计算机所提供的计算能力。分布式虚拟环境是指在一组以网络互连的计算机上同时运行虚拟现实系统,使处于不同地域的多个用户可以在同一虚拟世界中共享信息,进行实时交互,协同完成各种任务的虚拟环境。

用户在分布式虚拟环境中的交互分为合作或协作。两个(或多个)用户合作(Collaborate)指的是它们依次执行给定的仿真任务,在某一时刻只有一个用户与给定的虚拟对象交互。仿真中的用户协作(Cooperate)指的是它们可同时与给定的虚拟对象交互。

1. 两用户共享的虚拟环境

两用户共享的虚拟环境是最简单的分布式模式,如图 4.22 所示。两用户可单独使用交互设备与同一 VR 系统交互,用户之间通过 LAN 通信网络互连,进行协作或合作。在这种模式下最重要的是保证用户之间通信要顺畅、状态要一致。互连的网络使用 TCP/IP 协议发送单播数据包来传送消息。单播是在单个的发送者和一个接收者之间通过网络进行的通信,确定路由信息。TCP/IP 网络协议保证信息被传送。每台 PC 都有虚拟世界的一个副本,当因用户动作而引发本地副本状态变化时,只要给另一用户发送这些变化就可保证各副本之间状态的一致性。同时本地也要实时保存系统状态,当在另一用户下线或网络堵塞的情况下,本地用户也能与虚拟系统交互。

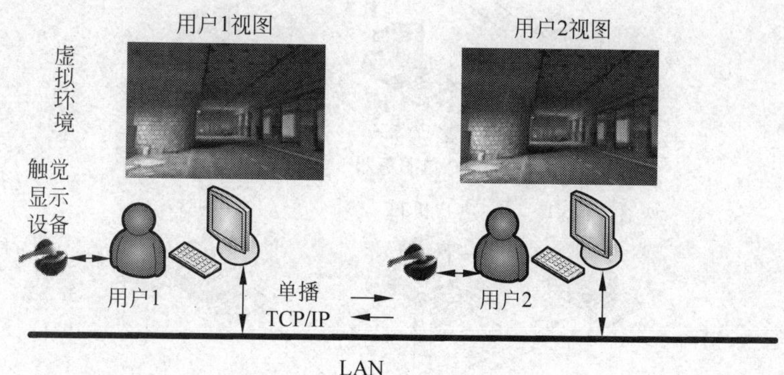

图 4.22 两用户共享的虚拟环境

2. 多用户共享虚拟环境的网络拓扑结构

多用户共享的虚拟环境可以允许更多的参与者或异地参与者同时在给定的虚拟世界中交互。在这种情况下,VR 的网络结构必须能够进行分布式处理。一种做法是把 PC 客户机都连接到单服务器(中心服务器)上,如图 4.23(a)所示。客户机管理本地用户与 I/O 设备交互,执行本地图形绘制;服务器负责维护所有虚拟对象的状态和协调相互的仿真活动。而当用户在共享虚拟环境中做出动作后,其动作以单播包的形式发送给服务器,服务器根据用户与虚拟世界发生交互的范围,确定需要给哪些用户发送相应的信息。

在高速网络环境下,中心服务器的处理能力限制更多用户参与仿真。可以用多个互连的服务器代替中心服务器,如图 4.23(b)所示。每个服务器都维护着虚拟世界的同一副本,并负责自身客户机所需的通信。信息仍然以 TCP/IP 单播模式发送。但当不同服务器之间的客户机需要通信时,延迟可能会增加。

通过局域网连接多个用户时也可以采用点对点网络,如图 4.23(c)所示。这样,网络虚拟环境用户的数量不再受服务器的限制,也不再需要有服务器的存在。来自一个客户机的信息可以通过多播通信的方式直接发送给另一个客户机,而不需要通过中心服务器转播。多播通信可以实现一次传送所有目标节点的数据,也可以只对特定组内对象传送数据。一个用户与一部分虚拟网络交互,产生的状态变化通过 LAN 发送给网络上的其他端点。这些端点都查看这些变化信息,同时判断是否与自己相关,来决定是否响应。这种方式的缺点是如果所有的用户都下线,就无法维持虚拟世界,因此至少需要有一个用户来维持它。

在广域网上不是处处都支持多播通信,为了解决这个问题,使多播用户也可以在广域网上相互实时通信,产生了一种混合网络模型,如图 4.23(d)所示。使用一个用于代理服务器的网络路由把多播信息打包成单播包,在网上传送给其他路由器;本地的代理服务器收到后进行解析,将信息以多播的形式发送给本地用户。

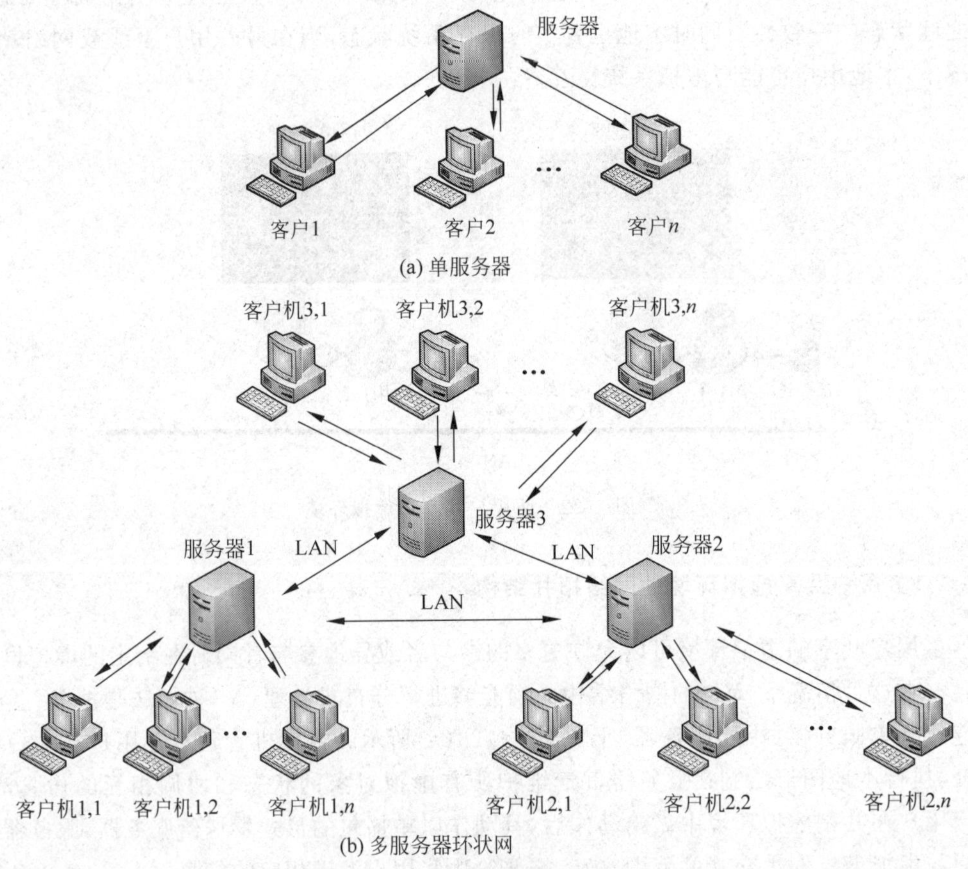

图 4.23 多用户虚拟环境拓扑结构

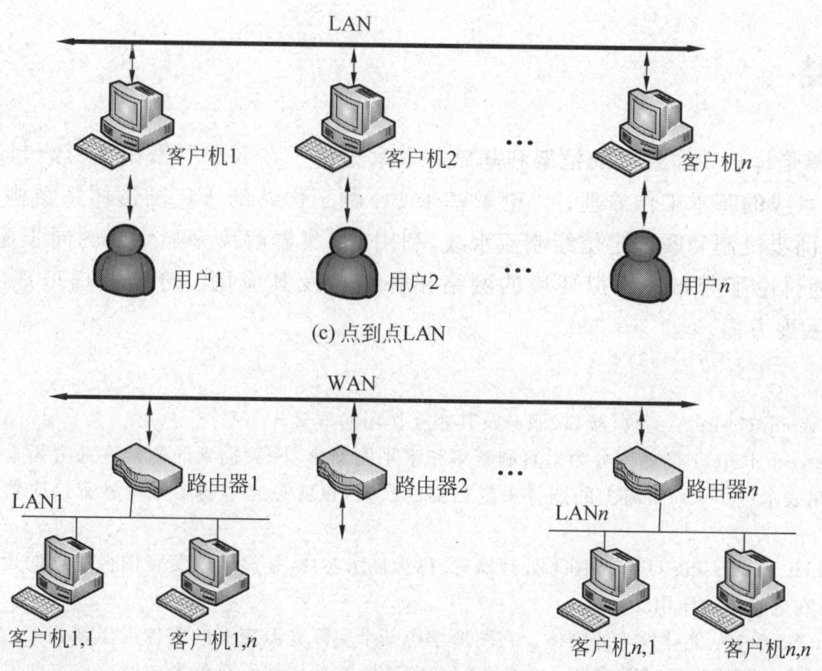

图 4.23 （续）

在欧洲的工业界多家公司开展了 CoSpaces 项目，目标就是要建立一个远程沉浸式分布式虚拟协同设计企业，如图 4.24 所示。无论是团队成员在同一个建筑的不同的生产地点，或在世界各地生产地点，每个团队成员都可以实时地使用一系列设备进行交互，参与决策、查看设计、提出修改，从而提高合作水平和效率。

图 4.24　CoSpaces 项目分布式虚拟协同设计示意图

分布式虚拟现实是信息技术发展的一个崭新的阶段。它不断增长的系统复杂性、在不同操作系统下的移植性、用户数量可伸缩性等问题也给虚拟现实技术的发展提出更高的挑战。

本章小结

VR引擎是虚拟现实开发的框架和基础。本章分析了在VR引擎中图形绘制流水线和触觉绘制流水线的基本工作原理；讨论了基于PC和工作站的VR图形体系结构；介绍了多流水线的同步机制和联合定位绘制流水线，利用PC集群解决多显示器的同步显示问题。最后，本章还讨论了分布式虚拟环境的网络拓扑结构及其应用。分布式虚拟现实代表着VR未来的发展方向。

【注释】

1. 体系结构(Architecture)：组件、接口、服务及其相互作用的框架。
2. 刷新率(Refresh Rate)：刷新率分为垂直刷新率和水平刷新率，一般提到的刷新率通常指垂直刷新率。垂直刷新率表示电子束对屏幕上的图像重复扫描的次数，也就是屏幕的图像每秒重绘次数，以Hz(赫兹)为单位。
3. GPU(Graphic Processing Unit)：图形处理器，又称为显示芯片，是显卡中负责图像处理的运算核心，相当于CPU在电脑中的作用。
4. 光源(Light Source)：能够发光的物体。在图形学中某个实际光源表面的实像或虚像、一个自身不发光的被照明的物体表面也可以看成是一个光源。点光源指的是从其所在位置向所有的方向发射光线，光源的强度随着距离的增加而衰减。平行光源指向一个方向发射统一的平行光线，对于每一个被照射的表面，其亮度都与其光源处相同。聚光源指光线集中后射出，具有一定的定向性，通常是一个光锥。
5. 纹理(Texture)：计算机图形学中的纹理既包括通常意义上物体表面的纹理，即物体表面呈现凹凸不平的沟纹，同时也包括在物体的光滑表面上的彩色图案，通常更多地称之为花纹。纹理映射就是在物体的表面上绘制彩色的图案。
6. 系统总线：又称内总线(Internal Bus)或板级总线(Board-Level)或计算机总线(Microcomputer Bus)。因为该总线用来连接计算机各功能部件而构成一个完整的计算机系统，所以称之为系统总线。
7. 接口(Interfaces)：在计算机各部分之间(如CPU与外设)、计算机和计算机之间、计算机与通信系统之间的连接设备。它包括许多信息传输线以及逻辑控制电路。
8. 透视校正(PerspectiveCorrection)：采用数学运算的方式，以确保贴在物件上的部分图像，会向透视的消失方向贴出正确的收敛效果，也就是让材质贴图能够正确地对齐远方的透视消失点。
9. 帧缓冲器(Frame Buffer)：也称为帧缓存或显存。它是屏幕所显示画面的一个直接映射。帧缓冲存储器的每一个存储单元对应屏幕上的一个像素，整个帧缓冲存储器对应一帧图像。它可以预先把需要显示的帧保存起来，当系统调用时，可以直接显示，加快画面显示速度，增加画面流畅性。
10. 真彩色(True Color)：图像中的每个像素值都分成R、G、B 3个基色分量，每个基色分量直接决定其基色的强度，这样产生的色彩称为真彩色。
11. 瓶颈(Bottleneck)：瓶颈一般是指在整体中的关键限制因素。通常指一个流程中节拍最慢的环节。
12. 图形加速卡(Graphics Accelerator)：俗称显卡。最初在计算机进行图形数据运算和其他的数据运算都是由CPU来完成的，再由主板自带数模转换器表现出来。随着后来图形计算越来越复杂，为了缓解CPU的负担，将一部分CPU处理计算机图形的任务独立出来用单独的显卡处理，大幅度提升了计算机图形运算效率和速度，被称为图形加速卡。
13. 阻尼力(Damping Force)：一般是一个与振动速度大小成正比，与振动速度方向相反的力。
14. 力向量(Force Vector)：表示力的向量叫力向量，具有大小与方向，可利用平行四边形定律做加法运算。
15. Gouraud明暗处理法：为多边形的每一个顶点赋一个法向量，顶点的法向量可以通过计算所有共享该顶点的多边形的法向量(描述曲面弯曲度的矢量)平均值得到。然后计算每个顶点的光亮度，多边形内部各处的光亮度值则通过对多边形顶点的光亮度的双线性插值得到。Gouraud 处理主要是通过线性插值的方法均匀地改变每个多边形平面的亮度值，使亮度平滑过渡，从而解决相邻平面之间明暗度的不连续。

16. Phong 明暗处理法：针对 Gouraud 方法的缺点，Bui-Tuong Phone 提出明暗处理的法矢量插值法。Phong 方法不是对明暗度做线性插值，而是沿扫描线对其上各点的法矢量进行插值，因此在每一个像素点上都根据插值得到的法矢量按光照模型计算明暗度。
17. 总线带宽(BandWidth)：就是总线的数据传输率，是这条总线在单位时间内可以传输的数据总量。
18. RAM：Random Access Memory 的缩写，译为随机存取存储器，又称作“随机存储器”，是与 CPU 直接交换数据的内部存储器，也叫主存(内存)。它可以随时读写，而且速度很快，通常作为操作系统或其他正在运行中的程序的临时数据存储媒介。
19. 单工(Simplex)：数据传输是单向的。通信双方中，一方固定为发送端，一方则固定为接收端。信息只能沿一个方向传输，使用一根传输线。
20. 全双工(Full Duplex)：指连接两端的设备能够同时进行信号的双向传输。
21. 半双工通信(Half Duplex)：指数据可以在两个方向上传输，但不能同时传输。
22. 工作站(Work Station)：是一种高端的通用微型计算机。它是为了单用户使用并提供比个人计算机更强大的性能，尤其是在图形处理、任务并行方面的能力，通常配有高分辨率的大屏、多屏显示器及容量很大的内存储器和外部存储器，并且具有极强的信息和高性能的图形、图像处理功能的计算机。
23. 多指令流多数据流(MultipleInstructionStreamMultipleDataStream，MIMD)：多个处理单元都是根据不同的控制流程执行不同的操作，从而实现空间上的并行性。
24. 单指令流多数据流(Single InstructionStreamMultipleDataStream，SIMD)：指每条指令说明单个操作，但这个指令同时作用到许多数据项。
25. FIFO：First Input First Output 的缩写，先入先出队列，这是一种传统的按序执行方法，先进入的指令先完成并引退，跟着才执行第二条指令。
26. 凸凹纹理映射(Bump Mapping)：是一种纹理混合方法，它可以创建三维物体复杂的纹理外观表面。
27. 反射模型(Reflection Mode)：模拟物体表面对光的反射作用的算法。
28. 网络的拓扑结构(Computer Network Topology)：是指抛开网络电缆的物理连接来讨论网络系统的连接形式，是指网络电缆构成的几何形状，它能从逻辑上表示出网络服务器、工作站的网络配置和互相之间的连接。
29. TCP/IP：Transmission Control Protocol/Internet Protocol 的缩写，中译名为传输控制协议/因特网互联协议，又名网络通信协议，是 Internet 最基本的协议，Internet 国际互联网络的基础，由网络层的 IP 协议和传输层的 TCP 协议组成。TCP/IP 定义了电子设备如何连入因特网，以及数据如何在它们之间传输的标准。

第5章 虚拟现实系统的核心技术

导学

1. 内容及要求

本章扼要介绍虚拟现实系统当前流行的核心技术的分类、特点和应用，以及各种技术的原理和实现方法。

立体显示技术中要求掌握常用的几种显示技术的实现原理。

真实感实时绘制技术中要求掌握两种技术如何实现。

三维建模技术中要求掌握3种建模技术的建模特点以及区别。

虚拟声音的实现技术中要求了解虚拟声音的原理；虚拟声音与传统立体声的区别；如何实现三维虚拟声音。

人机交互技术中要求了解当前人机交互技术的发展现状。

碰撞检测技术中要求掌握碰撞检测技术的技术要求以及实现方法。

2. 重点、难点

本章的重点是虚拟现实系统的核心技术分类、特点和应用。本章的难点是虚拟现实系统相关技术的原理和实现方法。

虚拟现实系统主要包括模拟环境、感知、自然技能和传感设备等方面，是由计算机生成的虚拟世界，用户能够进行视觉、听觉、触觉、力觉、嗅觉、味觉等全方位交互。现阶段在计算机的运行速度达不到虚拟现实系统所需要的情况下，相关技术就显得尤为重要。要生成一个三维场景，并使场景图像能随视角不同实时地显示变化，只有设备还不够，还要有相应的技术理论来支持。

5.1 三维建模技术

虚拟环境建模的目的在于获取实际三维环境的三维数据，并根据其应用的需要，利用获取的三维数据建立相应的虚拟环境模型。只有设计出反映研究对象的真实有效的模型，虚拟现实系统才有可信度。

虚拟现实系统中的虚拟环境，可能有下列几种情况。

(1) 模仿真实世界中的环境(系统仿真)。

(2) 人类主观构造的环境。

(3) 模仿真实世界中人类不可见的环境(科学可视化)。

三维建模一般主要是三维视觉建模。三维视觉建模可分为几何建模、物理建模和行为建模。

5.1.1　几何建模技术

几何建模是开发虚拟现实系统过程中最基本、最重要的工作之一。虚拟环境中的几何模型是物体几何信息的表示，设计表示几何信息的数据结构、相关的构造与操纵该数据结构的算法。虚拟环境中的每个物体包含形状和外观两个方面。物体的形状由构造物体的各个多边形、三角形和顶点等来确定，物体的外观则由表面纹理、颜色、光照系数等来确定。因此，用于存储虚拟环境中几何模型的模型文件应该提供上述信息。同时，还要满足虚拟建模技术的常用指标，例如交互式显示能力、交互式操纵能力和易于构造的能力。

对象的几何建模是生成高质量视景图像的先决条件。它是用来表述对象内部固有的几何性质的抽象模型，所表达的内容包括以下几个方面。

(1) 对象中基元的轮廓和形状以及反映基元表面特点的属性，如颜色。

(2) 基元间的连续性，即基元结构或对象的拓扑特性。连续性的描述可以用矩阵、树、网络等。

(3) 应用中要求的数值和说明信息。这些信息不一定是与几何形状有关的，例如基元的名称、基元的物理特性等。

通常几何建模可通过以下两种方式实现。

1. 人工的几何建模方法

利用虚拟现实工具软件编程进行建模，如OpenGL、Java3D、VRML等。这类方法主要针对虚拟现实技术的特点而编写，编程容易、效率较高。直接从某些商品图形库中选取所需的几何图形，可以避免直接用多边形拼构某个对象外形时烦琐的过程，也可节省大量的时间。利用建模软件来进行建模，如AutoCAD、3ds Max、Maya等，如图5.1所示，用户可交互式地创建某个对象的几何图形，但并非所有要求的数据都以虚拟现实要求的形式提供，实际使用时必须要通过相关程序或手工导入自制的工具软件中。

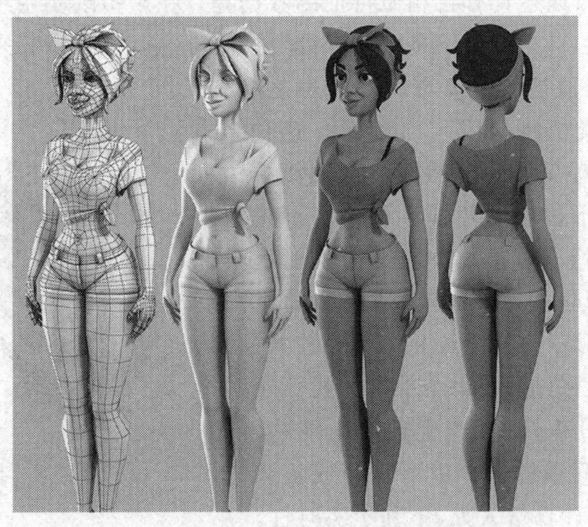

图5.1　应用3ds Max制作的游戏人物形象

2. 自动的几何建模方法

采用三维扫描仪对实际物体进行三维扫描。基于图片的建模技术，对建模对象实地拍摄两张以上的照片，根据透视学和摄影测量学原理及标志和定位对象上的关键控制点，建立三维网格模型。其中有用于人体外形建模的大型激光扫描系统，如图 5.2 所示，三维立体扫描仪如图 5.3 所示。

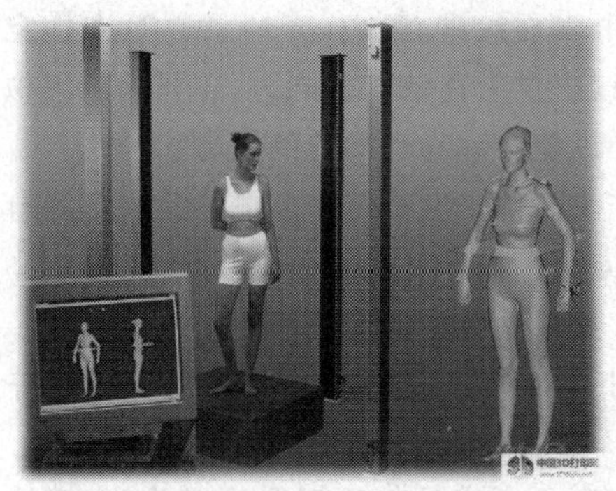
图 5.2 用于人体外形建模的大型激光扫描系统图

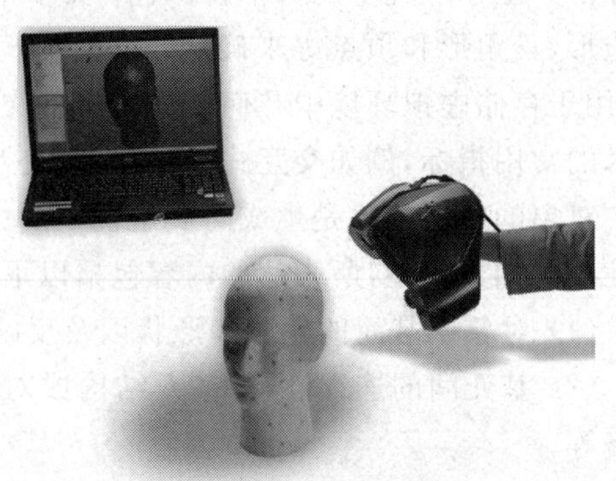
图 5.3 三维立体扫描仪

5.1.2 物理建模技术

物理建模指的是虚拟对象的质量、重量、惯性、表面纹理(光滑或粗糙)、硬度、变形模式(弹性或可塑性)等特征的建模。物理建模是虚拟现实系统中较高层次的建模，它需要物理学与计算机图形学配合，涉及力的反馈问题，主要是质量建模、表面变形和软硬度等物理属性的体现。分形技术和粒子系统就是典型的物理建模方法。

1. 分形技术

分形技术是指可以描述具有自相似特征的数据集。在虚拟现实系统中一般仅用于静态远景的建模。最常见的自相似例子是树，不考虑树叶的区别，树枝看起来也像一棵大树。当然，由树枝构成的树从适当的距离看时自然也是棵树。与此类似的如一棵蕨类植物，如图 5.4 所示。这种结构上的自相似称为统计意义上的自相似。自相似结构可用于复杂的不规则外形物体的建模。该技术首先被用于河流和山体的地理特征建模。举一个简单的例子来说，如图 5.5 所示，可利用三角形来生成一个随机高度的地形模型。取三角形三边的中点并按顺序连接起来，将三角形分割成 4 个三角形，在每个中点随机赋予一个高度值，然后递归此过程，就可产生近似山体的形态。分形技术的优点是用简单的操作就可以完成复杂的不规则物体建模，缺点是计算量太大，不利于实时性。

图 5.4 蕨类植物形态

图 5.5 分形技术模拟山体形态

2. 粒子系统

粒子系统是一种典型的物理建模系统，它是用简单的体素完成复杂的运动建模。体素的选取决定了建模系统所能构造的对象范围。粒子系统由大量称为粒子的简单体素构成，每个粒子具有位置、速度、颜色和生命期等属性，这些属性可根据动力学计算和随机过程得到。常使用粒子系统建模的有：火、爆炸、烟、水流、火花、落叶、云、雾、雪、尘和流星尾迹等。如图 5.6 所示是使用粒子系统建模的烟花效果图。

图 5.6 粒子系统建模的烟花

5.1.3 行为建模技术

虚拟现实的本质就是客观世界的仿真或折射，虚拟现实的模型则是客观世界中物体或对象的代表。而客观世界中的物体或对象除了具有表观特征如外形、质感以外，还具有一定的行为能力，并且服从一定的客观规律。例如，把桌子上的重物移出桌面，重物不应悬浮在空中，而应当做自由落体运动。因为重物不仅具有一定外形，而且具有一定的质量并受到地球引力的作用。

作为虚拟现实自主性的特性的体现，除了对象运动和物理特性对用户行为直接反应的数学建模外，还可以建立与用户输入无关的对象行为模型。虚拟现实的自主性的特性，简单地说是指动态实体的活动、变化以及与周围环境和其他动态实体之间的动态关系，它们不受用户的输入控制（即用户不与之交互）。例如战场仿真虚拟环境中，直升飞机螺旋桨的不停旋转；虚拟场景中的鸟在空中自由地飞翔，当人接近它们时，它们要飞远等行为。

5.2 立体显示技术

立体显示是虚拟现实的关键技术之一，它使人在虚拟世界里具有更强的沉浸感，立体显示的引入可以使各种模拟器的仿真更加逼真。因此，有必要研究立体成像技术并利用现有的计算机平台，结合相应的软硬件系统在平面显示器上显示立体视景。目前，立体显示技术主要以佩戴立体眼镜等辅助工具来观看立体影像。随着人们对观影要求的不断提高，由非裸眼式向裸眼式的技术升级成为发展重点和趋势。目前比较有代表性的技术有：分色技术、分光技术、分时技术、光栅技术和全息显示技术。

5.2.1 双目视差显示技术

由于人两眼有 4～6cm 的距离，所以实际上看物体时两只眼睛中的图像是有差别的，如图 5.7 所示。两幅不同的图像输送到大脑后，看到的是有景深的图像。这就是计算机和投影系统的立体成像原理。依据这个原理，结合不同的技术可产生不同的立体显示技术。只要符合常规的观察角度，即可产生合适的图像偏移，形成立体图像。从计算机和投影系统角度看，根本问题是图像的显示刷新率问题，即立体带宽指标问题。如果立体带宽足够，任何计算机、显示器和投影机显示立体图像都没有问题。

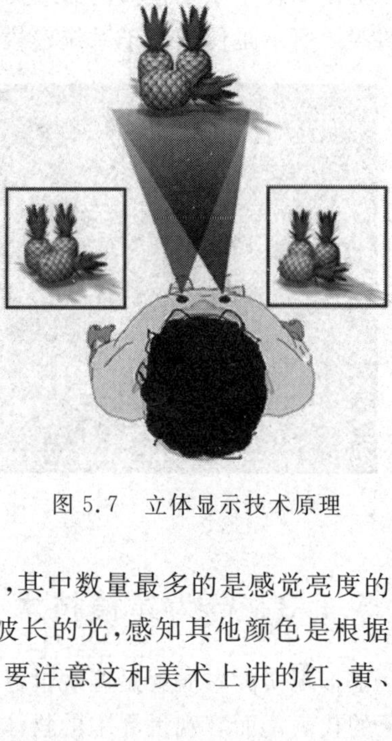

图 5.7　立体显示技术原理

1. 分色技术

分色技术的基本原理是让某些颜色的光只进入左眼，另一部分只进入右眼。人眼睛中的感光细胞共有 4 种，其中数量最多的是感觉亮度的细胞，另外 3 种用于感知颜色，分别可以感知红、绿、蓝三种波长的光，感知其他颜色是根据这 3 种颜色推理出来的，因此红、绿、蓝被称为光的三原色。要注意这和美术上讲的红、黄、蓝三原色是不同的，后者是颜料的调和，而前者是光的调和。

显示器就是通过组合这三原色来显示上亿种颜色的，计算机内的图像资料也大多是用三原色的方式储存的。分色技术在第一次过滤时要把左眼画面中的蓝色、绿色去除，右眼画面中的红色去除，再将处理过的这两套画面叠合起来，但不完全重叠，左眼画面要稍微偏左边一些，这样就完成了第一次过滤。第二次过滤是观众带上专用的滤色眼镜，眼镜的左边镜片为红色，右边镜片是蓝色或绿色，由于右眼画面同时保留了蓝色和绿色的信息，因此右边的镜片不管是蓝色还是绿色都是一样的。分色技术原理如图 5.8 所示。

也有一些眼镜右边为红色，这样第一次过滤时也要对调过来，购买产品时一般都会附赠配套的滤色眼镜，因此标准不统一也不用在意。以红、绿眼镜为例，红、绿两色互补，红色镜片会削弱画面中的绿色，绿色镜片削弱画面中的红色，这样就确保了两套画面只被相应的眼睛看到。其实准确地说是红、青两色互补，青介于绿和蓝之间，因此戴红、蓝眼镜也是一样的

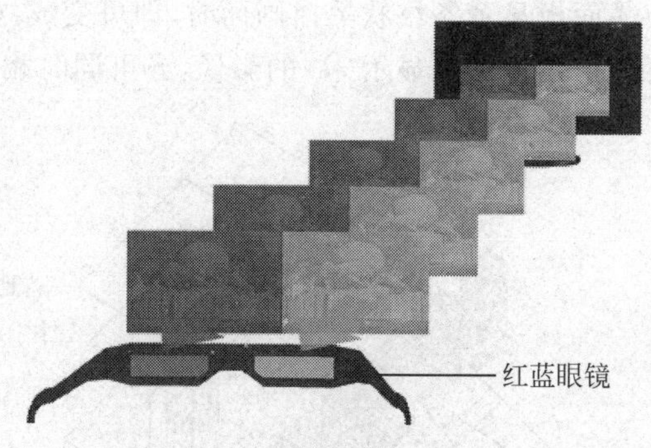

图 5.8 分色技术原理

道理，如图 5.9 所示。目前，分色技术的第一次滤色已经开始用计算机来完成了，按上述方法滤色后的片源可直接制作成 DVD 等音像制品，在任何彩色显示器上都可以播放。

图 5.9 红蓝立体眼镜、红绿立体眼镜和棕蓝立体眼镜

2. 分光技术

分光技术的基本原理是当观众戴上特制的偏光眼镜时，由于左、右两片偏光镜的偏振轴互相垂直，并与放映镜头前的偏振轴相一致；致使观众的左眼只能看到左像、右眼只能看到右像，然后通过双眼汇聚功能将左、右像叠合在视网膜上，由大脑神经产生三维立体的视觉效果。如图 5.10 所示为分光技术原理。

图 5.10 分光技术原理

3. 分时技术

分时技术是将两套画面在不同的时间播放，显示器在第一次刷新时播放左眼画面，同时用专用的眼镜遮住观看者的右眼，下一次刷新时播放右眼画面，并遮住观看者的左眼。按照上述方法将两套画面以极快的速度切换，在人眼视觉暂留特性的作用下就合成了连续的画面。目前，用于遮住左右眼的眼镜用的都是液晶板，因此也被称为液晶快门眼镜，早期曾用过机械眼镜。

4. 光栅技术

在显示器前端加上光栅，光栅的功能是挡光，让左眼透过光栅时只能看到部分的画面，右眼也只能看到另外一半的画面，于是就能让左右眼看到不同影像并形成立体，此时无须佩戴眼镜，如图 5.11 所示。而光栅本身亦可由显示器所形成，也就是将两片液晶画板重叠组合而成,当位于前端的液晶面板显示条纹状黑白画面时,即可变成立体显示器;而当前端的液晶面板显示全白的画面时,不但可以显示3D的影像,亦可同时相容于现有的2D显示器。

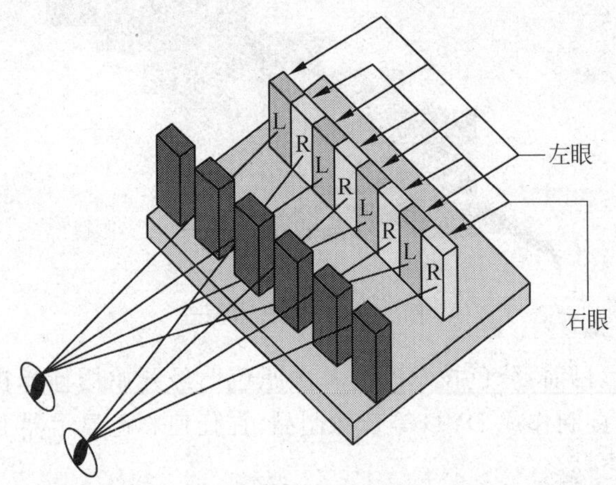

图5.11 光栅3D显示技术原理

5.2.2 全息技术

计算机全息图(Computer Generated Hologram,CGH)是一项重要的技术,其分辨率超过了人眼的分辨率,其图像漂浮于空中并具有较广的色域,被认为是三维立体显示的最终解决方案。与传统全息图需要实物模型不同,在计算机全息图中,用来产生全息图的物体只需要在计算机中生成一个数学模型描述,且光波的物理干涉也被计算步骤所代替。在每一步中,CGH模型中的强度图形可以被确定,该图形可以输出到一个可重新配置的设备中,该设备对光波信息进行重新调制并重构输出。

通俗地讲,CGH就是通过计算机的运算来获得一个计算机图形(虚物)的干涉图样,替代传统全息图物体光波记录的干涉过程;而全息图重构的衍射过程并没有原理上的改变,只是增加了对光波信息可重新配置的设备,从而实现不同的计算机静态、动态图形的全息显示。

例如全息摄影是指一种记录被摄物体反射波的振幅和位相等全部信息的新型摄影技术。普通摄影是记录物体面上的光强分布,它不能记录物体反射光的位相信息,因而失去了立体感。全息摄影采用激光作为照明光源,并将光源发出的光分为两束,一束直接射向感光片,另一束经被摄物反射后再射向感光片。两束光在感光片上叠加产生干涉,感光底片上各点的感光程度不仅随强度也随两束光的位相关系而不同。所以全息摄影不仅记录了物体上的反光强度,也记录了位相信息。人眼直接去看这种感光的底片,只能看到像指纹一样的干涉条纹,但如果用激光去照射它,人眼透过底片就能看到与原来被拍摄物体完全相同的三维立体像。一张全息摄影图片即使只剩下一小部分,依然可以重现全部景物。

有一种投影方式,使用特殊的屏幕,屏幕本身近乎透明,但是却可以相当清晰地表现出投影内容;在光源和图形控制得当,并且观看角度固定时,可以有乱真的立体效果。日本初音未来演唱会曾使用这种技术。它虽名为"全息",实际上投的是2D影像,因此这种投影方式也可以称为2.5D,如图5.12所示。应用全息技术的还有全息眼镜,如图5.13所示。

图 5.12 2.5D“全息”投影效果

图 5.13 全息眼镜

5.3 真实感实时绘制技术

要实现虚拟现实系统中的虚拟世界，仅有立体显示技术是远远不够的，虚拟现实中还有真实感与实时性的要求，也就是说虚拟世界的产生不仅需要真实的立体感，而且虚拟世界还必须实时生成，这就必须要采用真实感实时绘制技术。

真实感实时绘制是在当前图形算法和硬件条件限制下提出的在一定时间内完成真实感绘制的技术。“真实感”的含义包括几何真实感、行为真实感和光照真实感。几何真实感指与描述的真实世界中对象具有十分相似的几何外观；行为真实感指建立的对象对于观察者而言在某些意义上是完全真实的；光照真实感指模型对象与光源相互作用产生的与真实世界中亮度和明暗一致的图像。而“实时”的含义则包括对运动对象位置和姿态的实时计算与动态绘制，画面更新速率达到人眼观察不到闪烁的程度，并且系统对用户的输入能立即做出反应并产生相应场景以及事件的同步。它要求当用户的视点改变时，图形显示速度也必须跟上视点的改变速度，否则就会产生迟滞现象。

5.3.1 真实感绘制技术

真实感绘制是在计算机中重现真实世界场景的过程。其主要任务是要模拟真实物体的物理属性，即物体的形状、光学性质、表面纹理和粗糙程度，以及物体间的相对位置、遮挡关系等。

为了提高显示的逼真度，加强真实性，常采用下列方法。

(1) 纹理映射。纹理映射是将纹理图像贴在简单物体的几何表面,以近似描述物体表面的纹理细节,加强真实性。实质上,它用二维的平面图像代替三维模型的局部。图 5.14 所示为纹理映射前后的对比图。

图 5.14 纹理映射前后对比图

(2) 环境映射。采用纹理图像来表示物体表面的镜面反射和规则透视效果。图 5.15 为环境映射效果图。

图 5.15 环境映射效果图

(3) 反走样。走样是由图像的像素性质造成的失真现象。反走样方法的实质是提高像素的密度。反走样一种方法是以两倍的分辨率绘制图形,再由像素值的平均值计算正常分辨率的图形;另一个方法是计算每个相邻接元素对一个像素点的影响,再把它们加权求和得到最终像素值。图 5.16 所示为线型反走样对比图。

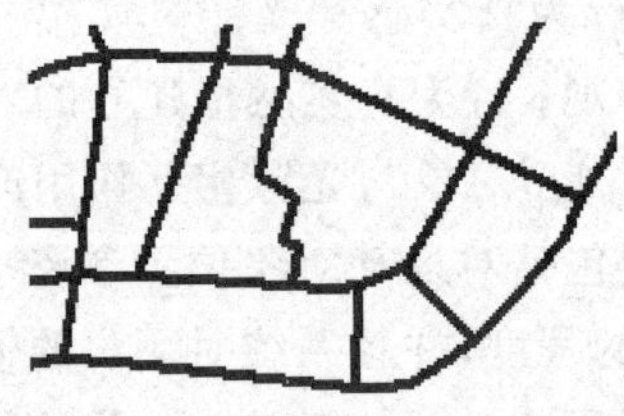
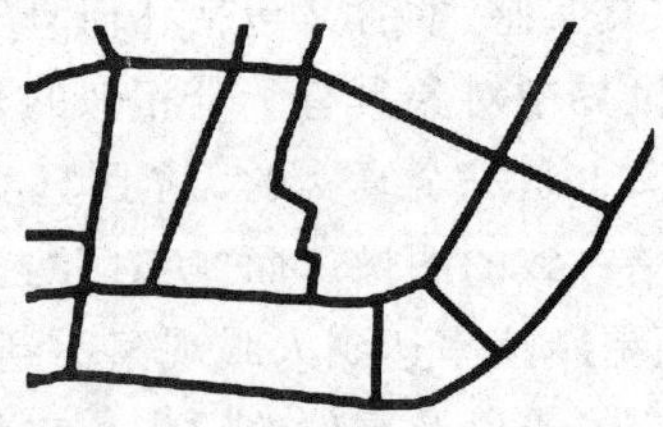

图 5.16 线型反走样对比图

5.3.2 图形实时绘制技术

传统的虚拟场景基本上都是基于几何的,就是用数学意义上的曲线、曲面等数学模型预先定义好虚拟场景的几何轮廓,再采用纹理映射、光照等数学模型加以渲染。大多数虚拟现实系统的主要部分是构造一个虚拟环境,并从不同的方向进行漫游。要达到这个目标,首先是构造几何模型,其次模拟虚拟摄像机在 6 个自由度运动,并得到相应的输出画面。因此除了在硬件方面采用高性能的计算机，提高计算机的运行速度以提高图形显示能力外，还可以降低场景的复杂度，即降低图形系统需处理的多边形数目。有下面几种用来降低场景复杂度的方法。

(1) 预测计算：根据各种运动的方向、速率和加速度等运动规律，可在下一帧画面绘制之前用预测、外推的方法推算出手的跟踪系统及其他设备的输入，从而减少由输入设备所带来的延迟。

(2) 脱机计算：在实际应用中有必要尽可能将一些可预先计算好的数据进行预先计算并存储在系统中，这样可加快需要运行时的速度。

(3) 3D剪切：将一个复杂的场景划分成若干子场景，系统针对可视空间剪切。虚拟环境在可视空间以外的部分被剪掉，这样就能有效地减少在某一时刻所需要显示的多边形数目，以减少计算工作量，从而有效降低场景的复杂度。

(4) 可见消隐：系统仅显示用户当前能"看见"的场景，当用户仅能看到整个场景很小一部分时，由于系统仅显示相应场景，可大大减少所需显示的多边形的数目。

(5) 细节层次模型(Level Of Detail，LOD)：首先对同一个场景或场景中的物体，使用具有不同细节的描述方法得到的一组模型。在实时绘制时，对场景中不同的物体或物体的不同部分，采用不同的细节描述方法。对于虚拟环境中的一个物体，同时建立几个具有不同细节水平的几何模型。通过对场景中每个图形对象的重要性进行分析，使得对最重要的图形对象进行较高质量的绘制，而对不重要的图形对象采用较低质量的绘制，在保证实时图形显示的前提下，最大程度地提高视觉效果。

5.4　三维虚拟声音的实现技术

三维虚拟声音能够在虚拟场景中使用户准确地判断出声源的精确位置，符合人们在真实境界中的听觉方式。虚拟环绕声技术的价值在于使用两个音箱可模拟出环绕声的效果，虽然不能和真正的家庭影院相比，但是在最佳听音位置上的效果是可以接受的，其缺点是普遍对听音位置要求较高。

1. 三维虚拟声音与立体声音的区别

立体声，就是指具有立体感的声音。自然界发出的声音都是立体声，但如果把这些立体声经记录、放大等处理后，从一个扬声器放出来时，这种重放声就不是立体的了。这是由于各种声音都从同一个扬声器发出，原来的空间感也消失了。这种重放声称为单声。如果从记录到重放整个系统能够在一定程度上恢复原发生的空间感，那么，这种具有一定程度的方位层次等空间分布特性的重放声，称为音响技术中的立体声。

虚拟环绕声技术也称为非标准环绕声技术。在环绕声的实现上，无论是杜比AC3还是DTS，都有一个特点，就是回放时需要多个音箱，但由于价格及空间方面的原因，有的使用者，如多媒体电脑的用户，并没有足够的音箱。这时候就需要一种技术，能够把多声道的信号经过处理，在两个平行放置的音箱中回放出来，并且能够让人感觉到环绕声的效果，于是产生了虚拟环绕声技术。

三维虚拟声音使听者能感觉到声音是来自围绕听者双耳的一个球形空间中的任何地

方。三维虚拟声音与人们熟悉的立体声音有所不同,但就整体效果而言,立体声来自听者面前的某个平面,而三维虚拟声音则是来自围绕听者双耳的一个球形中的任何地方,即声音出现在头的上方、后方或前方。虚拟环绕声技术是在双声道立体声的基础上,不增加声道和音箱,把声场信号通过电路处理后播出,使聆听者感到声音来自多个方位,产生仿真的立体声场。

2. 虚拟环绕声原理

虚拟环绕声的关键是声音的虚拟化处理,依据了人的生理声学和心理声学原理专门处理环绕声道,制造出环绕声源来自听众后方或侧面的幻象感觉,同时应用了人耳听音原理的几种效应。

(1) 双耳效应。英国物理学家瑞利于 1896 年通过实验发现人的两只耳朵对同一声源的直达声具有时间差(0.44～0.5μs)、声强差及相位差,而人耳的听觉灵敏度可根据这些微小的差别准确判断声音的方向,确定声源的位置。但它只能局限于确定前方水平方向的声源,不能解决三维空间声源的定位。

(2) 耳廓效应。人的耳廓对声波的反射以及对空间声源具有定向作用。借此效应,可判定声源的三维位置。

(3) 人耳的频率滤波效应。人耳的声音定位机制与声音频率有关,对 20～200Hz 的低音靠相位差定位,对 300～4000Hz 的中音靠声强差定位,对高音则靠时间差定位。据此原理可分析出重放声音中的语言、乐音的差别,经不同的处理而增加环绕感。

(4) 头部相关传输函数。人的听觉系统对不同方位的声音产生不同的频谱,而这一频谱特性可由头部相关传输函数 HRTF(Head Related Transfer Function)来描述。

总之,人耳的空间定位包括水平、垂直及前后 3 个方向。水平定位主要靠双耳,垂直定位主要靠耳壳,而前后定位及对环绕声场的感受靠 HRTF 函数。虚拟杜比环绕声依据这些效应,人为制造与实际声源在人耳处一样的声波状态,使人脑在相应空间方位上产生对应的声像。

5.5 人机交互技术

在计算机系统提供的虚拟空间中,人可以使用眼睛、耳朵、皮肤、手势和语音等各种感觉方式直接与之发生交互,这就是虚拟环境下的人机自然交互技术。在虚拟相关技术中嗅觉和味觉技术的开发处于探索阶段,而这两种感觉恰恰是人对食物和外界最基础的需要。并且,随着智能移动设备的普及,人们的各种基础需求会不断得到满足。因此,气味传送或嗅觉技术的现实应用空间将会很大,也更能引起人们的兴趣。在虚拟现实领域中较为常用的交互技术主要有手势识别、面部表情的识别、眼动跟踪以及语音识别等。

5.5.1 手势识别技术

手势识别系统的输入设备主要分为基于数据手套的识别和基于视觉(图像)的识别系统两种,如图 5.17 所示。基于数据手套的手势识别系统,就是利用数据手套和位置跟踪器来捕捉手势在空间运动的轨迹和时序信息，对较为复杂的手的动作进行检测，包括手的位置、方向和手指弯曲度等，并可根据这些信息对手势进行分析。基于视觉的手势识别是从视觉通道获得信号，通常采用摄像机采集手势信息。由摄像机连续拍下手部的运动图像后，先采用轮廓的办法识别出手上的每一个手指，进而再用边界特征识别的方法区分出一个较小的、集中的各种手势。手势识别技术主要有模板匹配、人工神经网络和统计分析技术。

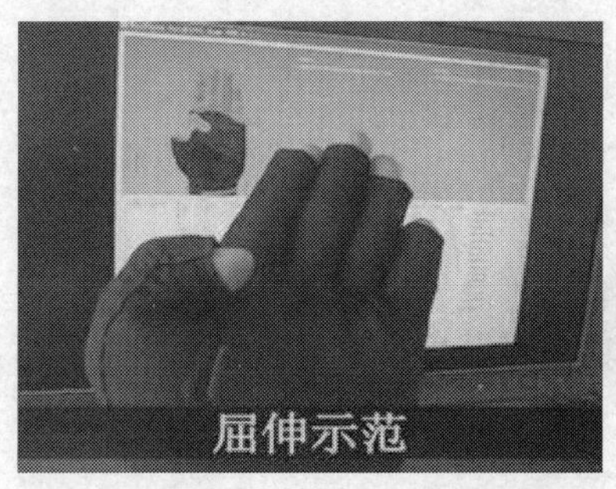

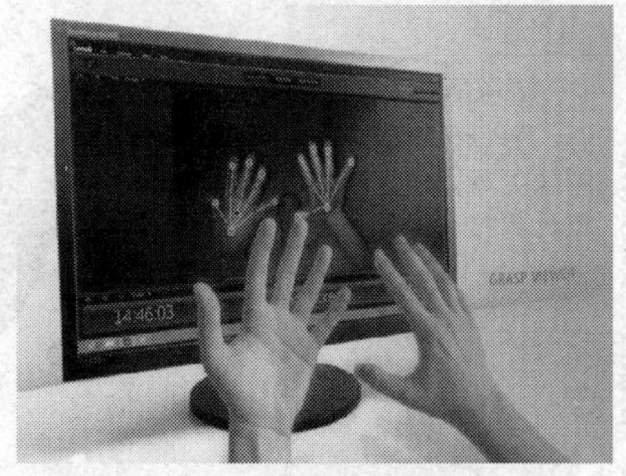

图 5.17 基于数据手套和基于视觉(图像)的两种手势识别技术

5.5.2 面部表情识别技术

人可以通过脸部的表情表达自己的各种情绪，传递必要的信息。面部表情识别技术包括人脸图像的分割、主要特征(如眼睛、鼻子等)定位以及识别，如图 5.18 所示。

图 5.18 面部表情识别技术

一般人脸检测问题可以描述为：给定一幅静止图像或一段动态图像序列，从未知的图像背景中分割、提取并确认可能存在的人脸，如果检测到人脸，则提取人脸特征。在某些可以控制拍摄条件的场合，将人脸限定在标尺内，此时人脸的检测与定位相对容易。在另一些情况下，人脸在图像中的位置是未知的，这时人脸的检测与定位将受以下因素的影响：人脸在图像中的位置、角度和不固定尺度以及光照的影响，发型、眼镜、胡须以及人脸的表情变化以及图像中的噪声等。

人脸检测的基本思想是建立人脸模型，比较所有可能的待检测区域与人脸模型的匹配程度，从而得到可能存在人脸的区域。根据对人脸知识的利用方法，可以将人脸检测方法分为两大类：基于特征的人脸检测方法和基于图像的人脸检测方法。

(1) 基于特征的人脸检测直接利用人脸信息，例如人脸肤色、人脸的几何结构等，包括轮廓规则，器官分布规则，肤色、纹理规则，对称性规则和运动规则。

(2) 基于图像的人脸检测方法可看作一般的模式识别问题，包括神经网络方法、特征脸方法和模板匹配方法。

5.5.3 眼动跟踪技术

人们可能经常在不转动头部的情况下，仅仅通过移动视线来观察一定范围内的环境或物体。为了模拟人眼的功能，在虚拟现实系统中引入眼动跟踪技术，如图 5.19 所示。

图 5.19 眼动跟踪原理示意图

眼动跟踪技术的基本工作原理是利用图像处理技术，使用能锁定眼睛的特殊摄像机。通过摄入从人的眼角膜和瞳孔反射的红外线连续地记录视线变化，从而达到记录、分析视线追踪过程的目的。表 5.1 归纳了目前几种主要的眼动跟踪技术及特点。

表 5.1 眼动跟踪技术

视觉追踪方法	技术特点
眼电图	高带宽，精度低，对人干扰大
虹膜-巩膜边缘	高带宽，垂直精度低，对人干扰大，误差大
角膜反射	高带宽，误差大
瞳孔-角膜反射	低带宽，精度高，对人无干扰，误差小
接触镜	高带宽，精度最高，对人干扰大，不舒适

5.5.4 语音识别技术

与虚拟世界进行语音交互是实现虚拟现实系统中的一个高级目标。语音技术在虚拟现实中的关键是语音识别技术和语音合成技术。语音识别技术(Automatic Speech Recognition, ASR)是将人说话的语音信号转换为可被计算机程序所识别的文字信息，从而识别说话者的语音指令以及文字内容的技术，包括参数提取、参考模式建立和模式识别等过程。

1. 语音识别方法

主要是模式匹配法。

(1) 在训练阶段，用户将词汇表中的每一词依次说一遍，并且将其特征矢量作为模板存入模板库。

(2) 在识别阶段,将输入语音的特征矢量依次与模板库中的每个模板进行相似度比较,将相似度最高者作为识别结果输出。

2. 语音识别的主要问题

(1) 对自然语言的识别和理解。首先必须将连续的讲话分解为词、音素等单位,其次要建立一个理解语义的规则。

(2) 语音信息量大。语音模式不仅对不同的说话人不同,对同一说话人也是不同的,例如,一个说话人在随意说话和认真说话时的语音信息是不同的;一个人的说话方式随着时间变化。

(3) 语音的模糊性。说话者在讲话时,不同的词可能听起来是相似的。这在英语和汉语中常见。

(4) 单个字母或词、字的语音特性受上下文的影响,以致改变了重音、音调、音量和发音速度等。

(5) 环境噪声和干扰对语音识别有严重影响,致使识别率低。

5.6 碰撞检测技术

碰撞检测经常用来检测对象甲是否与对象乙相互作用。在虚拟世界中,由于用户与虚拟世界的交互及虚拟世界中物体的相互运动,物体之间经常会出现发生相碰的情况。为了保证虚拟世界的真实性,就需要虚拟现实系统能够及时检测出这些碰撞,产生相应的碰撞反应,并及时更新场景输出,否则就会发生穿透现象。正是有了碰撞检测,才可以避免诸如人穿墙而过等不真实情况的发生,影响虚拟世界的真实感。如图 5.20 所示为虚拟现实系统中两辆车发生碰撞反应前后的状态。

图 5.20 虚拟现实中的碰撞检测技术

在虚拟世界中关于碰撞,首先要检测到有碰撞的发生及发生碰撞的位置,其次是计算出发生碰撞后的反应。在虚拟世界中通常有大量的物体,并且这些物体的形状复杂,要检测这些物体之间的碰撞是一件十分复杂的事情,其检测工作量较大。同时由于虚拟现实系统有较高实时性的要求,要求碰撞检测必须在很短的时间(如 30～50ms)内完成,因而碰撞检测成了虚拟现实系统与其他实时仿真系统的瓶颈,碰撞检测是虚拟现实系统研究的一个重要技术。

1. 碰撞检测技术的要求

为了保证虚拟世界的真实性，碰撞检测要有较高的实时性和精确性。所谓实时性，基于视觉显示的要求，碰撞检测的速度一般至少要达到 24Hz；而基于触觉要求，速度至少要达到 300Hz 才能维持触觉交互系统的稳定性，只有达到 1000Hz 时才能获得平滑的效果。精确性的要求取决于虚拟现实系统在实际应用中的要求。

2. 碰撞检测技术的实现方法

最简单的碰撞检测方法是对两个几何模型中的所有几何元素进行两两相交测试。这种方法可以得到正确的结果，但当模型的复杂度增大时，计算量过大，十分缓慢。对两物体间的精确碰撞检测的加速实现，现有的碰撞检测算法主要可划分为两大类：层次包围盒法和空间分解法。

本章小结

虚拟现实技术是由计算机产生，通过视觉、听觉、触觉等作用，使用户产生身临其境感觉的交互式视景仿真，具有多感知性、存在感、交互性和自主性等特征。本章阐述了虚拟现实系统核心技术的分类、特点及应用。重点介绍了三维建模、立体显示、真实感实时绘制、三维虚拟声音、人机自然交互以及碰撞检测几种技术。本章的学习要点是各种技术的原理和实现方法。

【注释】

1. 基元：在结构模式识别中，需要把对象用的一些基本单元的结构关系表示出来，这样一些基本单元就是基元。例如墙壁是由砖砌成的，砖是构成墙的基本单元，简称为基元。
2. 体素(Volumepixel)：是用来构造物体的原子单位，包含体素的立体可以通过立体渲染或者提取给定阈值轮廓的多边形等值面表现出来。
3. 三维扫描仪(3D Scanner)：是一种科学仪器，用来侦测并分析现实世界中物体或环境的形状(几何构造)与外观数据(如颜色、表面反照率等性质)。搜集到的数据常被用来进行三维重建计算，在虚拟世界中创建实际物体的数字模型。
4. 摄影测量学：是研究利用摄影手段获得被测物体的图像信息，从几何和物理方面进行分析处理，对所摄对象的本质提供各种资料的一门学科。
5. 景深：是指在摄影机镜头或其他成像器前沿能够取得清晰图像的成像所测定的被摄物体前后距离范围。
6. 自然光：又称“天然光”，不直接显示偏振现象的光。天然光源和一般人造光源直接发出的光都是自然光。它包括了垂直于光波传播方向的所有可能的振动方向，所以不显示出偏振性。从普通光源直接发出的天然光是无数偏振光的无规则集合，所以直接观察时不能发现光强偏于哪一个方向。这种沿着各个方向振动的光波强度都相同的光叫做自然光。
7. 偏振光(Polarized Light)：光学名词。光是一种电磁波，电磁波是横波。而振动方向和光波前进方向构成的平面叫做振动面，光的振动面只限于某一固定方向的光，叫做平面偏振光或线偏振光。
8. 光栅(Grating)：由大量等宽等间距的平行狭缝构成的光学器件。一般常用的光栅是在玻璃片上刻出大量平行刻痕制成，刻痕为不透光部分，两刻痕之间的光滑部分可以透光，相当于一狭缝。

9. 全息术：全息术是一个两步成像过程，即物体光波的记录(存储或编码)和再现(重构或解码)的过程，通常前一过程利用光的干涉实现，后一过程利用光的衍射完成。实现此功能的两束光线要求具有高度相干性，通常为激光光束。
10. 干涉(Interference)：物理学中指两列或两列以上的波在空间中重叠时发生叠加从而形成新的波形的现象。
11. 振幅：是指振动的物理量可能达到的最大值，通常以 A 表示。它是表示振动的范围和强度的物理量。
12. 杜比：杜比是英国 R. M. DOLBY 博士的中译名，他在美国设立的杜比实验室，先后发明了杜比降噪系统、杜比环绕声系统等多项技术，对电影音响和家庭音响产生了巨大的影响。家庭中常常用到的杜比技术主要包括杜比降噪系统和杜比环绕声系统。
13. 杜比 AC3：提供的环绕声系统由 5 个全频域声道和一个超低音声道组成，被称为 5.1 声道。5 个声道包括左前、中央、右前、左后、右后。低音声道主要提供一些额外的低音信息，使一些场景，如爆炸、撞击等声音效果更好。
14. DTS：DTS 现已发展为蓝光的必备音频标准之一，并在电影数字传输和与其他各种互联网相关的消费电子平台上获得了广泛的应用。
15. 生理声学：是声学的分支，主要研究声音在人和动物引起的听觉过程、机理和特性，也包括人和动物的发声。
16. 心理声学(Psychoacoustics)：是研究声音和它引起的听觉之间关系的一门边缘学科。心理声学就是指“人脑解释声音的方式”。压缩音频的所有形式都是用功能强大的算法将人们听不到的音频信息去掉。
17. 声强差效应：如果一个声音来自听者正前方的中轴线上，那么，声音到达双耳的声音大小是一样的，于是听者就觉得这个声音处在前方；倘若声音来自听者的左侧，听者就觉得声源偏左。
18. 模板匹配：数字图像处理的重要组成部分之一。把不同传感器或同一传感器在不同时间、不同成像条件下对同一景物获取的两幅或多幅图像在空间上对准，或根据已知模式到另一幅图中寻找相应模式的处理方法就叫做模板匹配。
19. 人工神经网络(Artificial Neural Network，ANN)：从信息处理角度对人脑神经元网络进行抽象，建立某种简单模型，按不同的连接方式组成不同的网络。在工程与学术界也常直接简称为神经网络或类神经网络。
20. 统计分析：指运用统计方法及与分析对象有关的知识，从定量与定性的结合上进行的研究活动。它是继统计设计、统计调查、统计整理之后的一项十分重要的工作，是在前几个阶段工作的基础上通过分析从而达到对研究对象更为深刻的认识。
21. 包围盒算法：包围盒检测法就是将物体简化为多面体或球体，计算两个待测实体中心点的距离与它们半径之和的关系，以此来判定两物体是否可能碰撞。
22. 空间分解法：空间分解法则将包含实体的空间划分为多个子空间，子空间中的实体按照一定顺序进行排列，碰撞检测只限制在某个子空间中进行。

第6章 三维全景技术

导学

1. 内容与要求

本章主要介绍全景及三维全景的概念、分类、特点及应用领域，并对全景照片的拍摄硬件及方案进行详细的讲解，还介绍三维全景的软件实现方法。

三维全景概述中掌握全景的概念，虚拟全景和现实全景的区别，三维全景的特点和分类；了解三维全景的应用领域和行业。

全景照片的拍摄硬件中掌握常见的硬件设备及配置方案，了解全景云台与相机、三脚架的安装方法。

全景照片的拍摄方法中掌握柱面全景、球面全景、对象全景照片的拍摄流程和技巧，并能结合学习、工作环境进行实地拍摄；了解数码相机的参数和术语。

三维全景的软件实现方法中掌握柱面全景、球面或立方体全景、对象全景的软件制作流程；了解国内外流行的三维全景制作软件的功能和特点。

2. 重点、难点

本章的重点是三维全景的特点、分类和应用领域。本章的难点是全景照片的拍摄方法及后期软件实现。

数字信息和多媒体技术的迅猛发展，使人们进入了丰富多彩的图形世界。人类传统的认知环境是多维化的信息空间，而以计算机为主体处理问题的单维模式与人的自然认知习惯有很大区别。由此，虚拟现实技术应时而生，代表了包括信息技术、传感技术、人工智能、计算机仿真等学科技术的最新发展。随着计算机件技术、计算机视觉、计算机图形学方面的高速发展，特别是三维全景技术的出现和日益成熟，为虚拟现实的广泛应用打开了新的领域，而且三维全景将虚拟现实和互联网传播有机结合，使其更具传递性和应用性。

6.1 三维全景概述

全景(Panorama)是一种虚拟现实技术，这项技术使用相机环绕四周进行 360°拍摄，将拍摄到的照片拼接成一个全方位、全角度的图像，这些图像可以在计算机或互联网上进行浏览或展示。

全景可分为两种，即虚拟全景和现实全景。虚拟全景是利用 3ds Max、Maya 等软件，制作出来的模拟现实的场景；现实全景是利用单反数码相机拍摄实景照片，由软件进行特殊的拼合处理而生成的真实场景。本章介绍的主要是现实全景。

三维全景(Three Dimensional Panorama)是使用全景图像表现虚拟环境的虚拟现实技术,也称虚拟现实全景。该技术通过对全景图进行逆投影至几何体表面来复原场景空间信息。简单说就是用拍摄到的真实照片经过加工处理让用户产生三维真实的感觉,这是普通图片和三维建模技术都做不到的。虽然普通图片也可以起到展示和记录的作用,但是它的视角范围受限,也缺乏立体感,而三维全景在给用户提供全方位视角的基础上,还给人带来三维立体体验。

虚拟现实技术在实现方式上可分为两类,即完全沉浸式虚拟和半沉浸式虚拟。其中,完全沉浸式虚拟需要特殊设备辅助呈现场景和反馈感官知觉;半沉浸式虚拟强调简易性和实时性,普通设备(如扬声器、显示器、投影仪等)都可以作为其表现工具。所以如果从表现形式这个角度划分,三维全景技术属于半沉浸式虚拟。

6.1.1 三维全景的分类

据统计,60%～80%的外部世界信息是由人的视觉提供的,因此,生成高质量的场景照片成为虚拟现实技术的关键。目前,三维全景根据拍摄照片的类型可以分柱面全景、球面全景、立方体全景、对象全景和球形视频等几种类型。

1. 柱面全景

柱面全景(有的文献也称作球面全景)技术起步较早,发展也较为成熟,实现起来较为简单,它就是人们常说的“环视”。柱面全景的拍摄原理:把拍摄的照片投影到以相机视点为中心的圆柱体内表面,可以以水平 360°方式观看四周的景物,如图 6.1 所示。

柱面全景图的优点:

(1) 因为圆柱面展开后成为一个矩形平面,所以柱面全景图展开后就成为一个矩形图像,然后利用其在计算机内的图像格式进行存取;

(2) 图像的采集快捷方便,仅通过简单的硬件,如数码相机、三脚架、全景云台就可以实现采集,且不受周围环境的限制。

图 6.1 柱面全景示意图

柱面全景图的缺点:用鼠标向上或向下拖动时,仰视和俯视的视野受到限制,既看不到天,也看不到地,即垂直视角小于 180°。

在实际应用中,柱面全景环境能够比较充分地表现出空间信息和空间特征,是较为理想的选择方案之一。

2. 球面全景

球面全景图是将原始图像拼接成一个球体的形状,以相机视点为球心,将图像投影到球体的内表面。球面全景图可以实现水平方向 360°旋转、垂直方向 180°俯视和仰视的视线观察,如图 6.2 所示。

图 6.2 理光相机 Ricoh Theta 拍摄的球面全景照片

球面全景图的存储方式及拼接过程比柱面全景图复杂，这是因为生成球面全景图的过程中需要将平面图像投影成球面图像，而球面为不可展曲面，实现一个平面图像水平和垂直方向的非线性投影过程非常复杂，同时也很难找到与球面对应且易于存取的数据结构来存放球面图像。

3. 立方体全景

立方体全景图由 6 个平面投影图像组合而成，即将全景图投影到一个立方体的内表面上，如图 6.3 所示。由于图像的采集和相机的标定难度相对较大，需要借助特殊的拍摄装置，如三脚架、全景云台等，依次在水平、垂直方向每隔 90°拍摄一张照片，获得 6 张可以无缝拼接于一个立方体的 6 个表面上的照片。立方体全景图可以实现水平方向 360°旋转、垂直方向 180°俯视和仰视的视线观察。

图 6.3 立方体全景示意图

4. 对象全景

对象全景是以一件物体(即对象)为中心，通过立体 360°球面上的众多视角来看物体，从而生成对这个对象的全方位的图像信息，如图 6.4 所示。对象全景的拍摄特点是：拍摄时瞄准物体，当物体每转动一个角度，就拍摄一张，顺序完成拍摄一组照片。这与球面全景的拍摄刚好相反。当在互联网上展示时，用户用鼠标来控制物体旋转、放大与缩小等来观察物体的细节。

对象全景主要应用在电子商务领域，例如互联网上的家具、手机、工艺品、汽车、化妆品、服装等商品的三维展示。

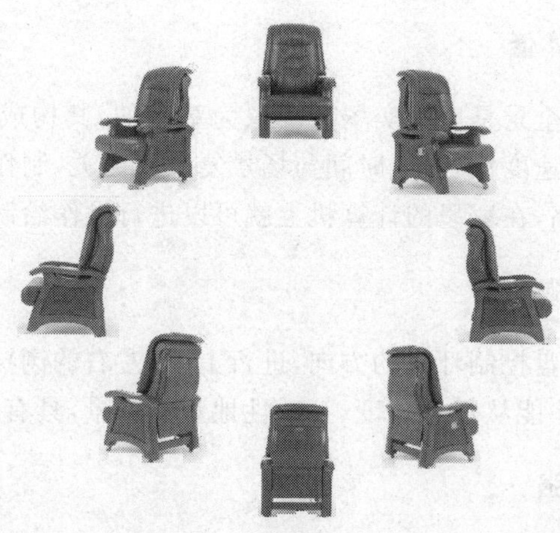

图 6.4　对象全景示意图

5. 球形视频

球形视频生成的是动态全景视频，观众可以看到全方位、全角度的视频直播，如图 6.5 所示。例如美国美式橄榄球大联盟的爱国者队与名为 Strivr Labs 公司合作推出的球队 360°全景训练视频，使球迷在家里就能与心爱的球队融入一体，参与训练甚至比赛，得到一种与众不同、充满刺激的视觉体验。这对于提高球迷的忠诚度，提升球队魅力，扩大球队宣传是大有裨益的。但是该项技术对网络带宽的要求较高，这有可能限制其发展。

图 6.5　球形视频直播现场

6.1.2　三维全景特点

将三维全景图像与平面图像进行比较，可以发现平面图像表现相对单一，缺少交互性，且只能表现小范围内的局部信息。而三维全景图像通过全景播放软件的特殊透视处理，带给观赏者强烈的立体感、沉浸感，具有良好的交互功能，且在单张全景图上就可以表现 360°范围内的场景信息。具体来讲，三维全景的特点及优势主要体现在以下几个方面。

1. 真实感强，制作成本低

基于照片制作的三维全景是以真实场景图像为基础的，其构成环境是对现实世界的直接表现。三维全景的制作速度快，生成时间与场景复杂度无关，制作周期短，成本低，操作方便，对计算机的要求也不高，在家里的计算机上就可以进行操作绘制。

2. 界面友好，交互性强

用户可以用鼠标或键盘控制环视的方向，进行上下、左右的浏览，也可进行场景的放大、缩小、前进、后退等，使用户能从任意角度、互动性地观察场景，具有身临其境的感觉。

3. 文件小，可传播性强

三维全景以栅格图片为内容构成，文件小（一般在 50kB～2MB 之间），具有多种发布形式，能够适合各种需要和形式的展示应用。三维全景呈现时只需要基础设备（显示器及扬声器等）便可模拟真实场景，其易于表达、制作方便是其得以快速发展的重要原因。三维全景的特性易于互联网传播，在 B/S 模式下，只需在客户端浏览器上安装 HTML、Java、Flash、Active-X 等特定插件，便可实现虚拟浏览。

4. 可塑性和保密性强

可塑性就是可以根据不同的需求实现用户的目标，如添加背景音乐、旁白、解说，添加天空云朵、彩虹等功能。同时可采用域名定点加密（全景只能在指定的域名下播放，下载后无法显示）、图片分割式加密等多种手段有效地保护图片的版权。

6.1.3 三维全景的应用领域

三维全景以其立体感强、沉浸感好、交互性好等优势在诸多领域有着广阔的应用，主要包括以下几个应用领域。

1. 旅游景点

三维全景可以全方位、高清晰展示景区的优美环境，给观众一个身临其境的体验，是旅游景区、旅游产品宣传推广的最佳创新手法，还可以用来制作风景区的讲解光盘、名片光盘、旅游纪念品和特色纪念物等，如图 6.6 所示。

2. 宾馆、酒店

在互联网订房已经普及的时代，在网站上用全景展示酒店宾馆的各种餐饮和住宿设施，是吸引顾客的好方法。客户可以远程浏览宾馆的外观、大堂、客房、会议室、餐厅等各项服务场所，展现宾馆温馨舒适的环境，吸引客户并提高客房预订率。也可以在酒店大堂提供客房的全景展示，再也不用烦劳客户在各个房间、会场穿梭，就能观看各房间的真实场景，更方便客户挑选和确认客房，进而提高工作效率，如图 6.7 所示。

图 6.6　三维全景展示旅游景点

图 6.7　三维全景展示宾馆、酒店环境

3. 房地产

房产开发销售公司可以利用虚拟全景漫游技术，展示园区环境、楼盘外观、房屋结构布局、室内设计、装修风格、设施设备等。通过互联网，购房者在家中即可仔细查看房屋的各个方面，提高潜在客户的购买欲望；也可以将虚拟全景制作成多媒体光盘赠送给购房者，让其与家人、朋友分享，增加客户忠诚度，做更精准有效的传播；还可以制作成触摸屏或者大屏幕现场演示，给购房者提供方便，节省交易时间和成本。如果房地产产品是分期开发的，可以将已建成的小区做成全景漫游，对于开发商而言，是对已有产品的一种数字化整理归档，对于消费者而言，可以增加信任感，促进后期购买欲望，如图 6.8 所示。

图 6.8　三维全景展示房地产产品

4. 电子商务

有了三维全景展示，商城、家居建材、汽车销售、专卖店、旗舰店等相关的产品展示就不再有时间、空间的束缚，能够实现对销售商品进行多角度展示。客户可以在网上立体地了解产品的外观、结构及功能，与商家进行实时交流，拉近买家与商家的距离，在提升服务的同时，为公司吸引更多的客户，既节约了成本，也提高了效率，如图 6.9 所示。

图 6.9 汽车销售的三维全景展示

5. 军事、航天

传统上，大部分国家习惯通过实战演习来训练军事人员和士兵，但是反复的军事演习不仅耗费大量的物力财力，而且难以保障人员安全。在未来的高技术联合作战中，三维全景技术在军事测绘中不仅直接为作战指挥提供决策信息，而且也可以作为"支撑平台"进入指挥中枢，培养学员适应联合作战的能力素质，如图 6.10 所示。

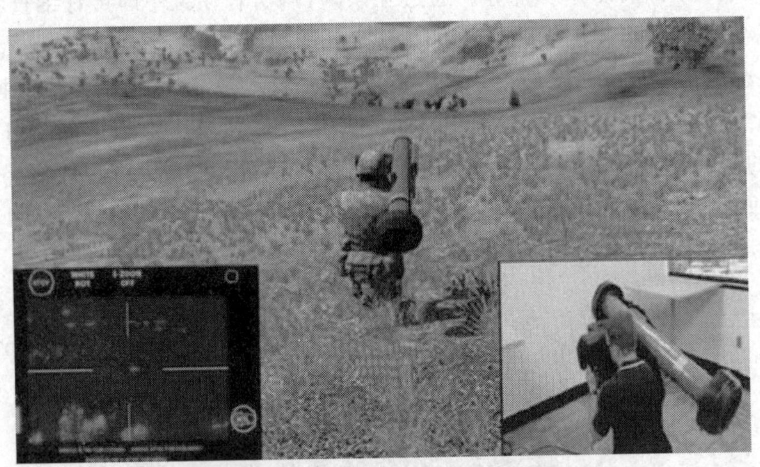

图 6.10 三维全景虚拟军事训练

在航天仿真领域中，三维全景漫游技术不但可以完善与发展该领域内的计算机仿真方法，还可以大大提高设计与试验的真实性、实效性和经济性，并能保障实验人员的人身安全。例如，在设计载人航天器座舱仪表布局时，原则上应把最重要、使用频率最高的仪表放在仪表板的中心区域,把次重要的仪表放在中心区域以外的地方,这样能减少航天员的眼球转动次数,降低身体负荷,同时也让其精力集中在重要仪表上。但究竟哪块仪表放在哪个精确的位置,以及相对距离是否合适,只能通过反复的实验来确定。因此利用三维全景漫游软件设计出具有立体感、逼真性高的仪表排列组合方案,再逐个进行试验,使被试者处于其中,仿佛置身于真实的载人航天器座舱仪表板面前,能达到理想客观的实验效果。

6. 医学虚拟仿真

医生及研究人员借助三维全景设备及技术实现虚拟环境中对细微事物的观察。例如,美国一个研究小组研发出CAVE2虚拟现实系统,用计算机构造大脑及其血液的3D视图,将动脉、静脉和微血管拼凑在一起,为患者的大脑创造具有立体感的全大脑图像。在这个空间内,图像都是无缝显示,使用者可以完全沉浸在由三维数据构成的网络世界中,做一个真正的观察者,如图6.11所示。

图6.11　CAVE2虚拟现实系统

7. 历史文化

在博物馆方面,传统文字图片往往难以形象生动地表现文物的众多信息,文物信息管理烦琐且难度大。通过三维全景技术,可将博物馆内的文物信息全面直观地记录下来,进行数字化管理。还可以借助博物馆或者剧院建筑的平面或三维地图导航,结合三维全景的导览功能,帮助观众自由地穿梭于每个场馆之中。观众只需轻点鼠标或键盘即可实现全方位参观浏览,如果同时配以音乐和解说,更会增加身临其境的体验效果。

8. 公司企业

在公司企业招商引资、业务洽谈、人才交流等场合中,采用全景展示能宣传企业公司的环境和规模。洽谈对象、客户不是简单地通过零碎照片或效果图做出决定,也不需要逐行逐字地研究企业公司的宣传文字。新奇的全景展示更加彰显公司的实力和魅力。

9. 娱乐休闲场所

美容会所、健身会所、茶艺馆、咖啡馆、酒吧、KTV 等场所可借助三维全景推广手段，把环境优势、服务优势全面地传达给顾客，创造超越竞争对手的有利条件。

10. 虚拟校园

在学校的宣传介绍中，如果借助三维全景虚拟校园展示，可以使学生实现随时随地参观优美的校园环境，展示学校的实力，吸引更多的生源。三维全景虚拟校园可以发布到网络上，也可以做成学校介绍光盘发送。三维实景漫游系统也可支持学校教学活动，例如可将学校各教室、实验室等教学场所制作成全景作品发布到互联网，学生通过网络即可提前直观地了解教室、实验室的位置、布局、实验安排、实验要求和注意事项等信息。

11. 政府开发区环境

三维全景技术可以把政府开发区环境做成虚拟导览展示，并发布到网上或做成光盘。向客商介绍推广时，三维全景的投资环境变得一目了然，说服力强，可信度高。如果发布到互联网上，则变成 24 小时不间断的在线展示窗口。

6.2 全景照片的拍摄硬件

全景图的效果很大程度上取决于前期素材照片的质量，而素材照片的质量与所用的硬件设备关系极大。

6.2.1 硬件设备

全景照片的拍摄通常需要的硬件有单反数码相机、三脚架、鱼眼镜头、全景云台等，其中比较特殊的是鱼眼镜头和全景云台。

1. 单反数码相机

单反就是指单镜头反光，也是当今最流行的取景系统，大多数 35mm 照相机都采用这种取景器。单反数码相机有两个主要特点：一是可以交换不同规格的镜头，这是普通数码相机不能比拟的；二是通过摄影镜头取景。大多数相同卡口的传统相机镜头在数码单反相机上同样可以使用。数码单反相机价格相对于普通家用数码相机要贵一些，它更适合专业人士和摄影爱好者使用。日本佳能公司推出的 5D Mark III 单反数码相机就是一款面对专业级摄影用户以及摄影发烧友的产品，它能够搭配丰富的全画幅 EF 镜头进行多彩表现，充分发挥电子光学系统（EOS）的强大优势，如图 6.12 所示，其基本参数如表 6.1 所示。

图 6.12　佳能 5D Mark III 单反数码相机

表 6.1　佳能 5D Mark III 基本参数

相机类型	全画幅数码单反相机
总像素	约 2340 万
有效像素	约 2230 万像素
传感器类型	CMOS
传感器尺寸	约 36×24mm
传感器描述	自动、手动、添加除尘数据
图像处理系统	自动、手动、添加除尘数据
图像处理系统	DIGIC 5＋
对焦系统	61 点(最多 41 个十字型对焦点)

2. 三脚架

三脚架的主要作用就是稳定照相机,保证相机的节点不会改变。尤其在光线不足和拍夜景的情况下,三脚架的作用更加明显,其外形如图 6.13 所示。

使用三脚架时需要注意的事项:①如果使用重量较轻的三脚架,或在开启三脚架时出现不平衡或未上钮的情况,或在使用时过分拉高了中间的轴心杆等,都会使拍摄状态不稳定,得不到理想的效果;②如果选择重量较重的三脚架,则拍摄状态稳定,拍摄的效果要好,但是移动起来不够灵活。

3. 鱼眼镜头

鱼眼镜头是一种短焦距超广角的摄影镜头,一般焦距在 6～16mm。一幅 360 度×180 度的全景图一般由 2 幅或 6 幅照片拼合而成。为使镜头达到最大视角,这种镜头的前镜片直径很短且呈抛物状向镜头前部凸出,这点和鱼的眼睛外形很相似,因此有了鱼眼镜头的说法,如图 6.14 所示。

图 6.13　三脚架

图 6.14　尼康 AF 16mm F2.8D 鱼眼镜头

鱼眼镜头的用途是在接近被摄物拍摄时能造成强烈的透视效果,强调被摄物近大远小的对比,使所摄画面具有一种震撼人心的感染力。鱼眼镜头具有相当长的景深,有利于表现照片的长景深效果。用鱼眼镜头拍摄的图像，一般变形相当厉害，透视汇聚感强烈。直接将鱼眼镜头连接到数码相机上可拍摄出扭曲夸张的效果，如图 6.15 所示。

图 6.15 鱼眼镜头拍摄效果

4. 全景云台

云台是指光学设备底部和固定支架连接的转向轴。许多照相机使用的三脚架并不提供配套的云台，用户需要自行配备，如需要拍摄全景照片则需要使用全景云台，如图 6.16 所示。

图 6.16 曼比利全景球形云台

全景云台的工作原理是：首先，全景云台具备一个具有 360°刻度的水平转轴，可以安装在三脚架上，并对安装相机的支架部分可以进行水平 360°的旋转；其次，全景云台的支架部分可以对相机进行向前的移动，从而达到适应不同相机宽度的完美效果。由于相机的宽度直接影响到全景云台节点的位置，所以如果可以调节相机的水平移动位置，那么基本就可以称之为全景云台。

5. 全景云台与相机、三脚架的安装方法

(1) 首先将云台的转轴及支架部分安装于三脚架之上，如图 6.17 所示。

(2) 将扩装板与数码单反相机进行安装，如图 6.18 和图 6.19 所示。

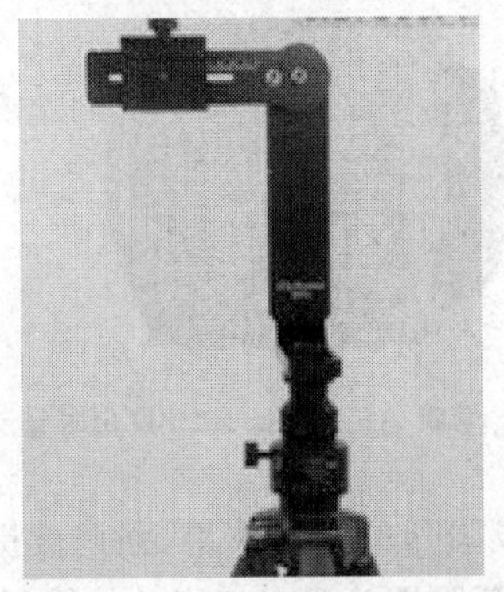

图 6.17 云台安装在三脚架上

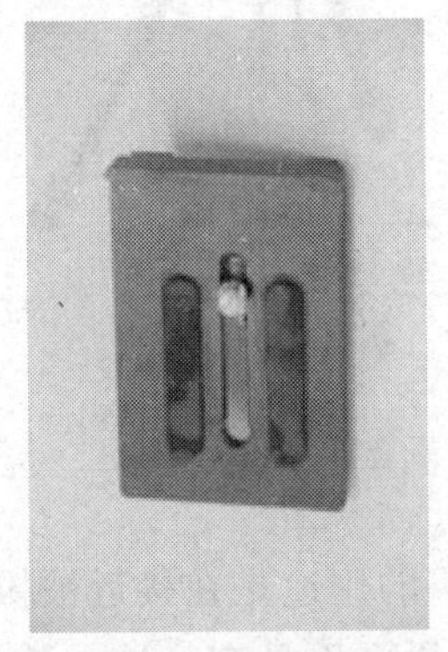

图 6.18 扩装板

(3) 将数码单反相机安装至云台支架上，如图 6.20 所示。

(4) 安装后的效果如图 6.21 所示。

图 6.19　数码单反相机

图 6.20　单反相机安装至云台支架

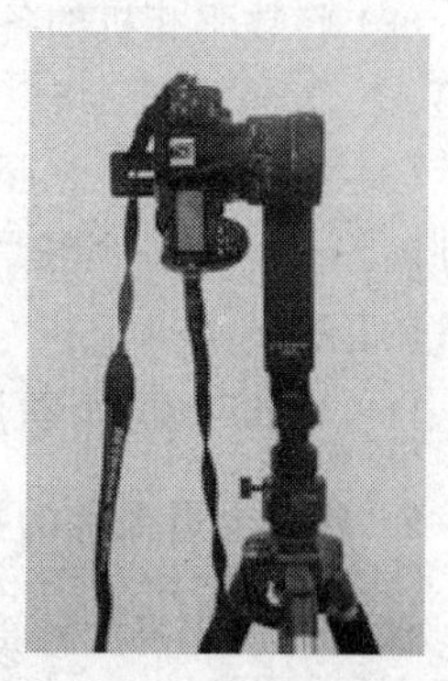

图 6.21　安装后的效果

6.2.2　硬件配置方案

全景图的拍摄一般采用以下两种硬件配置方案。

1. 数码相机＋鱼眼镜头＋三脚架＋全景云台

这是最常见且实用的一种拍摄方法，采用外加鱼眼镜头的数码相机和云台来进行拍摄，拍摄后可直接导入到计算机中进行处理。这种方法成本低，可一次性拍摄大量的素材供后期选择制作，另一方面其制作速度较快，对照片的删除、修改及预览很方便，是目前主流的硬件配置方案。

2. 三维建模软件营造虚拟场景

这种方法主要应用于那些不能拍摄或难于拍摄的场合，或是对于一些在现实世界中还不存在的物体或场景。如房地产开发中还没有建成的小区、虚拟公园、虚拟游戏环境、虚拟产品展示等。要实现虚拟场景，可以通过三维建模软件，如 3Ds Max、Maya 等进行制作，制作完成后再通过相应插件将其导出为全景图片。

6.3　全景照片的拍摄技巧

在全景图制作过程中，拍摄全景照片是第一个也是较为重要的环节。前期拍摄照片的质量直接影响到全景图的效果，如果前期照片拍摄的效果好，则后期的制作处理就很方便，反之，则后期处理将变得很麻烦，带来不必要的工作量，所以照片的拍摄过程和技巧必须得到重视。

1. 柱面全景照片的拍摄

柱面全景照片可采用普通数码相机结合三脚架来进行拍摄，这样拍摄的照片能够重现原始场景，一般需要拍摄 10～15 张照片。拍摄步骤如下。

(1) 将数码相机与三脚架固定，并拧紧螺丝。

(2) 将数码相机的各项参数调整至标准状态（即不变焦），对准景物后，按下快门进行拍摄。

(3) 拍摄完第一张照片后，保持三脚架位置固定，将数码相机旋转一个合适的角度，并保证新场景与前一个场景要重叠 15%左右，且不能改变焦点和光圈，按下快门，完成第二张照片的拍摄。

(4) 以此类推，不断拍摄，直到旋转 360°后，即得到这个位置点上的所有照片。

2. 球面全景照片的拍摄

球面全景照片的拍摄须采用专用数码相机配加鱼眼镜头的方式来进行拍摄，一般需要拍摄 2～6 张照片，且必须使用三脚架辅助拍摄。拍摄步骤如下。

(1) 首先将全景云台安装在三脚架上，然后将相机和鱼眼镜头固定在一起，最后将相机固定在云台上。

(2) 选择外接镜头。对于数码单反相机一般不需要调节，对于没有鱼眼模式设置的相机则需要在拍摄之前进行手动设置。

(3) 设置曝光模式。拍摄鱼眼图像不能使用自动模式，可以使用程序自动、光圈优先自动、快门优先自动和手动模式 4 种模式。

(4) 设置图像尺寸和图像质量。建议选择能达到最高一档的图像尺寸，选择 Fine 按钮所代表的图像质量即可。

(5) 白平衡调节。普通用户可以选择自动白平衡，高级用户根据需要对白平衡进行详细设置。

(6) 光圈与快门调节。一般要把光圈调小，快门时间不能太长，要小于 1/4s。

(7) 拍摄一个场景的两幅或者三幅鱼眼图像。先拍摄第一张图像，注意取景构图，通常把最感兴趣的物体放在场景中央，然后半按快门进行对焦，最后再完全按下快门，完成拍摄。转动云台，拍摄第二幅或第三幅照片。

3. 对象全景照片的拍摄

对于对象全景照片，通常使用数码相机结合旋转平台来进行拍摄，旋转平台如图 6.22 所示。拍摄步骤如下。

(1) 将被拍摄对象置于旋转平台上，并确保旋转平台水平且被拍摄对象的中心与旋转平台的中心点重合。

(2) 将相机固定在三脚架上，使相机中心的高度与被拍摄对象中心点位置高度一致。

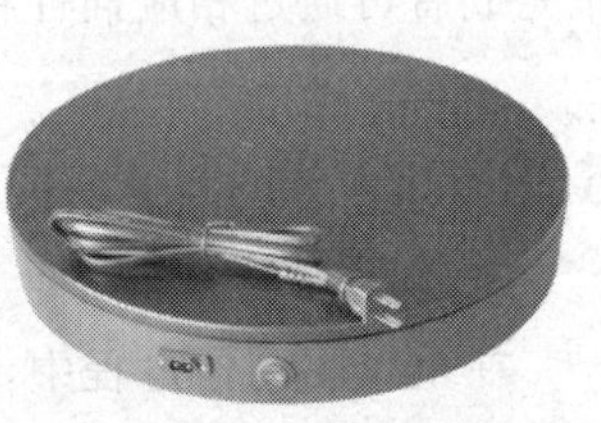

图 6.22 旋转平台

(3) 在被拍摄对象后面设置背景幕布，一般使被拍摄对象与背景幕布具有明显的颜色反差。

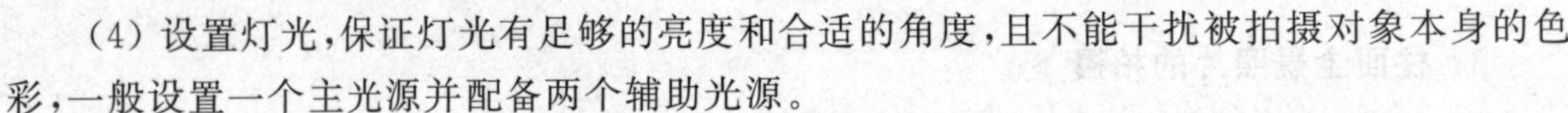

(4) 设置灯光，保证灯光有足够的亮度和合适的角度，且不能干扰被拍摄对象本身的色彩，一般设置一个主光源并配备两个辅助光源。

(5) 拍摄时，每拍摄一张，就将旋转平台旋转一个正确的角度（360°/照片数量），以此类推，重复多次即可完成全部拍摄。

6.4 三维全景的软件实现方法

制作三维全景涉及到图像的展开和拼接，这个过程离不开软件的支持。用来制作三维全景的软件也就称为三维全景软件。

最初对图像的展开和拼接是利用 Photoshop 软件来完成的，甚至有人为此专门开发了相应的插件。随着三维全景的发展，专门用于制作三维全景的软件纷纷出现，其界面越来越友好，功能也不断丰富，受到业内外人士的关注。

6.4.1 常见的三维全景软件

1. WPanorama

WPanorama 是一个全景图像浏览器，为浏览全景图片而设计，也支持一般图像的浏览。支持 360°的全景照片，使用者能够方便地控制滚动的速度，还可以导出 AVI、BMP，甚至生成屏幕保护文件，还支持背景音乐合成功能。

2. PixtraOmniStitcher

PixtraOmniStitcher 是个全景图编辑与处理工具，可以修复鱼眼镜头采集回来的视频数据中图像的变形，恢复图像的本来面目。

3. PanoramaStudio

PanoramaStudio 能制作无缝的 360°全景图片，在几个步骤之内就能将简单的图片合成为完美的全景图，并为高级用户提供强大的图片处理功能。它提供了自动化拼接、增强和混合图像、侦测正确的焦距等功能，所有步骤都可以手动完成。另外还提供其他功能：透视图纠正、自动化曝光修正、自动剪切、热点编辑，并能导出多种图像文件格式。

4. ADG Panorama Tools

ADG Panorama 可以从各种各样的图片中创建 360°的网络全景图，可以自动地混合和校正全景图的颜色和亮度。

5. Stitcher

Sticher 是一款高品质、专业级的全景图制作工具，可与 Adobe Photoshop 无缝平滑对接，广泛用于图像编辑、3D 网页、虚拟旅游和超大尺寸全景图印刷等，是专业摄影师、多媒体艺术家和摄影爱好者的必备利器。它可以水平或垂直地将鱼眼场景以及相片拼接成全景图。

6. Ulead COOL 360

Ulead COOL 360 是一款快捷方便的三维全景制作软件，它提供了相当简易的接口以及友好的向导,可快速地制作美观的全景画。此外,它还提供高级的相片缝合、变形、对齐和混合工具,保证用户制作出顶尖的作品。通过电子邮件,用户可以将完成的全景画以.exe文件的形式传给其他人,也可以将它们存到网页上,或插入文档及演示文稿中作为静态图像。

7. 造景师

造景师是国内一款较为领先的三维全景制作软件,用户仅需花费几分钟即可轻松拼合一幅高质量的球面或柱面全景图。其主要用于房产楼盘、旅游景点、宾馆酒店、校园风光等场景的三维虚拟漫游效果的网上展示,让观看者无须亲临现场即可获得360°身临其境的感受。它同时支持鱼眼照片和普通照片的全景拼合,并且具有全屏模式、批量拼合、自动识别图像信息、全景图像明暗自动融合等功能。

8. 漫游大师

漫游大师是三维全景虚拟漫游展示制作软件,它所制作出来的虚拟漫游可以广泛运用于各个行业,观看者无须到现场即可获得身临其境的感受。漫游大师可以发布成Flash VR(HTML)、EXE、SWF以及运用在iPad等苹果设备上观看的HTML5格式的三维虚拟漫游。

6.4.2 三维全景图的软件实现

在前期拍摄到的全景照片基础上,利用后期制作软件(如COOL 360、造景师、漫游大师等三维全景制作软件),可以设计出柱面全景、球面全景、立方体全景和对象全景等三维全景图,并将360°场景发布到网上供浏览。

1. 柱面全景图的软件实现

柱面全景图的制作要求:①软件能够快速地将一系列的照片转变成360°的全景画或图像;②软件支持图片全景无缝拼接;③软件能够实现图片多种格式输出(BMP、JPG、PNG、TIF等)。下面以Ulead COOL 360软件为例,列出柱面全景图的制作流程,如图6.23所示。

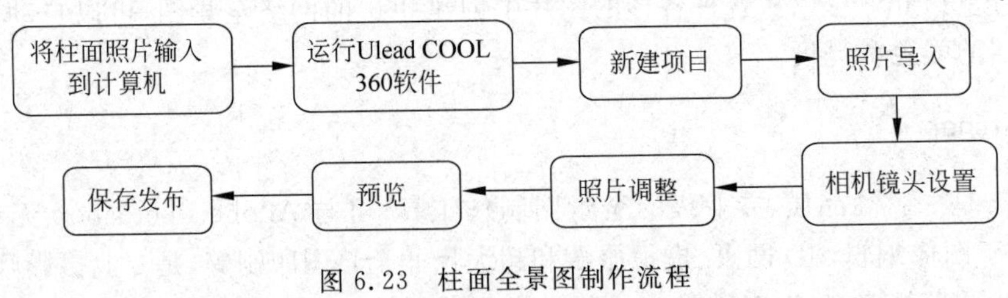

图6.23 柱面全景图制作流程

2. 球面或立方体全景图的软件实现

球面全景图的制作要求:①软件对现实场景拍摄得到的图像能够自动处理;②软件能够生成交互式球形全景;③软件支持全景与立方体全景融合,且两种拼合方式可自由转换。

下面以造景师软件为例，在前期拍摄完鱼眼照片的基础上，进行球面或立方体全景图的制作。流程如图 6.24 所示。

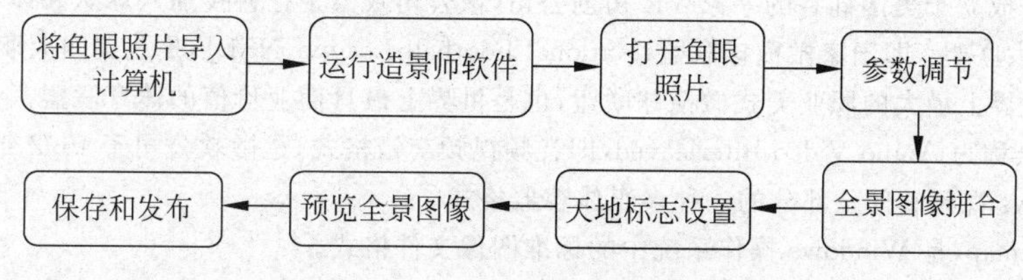

图 6.24　球面全景图制作流程

3. 对象全景图的软件实现

对象全景图的制作要求：①软件能通过对一个现实物体进行拍摄得到的照片进行自动处理；②软件能自动生成 360°物体展示模型；③软件提供旋转、交互的功能，为用户观看物体提供方便。

下面以造景师软件为例，快速地实现物品三维全景旋转展示。流程如图 6.25 所示。

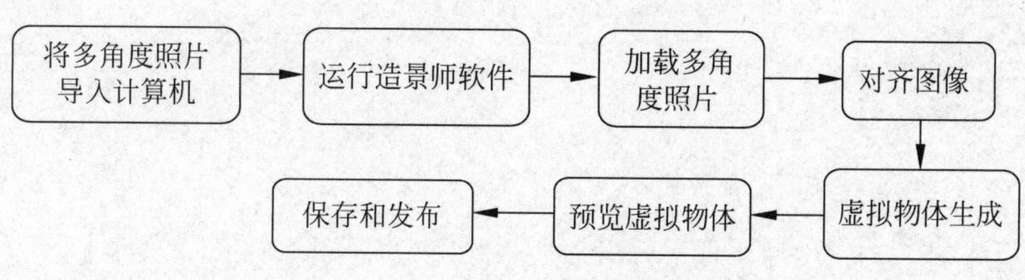

图 6.25　对象全景图制作流程

本章小结

三维全景也称为虚拟现实全景，是基于静态图像的虚拟现实技术，是目前迅速发展并逐步流行的一个虚拟现实分支，广泛应用于网络三维演示领域。

传统三维技术及以 VRML 为代表的网络三维技术都采用计算机生成图像的方式来建立三维模型，而三维全景技术则是利用实景照片建立虚拟环境，按照照片拍摄→数字化→图像拼合→生成场景的模式来完成虚拟现实的创建，简单实用，真实感更强，沉浸感更好。需要注意的是三维全景技术是一种桌面虚拟现实技术，并不是真正意义上的 3D 图形技术。

【注释】

1. Panorama：这一词源自希腊语，意为“都能看见”。
2. ISO：表示感光元件的感光速度，数值越高就说明该感光元器件的感光能力越强。
3. EF 镜头：EF 镜头能够在佳能所有数码单反上安装，适合初学者使用。
4. EOS：Electro Optical System，意为电子光学系统。
5. 白平衡：描述显示器中红、绿、蓝三基色混合生成后白色精确度的一项指标。
6. 焦距：是光学系统中衡量光的聚集或发散的方式，指平行光入射时从透镜光心到光聚集之焦点的距离。
7. 短焦距：即短焦距镜头，也即广角镜头，它的水平视角一般大于 30°，由于镜头的视角较宽，可以包容的景物场面较大，因此在表现空间环境方面具有较强的优势。
8. 超广角：即超广角镜头，它有着宽广的视野，又不像鱼眼镜头有强烈的畸变，能很好地消除畸变。

9. 快门：摄像器材中用来控制光线照射感光元件时间的装置。
10. Photoshop：即 Adobe Photoshop，简称 PS，是由 Adobe Systems 开发和发行的图像处理软件。
11. Strivr Labs：成立于美国硅谷的一家 VR 初创公司，该公司致力于把科技加入球队和体育运动中。
12. 美式橄榄球大联盟：即国家橄榄球联盟(National Football League，NFL)，是北美四大职业体育运动联盟之首，是世界上最大的职业美式橄榄球联盟，也是世界上最具商业价值的体育联盟。
13. AVI：英文全称为 Audio Video Interleaved，即音频视频交错格式，是微软公司于 1992 年 11 月推出，作为其 Windows 视频软件一部分的一种多媒体容器格式。
14. BMP：即 Bitmap，是 Windows 操作系统中的标准图像文件格式。
15. CMOS：即 Complementary Metal Oxide Semiconductor，互补金属氧化物半导体，电压控制的一种放大器件，是组成 CMOS 数字集成电路的基本单元。
16. DIGIC：即 DIGital Image Core，是佳能公司为自己的数码相机以及数码摄像机产品开发的专用数字影像处理器。
17. 像素：构成数码影像的基本单元，通常以像素每英寸 PPI(Pixels Per Inch)为单位来表示影像分辨率的大小。

第7章 虚拟现实技术的应用

导学

1. 内容与要求

随着虚拟现实技术的飞速发展,许许多多的应用案例都显示出这项不可思议的技术已极大程度地改变了人们的日常生活。虚拟现实技术的变革已经让不少行业体验到了更为沉浸、更具互动性的时尚生活。本章主要对虚拟现实技术的现代应用进行介绍,使读者更好地了解虚拟现实技术的现代应用领域。

虚拟现实技术的早期应用包含了虚拟现实技术应用的起源及虚拟现实技术的早期应用领域两部分内容。了解虚拟现实技术早期应用于军事和游戏两方面,如今已经应用于各个领域,并给人们带来沉浸式的优越体验。

虚拟现实技术的现代应用部分介绍虚拟现实技术在游戏、工程制造业、医疗保健、娱乐、商业及城市规划等多个领域应用的具体案例。了解目前虚拟现实技术应用的市场占有率及各个领域的应用现状。

虚拟现实技术应用的未来发展部分讨论虚拟现实技术目前存在的问题及虚拟现实技术应用未来的发展趋势。了解随着技术的发展,虚拟现实技术必将具有更加广阔的应用领域和发展前景。

2. 重点、难点

本章重点是了解虚拟现实技术的现代应用和未来的发展方向。本章的难点是对虚拟现实技术目前存在问题的探索。

随着虚拟现实时代的来临,人们已经将虚拟现实技术应用于众多领域。虚拟现实技术的应用已成为人们现在及未来生活的重要组成部分,人们在不断探索利用它去做更多有意义的事情。它大大改善了人们的生活,给人们的生活带来了便捷和乐趣。

7.1 虚拟现实技术的早期应用

7.1.1 虚拟现实技术应用的起源

虚拟现实技术最早起源于20世纪60年代,当时第一台虚拟现实设备Sensorama问世,这款设备体积庞大,通过三面显示屏便能够形成立体空间感,人们使用时需要把头伸进设备入口进行观看。但这款产品仅仅在理论上实现了初步的虚拟现实,在此时期虚拟现实技术处于十分原始的阶段。随后的70年代，美国MIT的林肯实验室正式开始了头盔式显示器的研制工作，并研制出第一个功能较齐全的HMD系统。进入20世纪90年代，迅速发展的计算机硬件技术与不断改进的计算机软件技术相匹配，使得基于大型数据集合的声音和图像的实时动画制作成为可能；人机交互系统的设计不断创新，新颖、实用的输入输出设备不断地进入市场。而这些都为虚拟现实技术的发展打下了良好的基础。

随后虚拟现实技术极其广泛地应用于众多领域，如娱乐、军事、工程制造、教育、建筑、医疗保健等，人们对迅速发展中的虚拟现实技术的广阔应用前景充满了憧憬与兴趣。

7.1.2 虚拟现实技术早期应用领域

虚拟现实技术的早期应用主要体现在军事和游戏两方面。

在军事方面，虚拟现实技术最初的应用是模拟真实环境用来训练飞行员，飞行员在模拟器中的感觉与在真的飞机上一样，各种仪器设备如同在真实环境下的一样，它既不会危及人的生命，也不会损坏飞机，是一种理想的训练方式。模拟与训练一直是军事中的一个重要课题，采用虚拟现实技术可以使受训者在视觉和听觉上真实体验战场环境，熟悉将作战区域的环境特征。20世纪80年代，美国宇航局(NASA)及美国国防部组织了一系列有关虚拟现实技术的研究，并取得了令人瞩目的研究成果，从而引起了人们对虚拟现实技术的广泛关注。1984年，NASA Ames研究中心虚拟行星探测实验室的M. McGreevy和J. Humphries博士组织开发了用于火星探测的虚拟环境视觉显示器，将火星探测器发回的数据输入计算机，为地面研究人员构造了火星表面的三维虚拟环境。

在游戏方面，20世纪90年代时的一些游乐园已经出现过应用虚拟现实技术的游戏设施。使用者需要戴上沉重的头盔显示器，观看短短几分钟的虚拟场景的小电影，这在当时是非常先进的沉浸式体验。但由于配套设施不够完善，交互性操作太少，所以20世纪90年代的虚拟现实游戏市场不温不火。

之后，随着计算机图形学、三维医学图像处理技术、仿真技术、漫游技术以及网络技术等多方面的快速发展，虚拟现实技术广泛应用于各个行业。

7.2 虚拟现实技术的现代应用

虚拟现实技术的现代应用可谓是覆盖到众多领域，据资料统计目前它在游戏、工程制造业、医疗保健、娱乐、商业及城市规划等方面市场占有率颇高，在军事与教育等领域也有相当的受众群。虚拟现实技术的现代应用领域如图7.1所示。下面简要介绍其应用。

7.2.1 虚拟游戏应用

在游戏方面，虚拟游戏(Virtual Games)是虚拟现实技术应用最活跃的一个领域，主要是指通过佩戴相关设备，使游戏玩家获得逼真的游戏体验。

虚拟游戏包括家庭中的桌面游戏和公共场所的各种仿真等。VR设备和鼠标键盘相比，交互方式更加适合三维环境，且符合人体动作自然习惯；和传统显示设备相比，能完美显示3D画面且提供全视野沉浸式体验。这些革命性的改变不仅可以让现有游戏体验得到

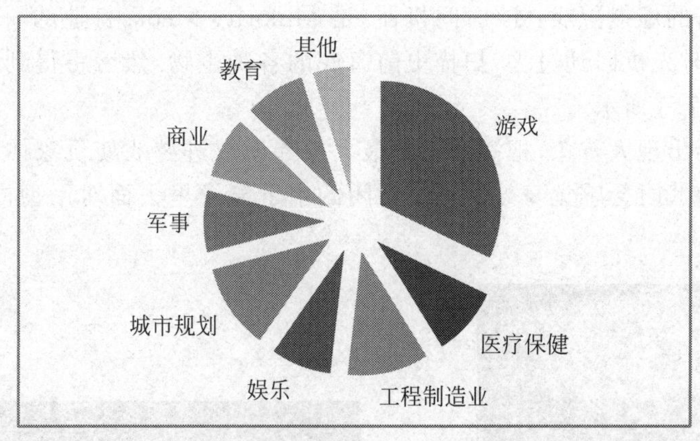

图 7.1 虚拟现实技术的现代应用

提升，而且无疑会催生出来目前没有的游戏种类。在 2013 年，游戏市场的销售收入就达到了 873.1 亿元，较 2012 年增长了 38%，手游、体感游戏已成为 2013 年游戏产业的搜索排行榜的前两名。如今进入 2016 年，业界称之为虚拟现实的元年，虚拟现实游戏已经不知不觉成为了游戏玩家们的搜索新热点。很多人已经体验过虚拟游戏，并被虚拟现实技术带给他们的沉浸感深深震撼，运用虚拟现实技术开发的游戏能够最大限度还原真实体验，全封闭的视角使玩家完全投入，目前基于虚拟现实技术的游戏主要有驾驶型游戏、作战型游戏和智力型游戏等。下面对虚拟游戏进行介绍。

1. 著名虚拟游戏介绍

目前有一款骑车模拟器，使用者全身配备骑车设备、头戴头盔显示器，只要做着各种各样的骑车动作，便可通过头盔显示器，看到公路、城市或乡间小路从身边掠过，其情景就和在各种场景里骑车的感觉一样。一家名叫 Virtuix 的创新公司推出了一款叫 Omni 的万向跑步机，力图进一步将虚拟游戏体验推到更高层次的同时，也让宅男们真正“动”起来。由此不必担心沉浸式的虚拟游戏体验将让宅男们更加沉迷其中，缺乏运动会让他们的肥胖问题更加严重，如图 7.2 所示。

图 7.2 万向跑步机

还有一些著名的虚拟游戏，如《时间机器》是 Minority Media 打造的一款新游戏。在游戏中，玩家将乘坐时光机回到过去，扫描史前海底的各种生物，然后将得到的信息传回到今天，游戏画面如图 7.3 所示。

《深海》中将会出现大鲨鱼，把海洋中的最大掠夺者放进游戏使玩家体验最紧张刺激的场景。玩家进行游戏时会感觉身处于一个封闭的水下笼子里去面对巨型白鲨，游戏画面如图 7.4 所示。

图 7.3 虚拟游戏《时间机器》

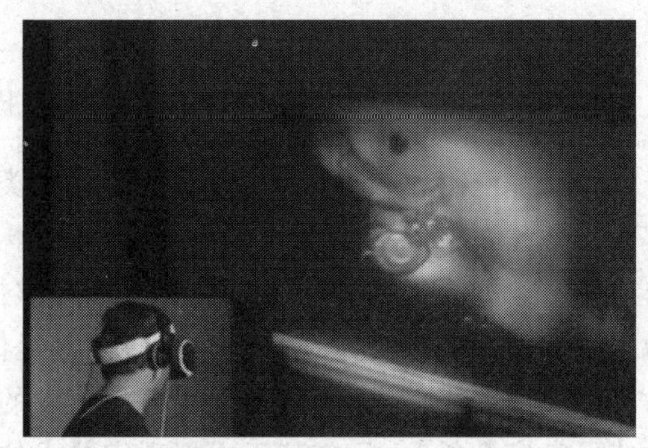

图 7.4 虚拟游戏《深海》

《拆炸弹小队》中玩家要阅读指导如何拆除炸弹的说明书然后完成拆除炸弹的重任，由于虚拟现实技术的应用，增加了游戏的紧张刺激感，游戏画面如图 7.5 所示。

图 7.5 虚拟游戏《拆炸弹小队》

《重返恐龙岛》无论是画面还是沉浸感都不错，仿佛真的带我们回到了侏罗纪枝叶茂密的森林中，游戏画面如图 7.6 所示，其中一只恐龙在查看它的恐龙蛋是否安全。

2. 虚拟游戏存在的问题

虚拟现实头盔设备制造商最担心的问题之一是玩家可能产生或轻或重的眩晕感。因为玩家在虚拟环境中看到的和真实感受到的不一样。在虚拟现实游戏里，玩家在雪山滑雪看到周围山脉景色在快速变化，而事实上生理上并没有感受到重力加速度，大脑从内耳平衡器官和视觉器官接收到了不一致的信息，从而产生错乱。就如同人们坐在行进中的汽车里没

图 7.6 虚拟游戏《重返恐龙岛》

有移动，而眼睛看到了车窗外后退的风景，从而导致晕车。

尽管还存在着众多的技术难题，但虚拟现实炫酷的技术在竞争激烈的游戏市场中还是得到了越来越多的重视和应用。可以说，电脑游戏自产生以来，一直都在朝着虚拟现实的方向发展，虚拟现实技术发展的最终目标已经成为三维游戏工作者的崇高追求。从最初的文字游戏，到二维游戏、三维游戏，再到网络三维游戏，游戏在保持其实时性和交互性的同时，逼真度和沉浸感正在逐步地提高和加强。

7.2.2 虚拟医疗保健应用

虚拟现实在医疗保健方面有着许多应用，大致上分为两类，一类是虚拟人体，这样的人体模型使医生更容易了解人体的构造和功能；另一类是虚拟手术系统，可用于指导手术的进行。本书将对虚拟人体、虚拟手术系统及其他医疗领域的应用进行介绍。

1. 虚拟人体的应用

虚拟人体在各个领域的应用越来越广泛，不仅可为医学研究、教学与临床等方面提供形象而真实的模型，为疾病诊断、新药研制和新医疗手段的开发提供参考，而且还在军事航天等高新领域发挥了重要作用。例如在军事医学应用上，可以用虚拟人来试验核武器、化学武器、生物武器的威力。现在的核爆炸试验都是利用动物进行的，试验前在离核爆中心的不同距离放置动物，核爆后再把动物收回来检验，通过查看对动物的损伤来推测对人体的损伤，这是不人道的。有了虚拟人体就可以通过对虚拟人体损伤的判断来推测对真实人体的损伤程度，如图 7.7 所示。

图 7.7 虚拟人体在军事方面的应用

2. 虚拟手术系统的应用

虚拟现实给现代医疗带来的最根本的改变在于脱离开真实人体给医生以及医学实习生提供一个虚拟操作的平台，这无论是在医疗实践中还是在医学教学中都有着至关重要、颠覆传统的意义。下面以虚拟内窥镜技术（Virtual Endoscopy，VE）为例介绍虚拟手术系统的应用。

1）VE 简介

VE 主要是利用医学影像数据作为原始数据来源，融合计算机图形学、可视化技术、图像处理技术和虚拟现实技术，以此来模拟传统光学内窥镜的一种新兴医疗技术手段。这项技术最大的优势在于克服了传统光学内窥镜需要插入人体，做接触式检查的方式，避免了患者在接受传统检查时所必须面临的痛苦。对虚拟内窥镜的研究主旨在于为医生提供诊断依据，除此之外，还可以应用于辅助诊断、手术规划以及医务工作者的培训等很多方面。

2）VE 的发展

VE 的发展大致分为三步。第一代 VE 是运用几何模型，生成解剖结构的 3D 几何形状，并附加一些简单的交互操作，产生较为粗糙的动画效果，这一代 VE 主要用于对医护人员的教学和培训。第二代 VE 是利用具有高分辨率的可视化人体数据，如 CT、MRI 等图像数据，产生较为逼真的图像效果，增加了真实感、视觉逼真性和临床实用性，目前 VE 正处在这一代的研究阶段。可预见的第三代 VE 在考虑了人体器官组织形状的同时，还将加入不同解剖组织的物理特性和生物特性，将会成为一个在物理上、生理上以及系统上都完全逼真的 VE 系统。

3）VE 的应用

目前，VE 主要应用在如气管、支气管、食管、胃、肠、血管、内耳及心脏等具有空腔结构的器官中。以虚拟腹腔镜训练系统为例，在整个操作过程中，PC 上运行的软件将全程记录操作者的操作时间、失误、漏检的腔体段数等。虚拟腹腔镜训练系统如图 7.8 所示。

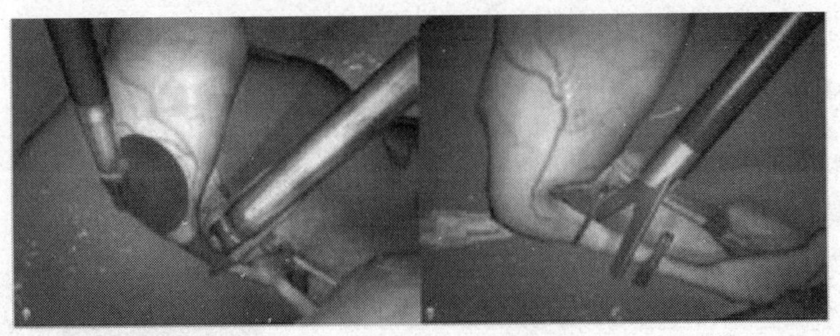

图 7.8 虚拟腹腔镜训练系统

3. 医疗保健其他领域的应用

在医疗保健其他领域方面，虚拟现实技术的应用也展现了十分重要的现实意义。

1）缓解疼痛

截肢患者最常见的烦恼就是幻肢痛，患者感到被切断的肢体仍在，且能够感觉在该处发生疼痛。美国的 DreamStream 公司经过 10 年的研究和临床试验表明，沉浸式虚拟现实可以显著减轻疼痛、缓解压力，有助于病人的康复。如图 7.9 所示，应用虚拟现实技术治疗一位患有慢性幻肢痛的病人，在治疗过程中研究人员使用头戴式耳机和一个传感器将患者带入虚拟现实的世界，患者可以感受到自己的肢体还在，并可以控制虚拟肢体从事某项工作或游戏，使其症状有所改善。

图 7.9　缓解疼痛

2）治疗认知障碍

对于认知障碍的治疗方面，虚拟现实可以使人沉浸在计算机实时产生的三维环境中，通过各种游戏反复训练，这样可以维持和提高患者的逻辑推理、思维、记忆、协调、注意力等认知功能。

3）治疗自闭症

利用虚拟现实技术可为自闭症儿童创造一个安全的虚拟教育环境以训练其各种技能，由于儿童与电脑互动存在乐趣，大大降低了其对陌生人与物的恐惧感，由此产生治疗效果。

举例来说，早在 20 世纪，在发达国家就有研究人员开展过一项个案研究，可以将幽闭恐怖症患者置身于多个虚拟的可以引起幽闭焦虑的情境中，要求患者在这些场景中停留 35～45 分钟进行测试。这些虚拟场景可以是一个 $10m^2$ 的阳台或者小花园，或是一个有窗户或门的 $20m^2$ 的屋子，还可以是一个墙壁可以移动，会使房间逐渐变小的房间等。在后续研究中，科研人员对 3 名幽闭恐怖症患者和一名惊恐障碍患者进行了虚拟现实暴露疗法治疗。研究结果显示，患者在所有的测量指标上症状都有所缓解，在实验 1～3 个月之后仍然能保持治疗效果。图 7.10 和 7.11 所示为一名害怕过桥的孩子在接受自闭症治疗以及在治疗后跟家人一起过桥的情景。

另外，虚拟现实技术在远距离遥控外科手术、复杂手术的计划安排、手术过程的信息指导、手术后果预测及改善残疾人生活状况以及新型药物的研制等方面都有十分重要的意义。

图 7.10 自闭症治疗中

图 7.11 自闭症治疗后

7.2.3 虚拟工程制造业应用

工程制造业是一个古老的行业,同时也是国民经济发展中一个不可缺少的行业。传统的计算机辅助设计和计算机辅助制造之间一直存在着数据信息传递不畅等问题,如果用计算机辅助工艺过程设计来解决这个问题仍存在许多技术难点,而虚拟工程制造技术以在计算机上制造数字化产品为目的则可以很好地解决这些问题。虚拟现实技术应用于工程制造业可缩短开发周期,减少费用。

例如美国克莱斯勒公司于 1998 年初便利用虚拟现实技术,在设计某两种新型车上取得突破,首次使设计的新车直接从计算机屏幕投入生产线,也就是说完全省略了中间的试生产。由于利用了卓越的虚拟现实技术,使克莱斯勒避免了 1500 项设计差错,节约了 8 个月的开发时间和 8000 万美元费用。克莱斯勒厂商利用虚拟现实技术帮助与会者身临其境地参观了自己的整车工厂。参观时,有兴趣的消费者可以坐进克莱斯勒展台内的 2015 版 Chrysler 200C,然后戴上 Oculus Rift 虚拟现实头盔配合语音介绍展开 4 分钟的整车工厂之旅。在消费者刚刚戴上这一虚拟现实头盔的时候,无论视线集中在哪个方向都会看到一辆车出现在视野中央区域。几秒钟之后,车辆会分解成多个不同的单元界面,而且全部悬浮在观看者的视野范围内。盯住其中一个单元就能够激活其中隐藏的短片,具体包括克莱斯勒位于美国密歇根州 Sterling Heights 装配工厂的车身车间、涂装车间和计量中心，综合展示车辆的整个制造过程，如图 7.12 所示。

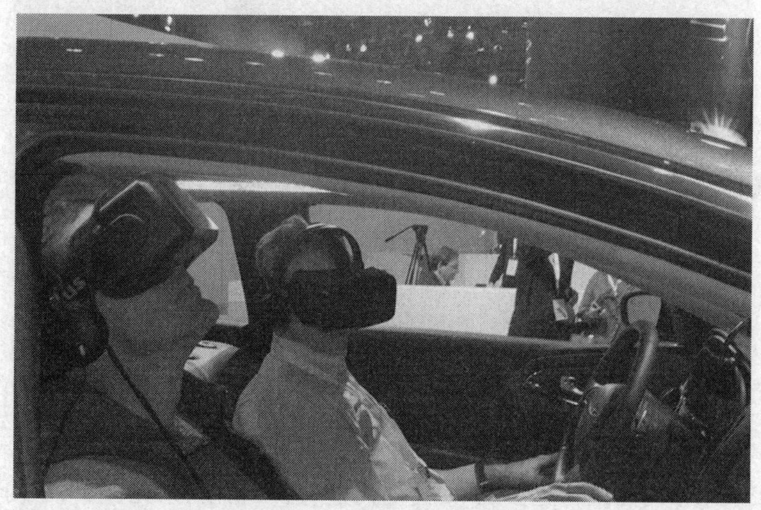

图 7.12　虚拟参观整车工厂

利用虚拟现实技术还可以进行汽车冲撞试验，不必使用真的汽车便可显示出不同条件下的冲撞后果。虚拟现实技术已经和理论分析、科学实验一起，成为人类探索客观世界规律的三大手段。用它来设计新材料，可以预先了解改变成分对材料性能的影响。在材料还没有制造出来之前便可以知道用这种材料制造出来的零件在不同受力情况下是如何损坏的。

7.2.4　虚拟城市规划应用

以下从城市规划、建筑及保护文化遗迹方面介绍虚拟现实技术的应用。

1. 城市规划

在城市规划方面，要高度考虑项目的关联性、复杂性和前瞻性，虚拟现实技术能够使城市规划相关部门全方位、实时互动地查看规划效果，更好地掌握城市的形态、理解规划师的设计意图，由此可以带来切实可观的效益。基于 GIS 技术的支持，应用虚拟现实技术规划的方案不但能够给用户带来强烈、逼真的感官冲击，获得身临其境的体验，还可以通过其数据接口在实时的虚拟环境中随时获取项目的数据资料，方便大型复杂工程项目的规划、设计、投标、报批和管理，有利于设计与管理人员对各种规划设计方案进行辅助设计与评审。

虚拟现实技术可以广泛应用在城市规划的各个方面，尤其是在道路桥梁、高速公路与桥梁建设等方面。用户可以应用虚拟现实技术对道路桥梁的各项技术指标进行实时地查询，还可以查看到道路周边的多媒体信息，如图 7.13 所示。

2. 建筑

在建筑方面，虚拟现实技术能够将室内环境进行最大程度的实景还原，对房地产业而言，这项技术未来最大的应用可能出现在家装行业。它能实现毛坯房的预装修，让观看者根据实景效果来选择家装设计。在建筑工程投标时，把设计的方案用虚拟现实技术表现出来，

图 7.13 道路桥梁

便可把业主带入未来的建筑物里参观,如门的高度、窗户朝向、采光多少、屋内装饰等,都可以感同身受。使用虚拟现实技术展现这类商品的魅力远远比单用文字或图片宣传更加有吸引力。运用虚拟现实技术,设计者可以完全按照自己的构思去构建装饰“虚拟”的房间,并可以任意变换自己在房间中的位置,去观察设计的效果,直到满意为止。这既节约了时间,又节省了做模型的费用,如图 7.14 所示。

图 7.14 室内设计

3. 文化遗迹的保护

在保护文化遗迹方面,利用虚拟现实技术,结合网络技术,可以将文物的展示及保护提高到一个崭新的阶段。人们已经开始研究使用虚拟现实技术来保护珍贵的人类文化遗产工作。虚拟现实技术使用计算机重建各种景观的三维模型已经不存在技术障碍了,主要的困难是要取得足够详细和精确的数据来建立框架,然后在生成模型的时候进行大量的计算,得到最终模型,如图 7.15 所示。

还可以利用虚拟现实技术来提高文物修复的精度,同时通过网络全面、生动、逼真地展示文物,从而使文物脱离地域限制,实现资源共享,真正成为全人类的文化遗产。

图 7.15　文化遗迹模型

7.2.5　虚拟军事应用

在军事方面，美空军使用虚拟现实技术研制的飞行训练模拟器，能产生视觉控制，处理三维实时交互图形，并且具备图形以外的声音和触感，不但能训练飞行员以正常方式操纵和控制飞行器，还能使其处理虚拟现实中飞机以外的各种情况，如气球的威胁、导弹的发射轨迹等，如图 7.16 所示。

图 7.16　飞行模拟

在虚拟作战环境中，可以使众多军事单位参与到模拟作战中来，而不受地域的限制，从而大大提高战役训练的效益；还可以评估武器系统的总体性能，启发新的作战思想。例如美国海军开发的虚拟舰艇作战指挥中心能逼真地模拟真实的舰艇作战指挥中心，模拟效果与真实环境非常相似，生动的视觉、听觉和触觉效果，使受训军官能够沉浸于“真实的”战场之中。1991 年海湾战争开始前，美军便把海湾地区各种自然环境和伊拉克军队的各种数据输入计算机内，进行各种作战方案模拟后才定下初步作战方案，后来实际作战的发展和模拟实验结果相当一致。

虚拟现实技术可以在很大程度上解决真实作战训练中的许多实际问题，目前虚拟现实技术在军事领域的应用主要有以下几个方面。

1. 虚拟战场环境

采用虚拟现实技术可使受训者在视觉和听觉上真实体验战场环境、熟悉将作战区域的环境特征。用户通过必要的设备可与虚拟环境中的对象进行交互作用、相互影响，从而产生"沉浸"于等同真实环境的感受和体验。

2. 单兵模拟训练与评判

可设置不同的战场背景，给出不同的作战情况，受训者可通过立体头盔、数据服和数据手套做出相应的战术动作，输入不同的处置方案，体验不同的作战效果，进而像参加实战一样，锻炼和提高战术水平、快速反应能力和心理承受力，如图 7.17 所示。

图 7.17　模拟训练

3. 诸军种联合虚拟演习

可建立"虚拟战场"，使参战双方同处其中，根据虚拟环境中的各种情况及其变化，实施"真实的"对抗演习；还可以评估武器系统的总体性能，启发新的作战思想。

4. 进行指挥员训练

利用虚拟现实技术，根据侦察得来的资料合成出战场全景图，让受训指挥员通过传感装置观察双方兵力部署和战场情况，以便判断敌情，制定正确的作战方针。

综上所述，将虚拟现实技术应用于军事领域，可以减少人员、物资的损耗，提高军事训练的效率。

7.2.6 虚拟娱乐与社交网络应用

下面介绍虚拟现实技术在娱乐和社交网络等领域的应用。

1. 影视

在影视方面，虚拟现实技术的影视作品能够实现大屏覆盖全眼，搭配立体声光效果，为观众提供“身临其境”的感受。例如 NextVR 是最具潜力的虚拟现实内容生产商之一，其目标是用 3D 虚拟现实技术直播盛大的体育赛事。2015 年 10 月份，NextVR 在三星 Gear VR 的应用程序中转播了一场完整的 NBA 赛事。虽然视角仅仅是 180°，但是足以为用户提供精彩的体验。由 NextVR 直播的其他赛事还包括美国高尔夫球公开赛和美国纳斯卡车赛。2016 年的圣丹斯电影节已经展示了 30 支虚拟现实短片以及三部完整的虚拟现实影片；娱乐频道可以利用虚拟现实全景技术网络直播娱乐节目或晚会现场，360°全方位真实还原现场，观众可以在直播页面上随意拖拽鼠标，来同步发现现场任何角落的动态。

虚拟现实技术不仅创造出虚拟场景，而且还创造出虚拟主持人、虚拟歌星、虚拟演员。在 2001 年的时候，我国首位虚拟电视主持人的“言东方”首次与观众见面，他在天津电视台主持《科技周刊》节目，如图 7.18 所示。

我国 2015 羊年春晚舞台上也应用了虚拟现实技术，让吉祥物阳阳担当虚拟主持人，如图 7.19 所示。在虚拟演播室的基础上，将节目中的主持人由真人替换为虚拟的角色，形成了这种新的节目表现形式。它既可以将虚拟主持人放于虚拟的场景中，形成“虚拟场景＋虚拟人”的模式，也可以将虚拟的主持人置于真实的生活场景中，形成“真实场景＋虚拟人”的模式。

图 7.18 虚拟主持人“言东方”

图 7.19 虚拟主持人阳阳

近期日本电视台也推出一位虚拟歌星，不仅歌声迷人而且风度翩翩，已吸引大批歌迷，美国迪斯尼公司也准备陆续推出虚拟演员。

2. 新闻

沉浸式新闻(Immersive Journalism)是虚拟现实技术应用范畴内的一个新兴领域，其功能是以第一人称的视角进行新闻报道或是播放纪录片，它使用 3D 游戏和虚拟现实技术给使用者创造一种“存在感”，能够使其亲身经历事件发生的过程。例如总部位于加利福尼亚州的 Emblematic Group 利用沉浸式新闻应用，将用户送至虚拟世界，给用户提供看待现实社会问题的新视角，如关塔那摩监狱人权侵犯问题、叙利亚战争以及当代美国最底层无家可归者的现状。这种阅读方式让人们可以感同身受，对内容产生更进一步的理解。

有一则沉浸式新闻报道了墨西哥移民的苦难命运。虽然读者知道人物、环境都是虚拟的，但是随着新闻情节的发展，目睹一个戴着手铐的男子被残忍地殴打，而读者作为一个旁观者什么都做不了，这种沉浸感带给读者的绝对是非同一般的体验，如图 7.20 所示。

图 7.20 沉浸式新闻

3. 旅游

虚拟旅游，指的是建立在现实旅游景观的基础上，利用虚拟现实技术，构建一个虚拟的三维立体旅游环境，使游客足不出户，就能在三维立体的虚拟环境中游览世界各地的风光美景，形象逼真，细致生动。游客还可以通过虚拟现实技术事先制定好旅游攻略，实现更加合理的旅游路线规划，了解全球各地名胜古迹的文化底蕴。通过以往的查阅书籍或观看视频了解旅游景点，游客总有点置身事外的感觉，但使用虚拟现实技术，游客就能够置身于虚拟景点内进行体验。

去年万豪酒店推出了虚拟旅游活动，游客戴上虚拟头盔就可以参观伦敦市中心或是徜徉夏威夷海滩，甚至感受微风与阳光，如图 7.21 所示。

图 7.21 虚拟旅游

旅游将成为虚拟现实未来重要的发展方向之一，这并不是说人们不再需要亲身旅行，而是可以借助虚拟现实技术来实现预览、规划、演示的目的，能够更轻松地制定行程和计划。同时，也能够让人们探索一些无法企及的目的地。

4. 社交网络

在社交网络方面，用户目前已经可以通过 Facebook 网络分享一些 360°视频，而我们还期待 Facebook 能提供给用户更加深入的虚拟现实体验，使用户可以通过虚拟现实技术与真人交谈，而不是电脑模拟出来的人物形象，对方可以在用户身边走动，能够跟用户进行眼神交流，使用户真真切切地感受到对方在场。

7.2.7 虚拟商业应用

在商业应用方面，虚拟现实技术常被用于推销。电子商务一开始是用鼠标和键盘作为主要的硬件交互，而后虚拟现实技术提供了更多的交互作用和身体控制机制，例如声音、手势、动作和眼睛移动路径，这样就可以提供包罗万象的空间，让用户沉浸其中。下面通过实例来说明虚拟现实技术在商业方面的应用。

1. 家居

连锁家装公司劳氏在全美各地的 19 家店铺内开设了一块虚拟体验空间，消费者能看到自己家装修完成后的 3D 模拟效果图。这个模拟空间名为 Holoroom，能根据不同顾客需求改变房间大小、内置装置、颜色和外装。消费者向劳氏公司提供要装修房间的尺寸，之后就能从几千种劳氏公司的产品中选择合适的应用进行房屋布置。随后，消费者将会在虚拟环境下查看这些产品的设计与安排是否和谐并能随时进行调整，直到满意为止。而最终的设计方案也能在家中使用 Google Cardboard 在 Youtube360 网站上观看，Google Cardboard 则能在店内通过售货机免费派送。

宜家家居借助 Vive 实现完整的沉浸式虚拟现实体验。宜家家居推出的虚拟现实厨房应用 IKEA VR Experience 可以让消费者在购买前尝试多种家装的设计方案，甚至可以与全球的消费者一起分享创意。通过此应用，用户不仅可以调整橱柜颜色打造个性的虚拟橱柜，也可以调整视角高度及时发现隐藏的安全隐患，如图 7.22 所示。

图 7.22　宜家厨房设计虚拟图

2. 汽车

在汽车销售领域中，2012 年奥迪公司就把一些基本的虚拟现实技术融入到经销商的服务中去。在各个小房间的数码能源墙里 3D 展示了各系汽车，每个车都和真车是 1∶1 大小,用户可以通过脚步的移动进行体感控制,选择感兴趣的部件,能源墙会为用户依次拆解介绍各个部件的技术参数。奥迪在零售环节的最新产品,被称作"公文包里的经销商",用户只要穿戴上 VR 设备,就可以在虚拟场景中查看奥迪整个产品矩阵的车型。选定型号后用户可以随意进出汽车,设备根据看车人的主观操作告知参数。系统也提供个性化设置,包括车身颜色、车内皮革以及车内娱乐信息系统的自选定制,如图 7.23 所示。

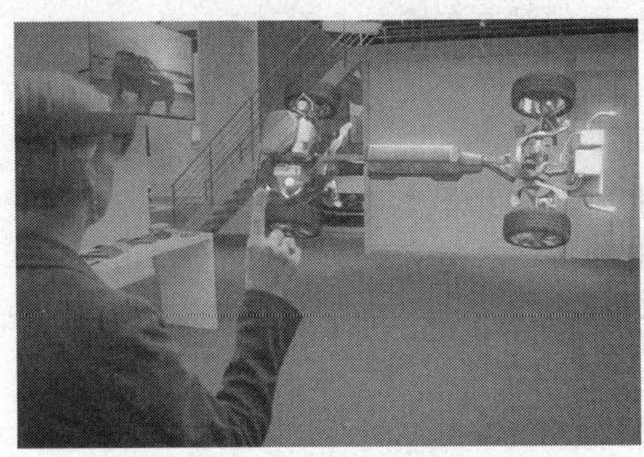

图 7.23 虚拟汽车展示

3. 航空

英国维珍航空已经开始使用虚拟现实技术让用户体验头等舱服务,客户反映良好。因为平面照片的感觉非常苍白,而虚拟现实则更身临其境,能够带来更多情感上的互动,能够更好地向用户呈现商家提供的服务,如图 7.24 所示。

图 7.24 体验头等舱

4. 服装

著名运动品牌北面(The North Face)利用 VR 技术给用户最真实的户外体验,他们与虚拟现实影视内容制作公司 Jaunt Studios 合作,使用户体验北面运动员如何完成一个完整的攀岩过程。让用户 360°全景无死角地体验雪山环境,刺激用户试穿各种服装和装备,展示了北面为远距离徒步运动所设计的最顶级的装备。北面和 Jaunt Studios 的这次合作是零售品牌首次运用 VR 技术来帮助提高商品的销售,如图 7.25 所示。

而随着技术的成熟,消费者在购物时就可以实现在家中通过虚拟现实设备试穿衣服,从而极大降低在线购物的退换货率,提升效率和销售额。所以,销售商努力研发虚拟现实技术,就是为了给顾客提供更多的优质服务,因为 VR 这样的高端科技带来的娱乐体验是普通电脑无法给予的。

图 7.25　户外体验

7.2.8　虚拟教育应用

在教育方面，虚拟现实技术的应用模式大致分为两类，一类是虚拟课堂，即以学生为虚拟对象或教师为虚拟对象的虚拟学校；另一类是虚拟实验室，即应用计算机建立能客观反映现实世界规律的虚拟仪器，以仪器设备为虚拟对象。学生和科研人员还可以在虚拟实验室中进行虚拟实验和虚拟预测分析。

以虚拟课堂为例，其教育的宗旨是不仅让学生掌握理论知识，更要注重实践能力的培养。传统的教学方式不容易表达抽象理论知识，许多实践性强的教学内容在教学过程中难以实现，这些矛盾都会在某种程度上影响教学质量。而虚拟现实技术的提出为这些教学矛盾提供了解决方法和途径。利用虚拟现实技术进行辅助课堂教学，可以使学生全身心投入到虚拟环境中，与环境中的各种对象相互融合，能够更加深入地学习所学课程。学生还可以通过使用具有交互性的模拟设备实现对虚拟环境的操作，从而进行实践练习。例如教师介绍物理学中的重力章节，可以让学生在虚拟场景中往深坑跳下去，真真切切地去体验和感受重力；如果小学生想探秘海底动物之间的关系，可以通过虚拟现实创造出一片海洋，让孩子们在海底畅游，去探索海底动物关系及海流变化等。这种学习记忆的效果是非常深刻的。在医学院校，学生可通过虚拟实验室进行反复的尸体解剖和各种手术练习，从而降低培训和学习费用，如图 7.26 所示。

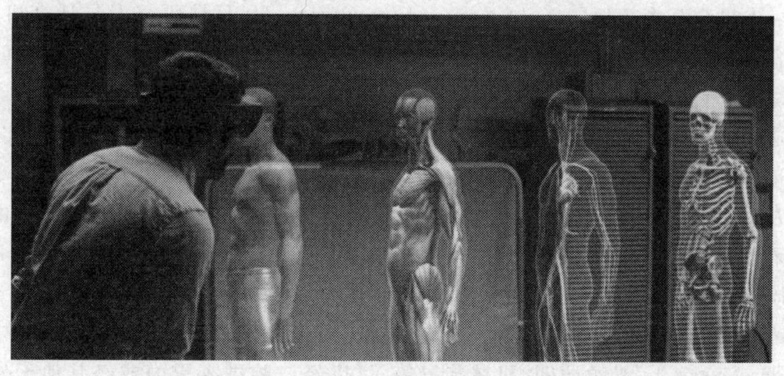

图 7.26　虚拟课堂教育

7.3 虚拟现实技术应用的未来发展

虚拟现实技术应用的未来发展潜力是巨大的，但是目前也存在一些需要克服的问题。一方面是其硬件设备的价格目前并不亲民，高端虚拟现实头盔需要高性能 PC 的支持，但是现在的很多 PC 性能显然跟不上。另一方面，目前的虚拟现实设备连接的数据线过多，这些数据线有的连接配件，有的连接 PC，过多的有线连接非常影响用户体验的效果。随着技术的不断革新，未来虚拟现实设备的价位必将有下滑的趋势，这对于硬件的普及是至关重要的。

随着三维技术的快速发展和软硬件技术的不断进步，虚拟现实技术在未来的发展是不可限量的，拥有极其广阔的应用空间。在不远的将来，技术成熟的虚拟现实技术必将为人类的各行各业做出新的更大的贡献。将虚拟现实技术融入人们的生活，可以帮助人们模仿许多高成本的、对人有危险的或目前尚未出现的真实环境，人们可利用它进行分析研究、仿真操作及改进设计等，使人们更好地体验真实的世界。随着这项技术的深入发展和普及，人们的生活体验会变得更加丰富多彩。

本章小结

本章主要介绍了虚拟现实技术的应用，虚拟现实技术已经与各行各业结合，实现了广泛的应用和快速发展。虚拟现实技术与网络技术、多媒体技术的深度融合，必将具有更加广阔的应用领域和发展前景。对其需要紧密关注，大胆应用，从而为人们的未来增添强大的生命力。

【注释】

1. HMD：头戴式可视设备(Head Mount Display)，头戴虚拟显示器的一种，又称眼镜式显示器、随身影院。
2. GIS：Geographic Information Systems，又称地理信息系统，是一门综合性学科，结合地理学与地图学，已经广泛地应用在不同的领域，是用于输入、存储、查询、分析和显示地理数据的计算机系统。
3. SGI：SGI 是一个具有工作站、服务器和存储系统以及媒体商务解决方案的公司，采用 SGI 服务器，可利用其非凡的计算能力帮助人们解决最为棘手的问题。SGI 公司现在简称 sgi，其中 s 代表服务器，超级计算机；g 代表图形工作站；i 代表具有突破性的洞察力。
4. 人机交互系统：人机交互系统(Human-Computer Interaction，HCI)是研究人与计算机之间通过相互理解的交流与通信，在最大程度上为人们完成信息管理、服务和处理等功能，使计算机真正成为人们工作学习的和谐助手的一门技术科学。
5. NASA：美国国家航空航天局，是美国联邦政府的一个行政性科研机构，负责制定、实施美国的民用太空计划与开展航空科学暨太空科学的研究。
6. 视野：是指在人的头部和眼球固定不动的情况下，眼睛观看正前方物体时所能看得见的空间范围，静视野眼睛转动所看到的范围称为动视野，常用角度来表示。
7. 内耳平衡：人体维持平衡，顺利完成走路、跑步、各种姿势主要是靠内耳的平衡功能。
8. 内窥镜：内窥镜是集传统光学、人体工程学、精密机械、现代电子、数学、软件等于一体的检测仪器。它具有图像传感器、光学镜头、光源照明、机械装置等，可以经口腔进入胃内或经其他天然孔道进入体内。利用内窥镜可以看到 X 射线不能显示的病变，因此它对医生非常有用。

9. 计算机辅助设计(Computer Aided Design,CAD):利用计算机及其图形设备帮助设计人员进行设计工作。

10. 计算机辅助制造(Computer Aided Manufacturing,CAM):是指在机械制造业中,利用电子数字计算机通过各种数值控制机床和设备,自动完成离散产品的加工、装配、检测和包装等制造过程。

11. 计算机辅助工艺过程设计(Computer Aided Process Planning,CAPP):是利用计算机来进行零件加工工艺过程的制订,把毛坯加工成工程图纸上所要求的零件。它是通过向计算机输入被加工零件的几何信息(形状、尺寸等)和工艺信息(材料、热处理、批量等),由计算机自动输出零件的工艺路线和工序内容等工艺文件的过程。

12. Vive:HTC Vive是由HTC与Valve联合开发的一款VR虚拟现实头盔产品。由于有Valve的SteamVR提供的技术支持,因此在Steam平台上已经可以体验利用Vive功能的虚拟现实游戏。

13. Google Cardboard:是一个以透镜、磁铁、魔鬼毡以及橡皮筋组合而成,可折叠的智能手机头戴式显示器,可提供虚拟实境体验。

14. Emblematic Group:致力于打造沉浸式新闻的虚拟现实公司,通过虚拟现实设备,让人们亲身体验到真实的社会问题。

15. 配件:指装配机械的零件或部件,或损坏后重新安装上的零件或部件。配件可以分为两类:标准配件和可选配件。

第8章 虚拟现实技术的相关软件

导学

1. 内容与要求

本章主要介绍实现虚拟现实技术的相关软件。其中包括常见的三维建模软件、虚拟现实开发平台以及 Web3D 技术。

三维建模软件中要了解 3ds Max、Maya、Autodesk 123D 和开源的 3D 建模软件 Blender 的功能与特点。

虚拟现实开发平台要了解 Unity3D、Virtools 和虚拟现实平台 VRP 的功能与特点。

Web3D 技术中要掌握 Web3D 技术的相关概念，了解 VRML、Java3D 和 Cult3d 3 种技术。

2. 重点、难点

本章的重点和难点是对不同的三维建模软件、虚拟现实开发平台和 Web3D 技术进行比较，分析各自的功能和特点。

虚拟现实技术的相关软件在虚拟现实开发过程中承担着建立三维场景、实现交互以及开发应用功能等方面的任务。相关的软件有多种，但三维建模软件、虚拟现实开发平台和 Web3D 技术是其中不可或缺的部分。

8.1 三维建模软件

三维建模软件能够提供虚拟现实中所需要的各种三维模型。目前较为常用的包括 3ds Max、Maya、Autodesk 123D 以及 AutoCAD 等，使用这些软件可以把复杂的建模过程变得简单，并且易于理解。

另外还有一些开源的 3D 建模软件，用户可以自由使用它们，例如 Blender、Art of Illusion、Ayam、K-3D、ORGE 和 SDL 等。

三维建模软件具有一些共同的特点：它们一般都是利用一些基本的几何元素，如立方体、球体等，通过几何操作，如平移、旋转、缩放、布尔运算等来构建复杂的几何场景。

在构建三维模型时主要应用的建模方法有：几何建模(Geometric Modeling)、行为建模(Kinematic Modeling)、物理建模(Physical Modeling)、对象特性建模(Object Behavior)以及模型切分(Model Segmentation)等。几何建模的创建与描述是虚拟场景造型的重点。

8.1.1　3ds Max

3ds Max是基于PC系统的三维动画制作和渲染软件，具有三维建模、材质制作、灯光设定、摄像机使用、动画设置及渲染等功能。

与其他建模软件相比，3ds Max具有以下优势。

(1) 它有非常好的性能价格比，而且对硬件系统的要求相对来说也很低，一般PC普通的配置就可以满足学习的要求。

(2) 它的制作流程非常简洁，制作效率高，对于初学者来说很容易进行学习。

(3) 它在国内拥有最多的使用者，便于大家交流学习心得与经验。

在应用方面，3ds Max广泛应用于广告、影视、工业设计、建筑设计、三维动画、多媒体制作、游戏、辅助教学以及工程可视化等领域。

关于3ds Max软件的学习在第9章将详细讲解。

8.1.2　Maya

Maya是一款世界顶级的三维动画软件，由Autodesk公司所出品。Maya功能完善，操作灵活，易学易用，制作效率高，渲染真实感强。同时Maya也是三维建模、游戏角色、动画、电影特效渲染的高级制作软件。如图8.1所示为Maya 2013软件的操作界面。

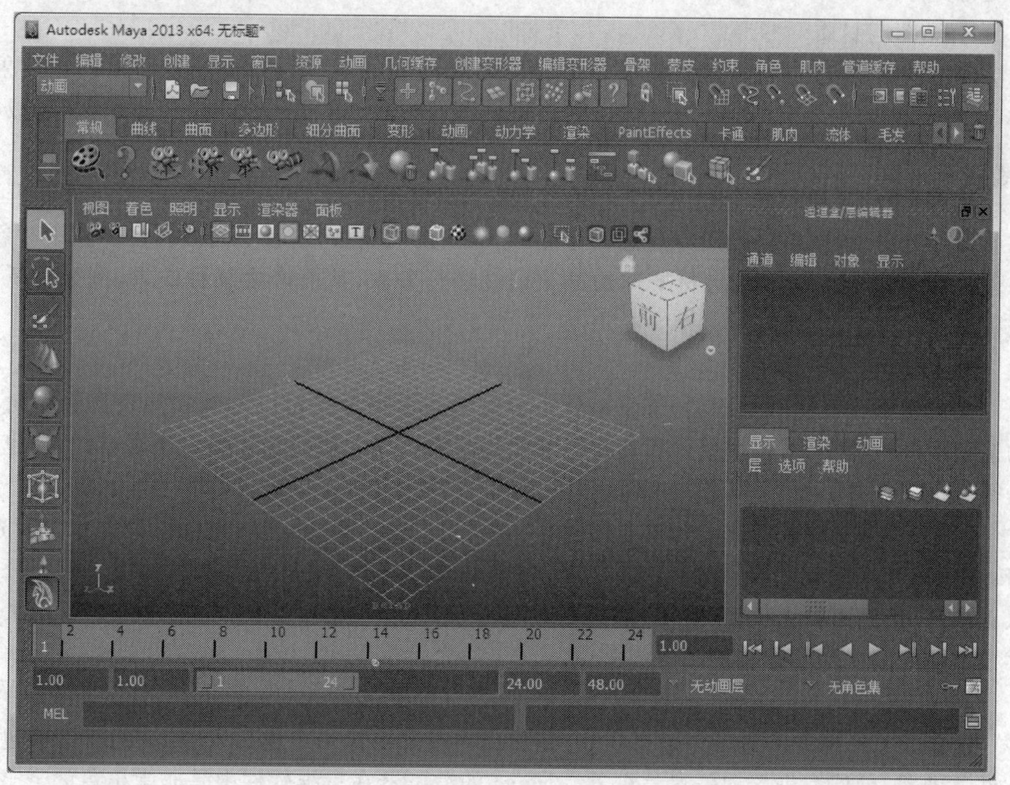

图8.1　Maya 2013操作界面

1. Maya 的主要功能

Maya 为建模、贴图与材质、灯光与摄影机、渲染、动画等方面提供了强大的工具集。Maya 中的菜单是以菜单组的形式出现的，每个菜单组对应一个软件模块，如图 8.1 所示为动画模块。Maya 中的菜单模块有：Animation(动画)、Polygons(多边形)、Surfaces(曲面)、Dynamics(动力学)、Rendering(渲染)和自定义。菜单栏中显示的菜单项根据菜单模块的不同也是不同的，分为固定菜单(前 7 项)和模块菜单(模块不同显示的菜单不同)两种。

1) 建模

在 Maya 中，建模主要包括 Polygon(多边形)建模和 NURBS(曲面建模)。

Polygon(多边形)建模能创建出可以想象到的任何物体。所谓的多边形就是三角形、四边形、五边形等。多边形建模的优势在于对模型的造型很容易控制，在材质、动画等后续环节制作上也很方便。

NURBS(曲面建模)是“非统一均分有理性 B 样条”的意思，英文全称为 Non-Uniform Rational B-Splines。简单地说，NURBS 就是专门制作曲面物体的一种造型方法。NURBS 建模是由曲线和曲面来定义的，所以用它可以做出各种复杂的曲面造型，表现特殊的显示效果，如人的皮肤、面貌或流线型的跑车等。

此外还有细分表面(Subdiv Surfaces)建模，该功能可以让使用者对模型的细节调整操作变得更方便。

2) 贴图与材质

模型创建后要对其进行贴图，其目的是丰富模型的细节，增加真实感，增强视觉效果。Maya 中的贴图主要有不透明度贴图、棋盘格贴图、位图贴图、渐变贴图、平铺贴图、衰减贴图等 13 种贴图方式。

Maya 中的材质有两个概念，一个是材(Shader 材质球)，另一个是质(Texture 纹理)。材质球作为材质的载体，是对象质感的基础，它有不同的类型，也有不同的属性和应用对象。纹理一般是以节点的形式与材质球的某个属性进行关联，从而产生某种效果，例如生锈的铁板。

3) 灯光与摄影机

当模型附完材质和贴图后，接下来就是打灯光。通过灯光可以刻画和体现场景中对象的造型、材质、体积，并将场景中所有组件有机地呈现出来。同时还需要一个观察视角，也就是摄像机的位置。

Maya 中可设置的灯光类型有：环境光、方向光、点光、聚光、区域光(面积光)和体积光。Maya 中有 4 个默认基本摄像机，包括 Front、Side 和 Top 3 个视图的摄像机，用于模拟分别从正前面、正侧面和正顶面(俯视)来观看的场景模型。还有一个 Persp(透视)视图用来观察模型在空间中的整体比例和透视关系。

4) 渲染

渲染是 CG 制作的最后一道工序，它使作品看起来更像一个成品。Maya 的渲染器包括软件渲染器、硬件渲染器和矢量渲染器。Maya 的渲染器在三维软件中是非常出色的。

5) 动画

在 Maya 中创建一个对象后，它的所有节点属性，包括模型的各种组成元素、灯光、材质等都可以记录成动画。Maya动画包括关键帧动画、路径和约束动画、驱动属性动画、表达式动画和动力学动画等。

除此之外，Maya还拥有环境和效果设置、粒子系统、动力学以及毛发系统等功能。

2. 应用领域

因为Maya软件的强大功能可以帮助设计师、广告主、影视制片人、游戏开发者、视觉艺术设计专家及网站开发人员们将他们的作品提升到更高的层次，所以Maya软件受到大家的推崇。

1）影视动画

Maya最多的应用在于电影特效方面。使用Maya制作的影视作品有很强的立体显示感，并且会产生惊人的逼真效果。众多好莱坞大片都对Maya特别眷顾，Maya的代表作有：《星球大战》系列、《指环王》系列、《蜘蛛侠》系列、《哈利·波特》系列、《木乃伊归来》、《最终幻想》、《精灵鼠小弟》、《马达加斯加》、《金刚》、《X战警》以及《魔比斯环》等，可以看出Maya技术在电影领域的应用越来越趋于成熟。

2）平面设计辅助、印刷出版和说明书

随着3D图像设计技术的不断成熟，人们都转向利用3D技术来表现产品，而Maya就是最好的选择。设计师为了让自己的设计作品脱颖而出，一般会在自己的作品中加入Maya的特效技术，然后再进行作品的打印，这样就大大地增进了平面设计产品的视觉效果。同时Maya的强大功能可以更好地开阔平面设计师的应用视野，让很多以前不可能实现的技术，能更好地表现出来。

除此之外，Maya在电视栏目包装、电视广告、游戏动画制作、机械设计、建筑等方面的应用更是不胜枚举。

3. Maya和3ds Max的区别

Maya和3ds Max两者之间并无优劣之分，但用途却有不同，如表8.1所示。

表8.1　Maya和3ds Max的区别

Maya	3ds Max
高端3D软件	中端软件，遇到一些高级需求时(如角色动画/运动学模拟)远不如Maya强大
应用层次更高	属于普及型三维软件
G功能十分全面，从建模到动画，再到速度，都非常出色	拥有大量的插件，完成工作的效率是最高的

8.1.3　Autodesk 123D

Autodesk 123D是特克公司发布的一套非常神奇的建模软件，该系列有6款工具，包括123D Catch、123D Make、123D Sculpt、123D Creature、123D Design以及Tinckercad。如图8.2所示为Autodesk 123D的操作界面。

Autodesk 123D生成3D模型的方式有多种，而且不需要复杂的专业知识，只需要简单

图 8.2 Autodesk 123D 操作界面

地为物体拍摄几张照片，它就能轻松自动地为其生成 3D 模型。Autodesk 123D 还可以从身边的环境中迅速、轻松地捕捉三维模型，制作影片，然后上传，甚至还可以将自己的 3D 模型制作成实物艺术品。并且 Autodesk 123D 还是完全免费的，让人们很容易使用它。

1. 123D Catch

123D Catch 利用云计算的强大能力，可将数码照片迅速转换为逼真的三维模型。通过该应用程序，使用者可以在三维环境中轻松捕捉自身的头像或场景。同时，该应用程序还带有内置共享功能，可供用户在移动设备及社交媒体上共享短片和动画。

2. 123D Make

当 3D 模型制作好之后，就可以利用 123D Make 将它们制作成实物了。它能够将数字三维模型转换为二维切割图案，用户可以使用硬纸板、木料、布料、金属或塑料等低成本材料将这些图案拼装成实物。

3. 123D Sculpt

123D Sculpt 是一款运行在 iPad 上的应用程序，使用它可以轻松地制作出属于自己的雕塑模型，并且可以在这些雕塑模型上绘画。123D Sculpt 也内置了许多基本形状和物品，例如圆形和方形、人的头部模型、汽车等。

4. 123D Creature

123D Creature 是一款基于 iOS 的 3D 建模类软件，用户可根据自己的想象来创造各种生物模型。无论是现实生活中存在的物体，还是想象中的怪物，都可以用 123D Creature 创造出来。同时，123D Creature 已经集成了 123D Sculpt 所有的功能，是一款比 123D Sculpt 更强大的 3D 建模软件。

5. 123D Design

123D Design 是一款免费的 3D CAD 工具，使用者可以用一些简单的图形来设计、创建、编辑三维模型，或者在一个已有的模型上进行修改。利用 123D Design 创建模型就像是在搭积木，使用者可以随心所欲地进行建模。

6. Tinkercad

Tinkercad 是一款发展成熟的网页 3D 建模工具。它有供用户学习的 3D 建模教程，指导用户使用 Tinkercad 进行建模。在功能上，Tinkercad 和 123D Design 非常接近，但是 Tinkercad 的设计界面色彩鲜艳可爱，操作更容易，很适合少年儿童进行建模使用。

8.1.4　Blender

Blender 是一款开源的跨平台全能三维动画制作软件，可提供从建模、动画、材质、渲染、到音频处理、视频剪辑等一系列动画短片制作解决方案。

Blender 拥有不同工作环境下使用的多种用户界面，内置绿屏抠像、摄像机反向跟踪、遮罩处理、后期合成等高级影视解决方案。同时它还内置有卡通描边(FreeStyle)和基于 GPU 技术的 Cycles 渲染器。如图 8.3 所示为 Blender 的操作界面。

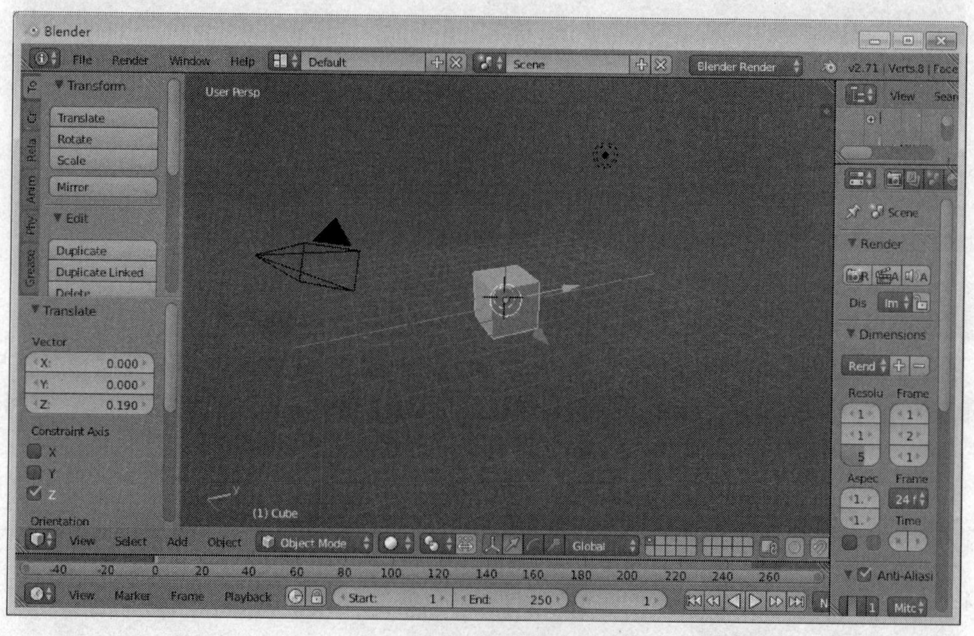

图 8.3　Blender 操作界面

Blender 不仅支持各种多边形建模，也能制作动画，还可以进行 3D 可视化，同时也可以创作广播和电影级品质的视频，另外内置的实时 3D 游戏引擎，可以制作独立回放的 3D 互动内容。

Blender 的主要功能有以下几个方面。

(1) 提供了全面的 3D 创作工具，包括建模(Modeling)、UV 映射(UV-Mapping)、贴图(Texturing)、绑定(Rigging)、蒙皮(Skinning)、动画(Animation)、粒子(Particle)和其他系统的物理学模拟(Physics)、脚本控制(Scripting)、渲染(Rendering)、运动跟踪(Motion Tracking)、合成(Compositing)、后期处理(Post-Production)和游戏制作。

(2) 支持跨平台操作。它基于 OpenGL 的图形界面，在任何平台上都是一样的，例如 Windows(XP、Vista、7、8)、Linux、OS X 等众多操作系统。

(3) 快速高效的创作流程。

(4) 体积小巧，便于发布。

通过 Blender 创作的作品，再通过 CC(Creative Commons)协议发布，所有人都可以下载该作品或其源文件，还可以修改后重新发布。例如开源电影“芒果计划 Mango”。该电影于 2012 年 9 月 26 日正式发布，片长 12 分钟。该电影的特点是采用真人表演、特效结合的路线，旨在演示开源 3D 图形软件所包含的虚拟视觉特效能力。如图 8.4 所示为 Mango 官网。

图 8.4 Mango 官网主页

此外还有开源游戏，例如杏仁计划(Apricot)。在这款开源游戏中玩家可以在游戏中控制邪恶的啮齿动物羊羊，在森林里探索和寻找其他动物。如图 8.5 所示为 Apricot 官网。

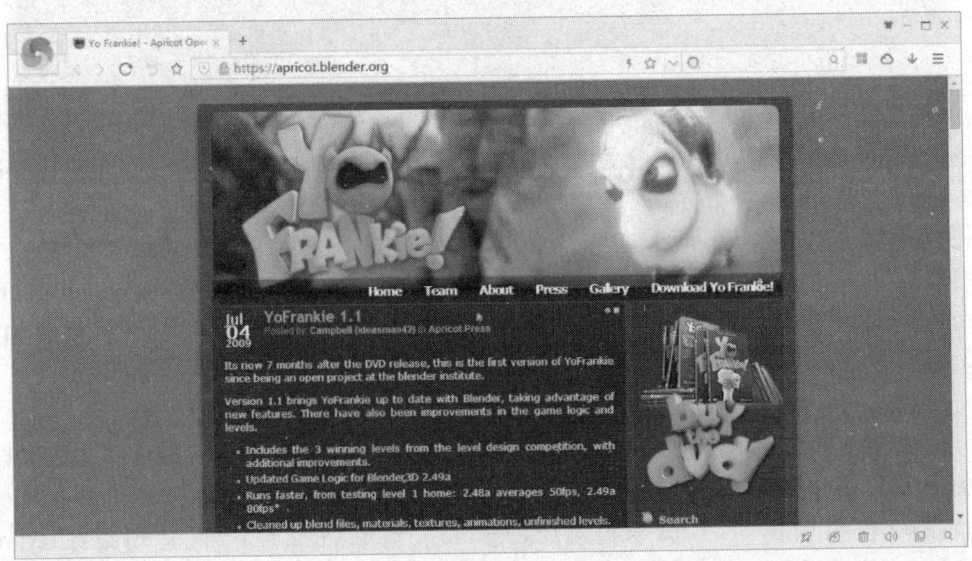

图 8.5 Apricot 官网主页

上述只是列出了三维建模软件中的一部分，还有很多出色的三维建模软件在其各自的应用领域发挥着各自的作用。随着各种三维建模软件功能的不断完善，其产品的应用领域也会越来越广。

8.2 虚拟现实开发平台

虚拟现实开发平台具有对建模软件制作的模型进行组织显示，并实现交互等功能。目前较为常用的包括国外的 Unity3D、Virtools、Converse3D、Quest3D 等，另外还有国内的 VRP 虚拟现实编辑器等。

虚拟现实开发平台可以实现逼真的三维立体影像，实现虚拟的实时交互、场景漫游和物体碰撞检测等。因此，虚拟现实开发平台一般具备以下基本功能。

1. 实时渲染

实时渲染的本质就是图形数据的实时计算和输出。一般情况下，虚拟场景实现漫游则需要实时渲染。

2. 实时碰撞检测

在虚拟场景漫游时，当人或物在前进方向被阻挡时，人或物应该沿合理的方向滑动，而不是被迫停下，同时还要做到足够精确和稳定，防止人或物穿墙而掉出场景。因此，虚拟现实开发平台必须具备实时碰撞检测功能才能设计出更加真实的虚拟世界。

3. 交互性强

交互性的设计也是虚拟现实开发平台必备的功能。用户可以通过键盘或鼠标完成虚拟场景的控制，例如可以随时改变在虚拟场景中漫游的方向和速度、抓起和放下对象等。

4. 兼容性强

软件的兼容性是现在软件必备的特性。大多数的多媒体工具、开发工具和 Web 浏览器等，都需要将其他软件产生的文件导入。例如，将 3ds Max 设计的模型导入到相关的开发平台，导入后，能够对相应的模型添加交互控制等。

5. 模拟品质佳

虚拟现实开发平台可以提供环境贴图、明暗度微调等特效功能，使得设计的虚拟场景具有逼真的视觉效果，从而达到极佳的模拟品质。

6. 实用性强

实用性强即开发平台功能强大。包括可以对一些文件进行简单的修改，例如图像和图形修改；能够实现内容网络版的发布，创建立体网页与网站；支持 OpenGL 以及 Direct3D；对文件进行压缩；可调整物体表面的贴图材质或透明度；支持 360°旋转背景；可将模拟资料导出成文档并保存；合成声音、图像等。

7. 支持多种 VR 外部设备

虚拟现实开发平台应支持多种外部硬件设备,包括键盘、鼠标、操纵杆、方向盘、数据手套、六自由度位置跟踪器以及轨迹球等,从而让用户充分体验到虚拟现实技术带来的乐趣。

8.2.1 Unity3D

Unity3D(简称 U3D)是由 Unity Technologies 开发的一个多平台的综合型游戏开发工具,是一个全面整合的专业游戏引擎。它可以让玩家轻松创建诸如三维视频游戏、建筑可视化、实时三维动画等类型的互动内容。其编辑器运行在 Windows 和 Mac 下,可发布游戏至 Windows、Mac、iPhone、Windows phone 8 和 Android 平台。也可以利用 Unity web player 插件发布网页游戏,支持 Mac 和 Windows 的网页浏览。它的网页播放器也被 Mac widgets 所支持。

Unity3D 很容易入门,自带了不少的工具,制作方便,并且和其他软件的协作非常容易。Unity3D 的软件界面布局完善,用户可以快速地选择一个适合自己的开发窗口。Unity3D 互动功能非常强大,但它没有什么模块,功能几乎都是基于代码,因此也限制了一大部分群体。另外 Unity3D 可以方便地链接数据库,这样就可以做多人在线的作品。总体来说,Unity3D 可以制作任何领域的作品。

关于 Unity3D 软件的学习在第 10 章将详细讲解。

8.2.2 Virtools

Virtools 是一套整合软件,可以将现有常用的文件格式整合在一起,如 3D 模型、2D 图形或是音效等。Virtools 拥有完善的图形用户界面,它使用模块化的行为撰写脚本语言。Virtools 可以制作许多不同用途的 3D 产品,如网际网络、计算机游戏、多媒体、建筑设计、交互式电视、教育训练、仿真与产品展示等。

Virtools 是 3D 虚拟和互动技术的集成。它包括创作应用程序、行为引擎、渲染引擎、Web 播放器和 SDK。

1. 创作应用程序

创作应用程序 VirtoolsDev,它允许用户非常容易地生成丰富的、对话式的 3D 作品。VirtoolsDev 不能产生模型,也不是一个建模工具。但是通过单击图标,可以创建简单的媒体,如摄像机、灯光、曲线、接口元件和 3D 帧等。

2. 交互引擎

Virtools 是一个交互引擎,即 Virtools 对行为进行处理。行为是某个元件如何在环境中行动的描述。Virtools 提供了许多可再用的行为模块,图解式的界面几乎可以产生任何类型的交互内容,而不用写任何程序代码。Virtools 也有很多管理器,它能够帮助交互引擎完成任务。

3. 渲染引擎

Virtools 的渲染引擎在 VirtoolsDev 的三维观察窗口中可以使用户所见即所得地查看图像。

4. Web 播放器

Virtools 提供一个能自由下载的 Web 播放器，而且下载量少于 1MB。Web 播放器包含回放交互引擎和完全渲染引擎。

5. SDK

VirtoolsDev 包括一个 SDK，提供对行为和渲染的处理。使用 SDK 可以产生新的交互行为；可以修改已存在交互行为的操作；可以写新的文件导入或导出插件来支持选择的建模文件格式；还可以替换、修改或扩充 VirtoolsDev 渲染引擎。

8.2.3 VRP

虚拟现实平台(Virtual Reality Platform，VR-Platform 或 VRP)是一款由中视典数字科技有限公司独立开发的，具有完全自主知识产权的，直接面向三维美工的一款虚拟现实软件。如图 8.6 所示为 VRP 的操作界面。

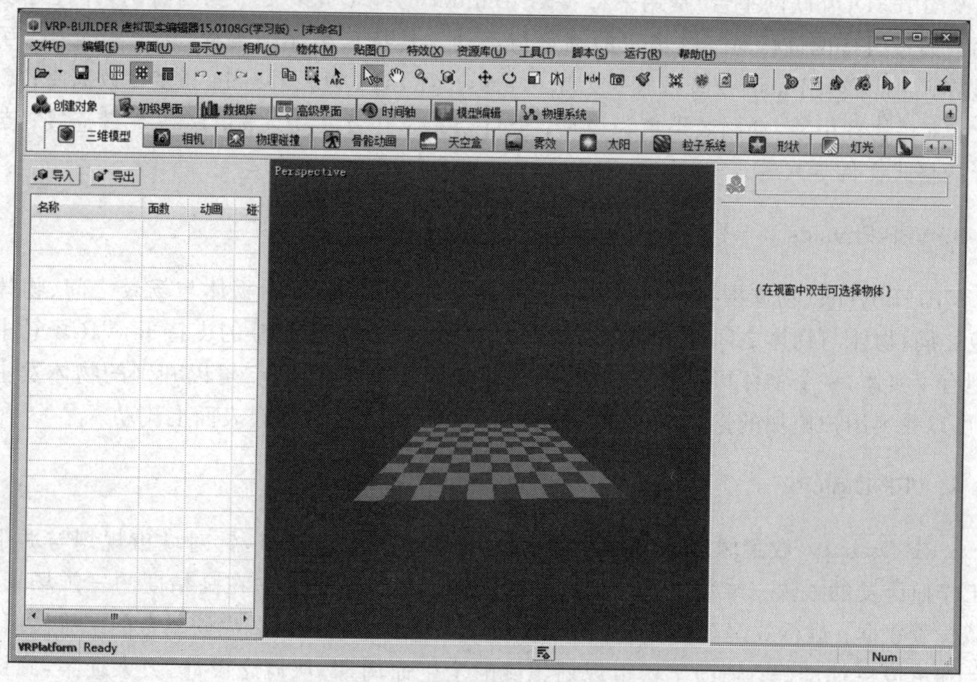

图 8.6 VRP 操作界面

VRP 适用性强、操作简单、功能强大、高度可视化、所见即所得。所有的操作都是以美工可以理解的方式进行的，不需要程序员参与。如果使用者有 3ds Max 建模和渲染基础，那么只要对 VR-Platform 平台稍加学习和研究就可以很快制作出自己想要的虚拟现实场景。

VRP 广泛应用于视景仿真、城市规划、室内设计、工业仿真、古迹复原、桥梁道路设计和军事模拟等行业。

VRP 以 VR-Platform 引擎为核心，衍生出 VRP-Builder(虚拟现实编辑器)、VRPIE3D(互联网平台，又称 VRPIE)、VRP-Physics(物理模拟系统)、VRP-Digicity(数字城市平台)、VRP-Indusim(工业仿真平台)、VRP-Travel(虚拟旅游平台)、VRP-Museum(网络三维虚拟展馆)、VRP-SDK(三维仿真系统开发包)和 VRP-Mystory(故事编辑器 9 个相关成品)。

1. VRP-Builder

VRP-Builder(虚拟现实编辑器)是 VRP 的核心部分，可以实现三维场景的模型导入、后期编辑、交互制作、特效制作、界面设计和打包发布等功能。VRP-Builder 的关键特性包括友好的图形编辑界面；高效快捷的工作流程；强大的 3D 图形处理能力；任意角度、实时的 3D 显示；支持导航图显示功能；高效高精度物理碰撞模拟；支持模型的导入导出；支持动画相机，可方便录制各种动画；强大的界面编辑器，可灵活设计播放界面；支持距离触发动作；支持行走相机、飞行相机、绕物旋转相机等；可直接生成 EXE 独立可执行文件等。

2. VRPIE3D

VRPIE3D(互联网平台)是用来将 VRP-Builder 的编辑成果发布到因特网，并且可以实现用户通过因特网进行对三维场景的浏览与互动。其特点是无须编程，快速构筑 3D 互联网世界；支持嵌入 Flash 及音视频；支持 Access、MS SQL 以及 Oracle 等多种数据库；高压缩比；支持物理引擎，动画效果更为逼真；全自动无缝升级以及与 3ds Max 无缝连接；支持 95%的格式文件导入等。

3. VRP-Physics

VRP-Physics(物理模拟系统)，简单地说就是计算 3D 场景中物体与场景之间、物体与角色之间、物体与物体之间的运动交互和动力学特性。在物理引擎的支持下，VR 场景中的模型有了实体，一个物体可以具有质量，可以受到重力落在地面上，可以和别的物体发生碰撞，可以受到用户施加的推力，可以因为压力而变形，可以有液体在表面上流动。

4. VRP-Digicity

VRP-Digicity(数字城市平台)是结合“数字城市”的需求特点，针对城市规划与城市管理工作而研发的一款三维数字城市仿真平台软件。其特点是建立在高精度的三维场景上；承载海量数据；运行效率高；网络发布功能强大；让城市规划摆脱生硬复杂的二维图纸，使设计和决策更加准确；辅助于城市规划领域的全生命周期，从概念设计、方案征集，到详细设计、审批，直至公示、监督、社会服务等。

5. VRP-Indusim

VRP-Indusim(工业仿真平台)是集工业逻辑仿真、三维可视化虚拟表现、虚拟外设交互等功能于一体的应用于工业仿真领域的虚拟现实软件，包括虚拟装配、虚拟设计、虚拟仿真、员工培训4个子系统。

6. VRP-Travel

VRP-Travel（虚拟旅游平台）是为了解决旅游和导游专业教学过程中实习资源匮乏，而实地参观成本又高的问题。同时，专为导游、旅游规划等专业量身定制，开发出适用于导游实训、旅游模拟、旅游规划的功能和模块。方便师生进行交互式的导游模拟体验，大幅度提高旅游教学质量和效果，改善传统教学模式中的弊端，吸引学生学习兴趣，增加学生实践操作机会。

7. VRP-Museum

VRP-Museum（网络三维虚拟展馆）是一款针对各类科博馆、体验中心、大型展会等行业，将其展馆、陈列品以及临时展品移植到互联网上进行展示、宣传与教育的三维互动体验解决方案。网络三维虚拟展馆将成为未来最具价值的展示手段。

8. VRP-SDK

VRP-SDK（三维仿真系统开发包）。简单地说，有了VRP-SDK，用户可以根据自己的需要来设置软件界面，设置软件的运行逻辑，设置外部控件对VRP窗口的响应等，从而将VRP的功能提高到一个更高的程度，满足用户对三维仿真各方面的专业需求。

9. VRP-Mystory

VRP-Mystory（故事编辑器）是一款全中文的3D应用制作虚拟现实软件。其特点是操作灵活、界面友好、使用方便，就像在玩电脑游戏一样简单；易学易会、无须编程，也无需美术设计能力，就可以进行3D制作。VRP-Mystory支持用户保存预先制作的场景和人物、道具等素材，以便需要时立即调用；支持导入用户自己制作的素材等；用户直接调用各种素材，就可以快速构建出一个动态的事件并发布成视频。

上述只是列出了虚拟现实开发平台中的一部分，随着虚拟现实技术的日益成熟，人们对虚拟现实体验感的追求会越来越高，而各种虚拟现实开发平台也会不断提升各种功能以满足人们的需求。

8.3 Web3D 技术

Web3D又称网络三维，是一种在虚拟现实技术的基础上，将现实世界中有形的物体通过互联网进行虚拟的三维立体展示，同时可以进行互动浏览操作的一种虚拟现实技术。和目前网上主流的以图片、Flash动画展示的方式比较，Web3D技术让用户更有浏览的自主感，可以以自己的角度去观察，还有许多虚拟特效和互动操作。

Web3D技术的出现最早可追溯到VRML（Virtual Reality Modeling Language，虚拟现实建模语言）。VRML开始于20世纪90年代初期，1998年VRML组织改名为Web3D组织，同时制订了一个新的标准Extensible 3D (X3D)，到了2000年春天，Web3D组织完成了

VRML 到 X3D 的转换。

X3D 是一种专为万维网而设计的三维图像标记语言，全称为可扩展三维(语言)。X3D 整合了 XML、Java、流技术等先进技术，3D 计算能力、渲染质量和传输速度变得更强大、更高效。但是由于 X3D 的制作工具和开发环境相对落后，也没有提供完善的功能包，所以市场占有率并不高。

目前，Web3D 面临着比较大的问题，就是标准不统一，另外浏览器插件也不统一，而且网页中的 3D 效果并不能和本地程序产生的效果相媲美，同时还要受到网络传输速度等相关因素的影响。

8.3.1 Web3D 的实现技术

Web3D 的实现技术主要有 3 部分，即建模技术、显示技术、三维场景中的交互技术。

1. 建模技术

三维复杂模型的实时建模与动态显示是虚拟现实技术的基础。目前，三维复杂模型的实时建模与动态显示技术可以分为 3 类。一是基于几何模型的实时建模与动态显示技术；二是基于图像的实时建模与动态显示技术；三是三维扫描成型技术。

(1) 基于几何模型的实时建模与动态显示技术是在计算机中建立起三维几何模型，一般均用多边形表示。基于几何模型的建模软件很多，最常用的就是 3ds Max 和 Maya。3ds Max 是大多数 Web3D 软件所支持的，可以把它生成的模型导入使用。在 Web3D 开发工具中，Cult3D 是采用基于几何模型的实时建模与动态显示的技术。

(2) 基于图像的实时建模与动态显示技术只能对现实世界模型数据进行采集，适用于那些难于用几何模型方法建立真实感模型的自然环境，以及需要真实重现环境原有风貌的应用。Apple 的 QTVR 是采用基于图像的三维建模与动态显示的技术。

(3) 三维扫描成型技术是用庞大的三维扫描仪来获取实物的三维信息，其准确性高，但这种扫描设备十分昂贵，对于普通 VR 用户来说是遥不可及的。

2. 显示技术

这里所说的显示技术是指把建立的三维模型描述转换成人们所见到的图像。在进行浏览时，需要安装一个支持 Web3D 的浏览器插件，但基于 Java 3D 技术的 Web3D 不需要安装插件，只需要一个 Java 解释包来解释就可以了。如果是在 Windows XP 上使用 Java 3D 必须安装 Java 虚拟机。

3. 交互技术

Web3D 实现用户和场景之间的交互方式是非常丰富的，而在交互的场景中，实现用户和用户的交流也将成为可能。

8.3.2 Web3D 的产品和技术解决方案

Web3D 的产品和技术解决方案种类很多，常见的有 VRML、Java 3D、Shockwave3D 和

Cult3d 等。

1. VRML

VRML 是一种三维造型和渲染的图形描述性语言，把“虚拟现实”看作是一个“场景”，而场景中的一切看作是“对象”(即“节点”)，对每一个对象的描述就构成了 wrl 文件(VRML 文件的扩展名)。

VRML 文件的解释、执行和呈现是通过浏览器来实现的，用户通过浏览器获得视听觉的效果。由于浏览器是本地平台提供的，从而实现了 VRML 的平台无关性。

VRML 是一种 ASCII 码的描述程序，因此可以使用计算机中任何一种文本编辑器(如记事本、写字板)来编辑程序代码。但是在建造复杂场景时，VRML 语法较烦琐，结构复杂，关键字很长，因此为了提高编辑程序的效率，一般使用专门的程序编辑器，如 VrmlPad。

VRML 文件一般包括 VRML 文件头、节点、原型、脚本和路由等。VRML 的立体场景与造型由节点构成，再通过路由实现动态的交互与感知，或者是使用脚本文件、外部接口进行动态交互。

组成 VRML 文件的要素中只有 VRML 文件头是不能缺省的。VRML 2.0 标准的文件头为“#VRML V2.0 utf8”。这个文件头说明的含义是：这个文件是一个 VRML 文件；符合 VRML 2.0 版本；文件使用的是 utf8 字符集(这是多种语言中键入字符的一种标准方式，包括英语，也支持朝鲜语、日语和阿拉伯语的字符)。

VRML 文件中节点是核心，可以由一个或多个组成。节点一般包括节点的类型和一对括号，它们是不能缺省的。括号中是描述节点属性的域(可缺省)和域值。例如节点 Group，其功能是将节点编组，视为一个整体对象，利用 children 域可以包含任意个节点，语法如下：

```
Group{
        bboxCenter  0  0  0            #包围盒子中心的域和域值
        bboxSize   -1 -1 -1            #包围盒子大小的域和域值
        children[ ]                    #Group 下的子节点
    }
```

2. Java 3D

Java 3D 是 Java 语言在三维图形领域的扩展，是一组应用编程接口(API)。利用 Java 3D 提供的 API，可以编写出基于网页的三维动画、各种计算机辅助教学软件和三维游戏等。利用 Java 3D 编写的程序，只需要编程人员调用这些 API 进行编程，而客户端只需要使用标准的 Java 虚拟机就可以浏览，因此具有不需要安装插件的优点。

Java 3D 包含了 VRML2.0 所提供的所有功能，同时还具有 VRML 所没有的碰撞检测功能。Java3D 可以实现的功能如下。

(1) 没有基本形体，不过可以利用 Java 3D 所带的 Utility 生成一些基本形体，如立方体、球、圆锥等，也可以直接调用一些软件如 3ds Max 生成的形体，或者可以直接调用 VRML2.0 生成的形体。

(2) 可以使形体具有颜色、透明效果、贴图。

(3) 可以在三维环境中生成灯光、移动灯光。

（4）可以具有行为的处理判断能力。

（5）可以生成雾、背景、声音等。

（6）可以使形体变形、移动、生成三维动画。

（7）可以编写非常复杂的应用程序。

3. Cult3D

Cult3D 是 Cycore 公司开发的一种 3D 网络技术，它可以把图像质量高、交互的实时物体送到所有因特网用户手上。

Cult3D 的文件量一般只有 20～200KB，但其三维质感的表现却非常好，一般的浏览器只要安装一个插件即可浏览。Cult3D 的内核基于 Java，它甚至可以嵌入 Java 类，可利用 Java 来增强交互性和可扩展性。并且 Cult3D 对硬件要求相对较低，即使是低配置的桌面或笔记本电脑，用户也能浏览 Cult3D 作品。

Cult3D 在商业、教育、娱乐等领域的应用非常广泛，尤其是在电子商务领域的应用更是得到了广泛的推广。用户只要用鼠标在 3D 物件上直接拖动，就可以移动、旋转、放大和缩小物体，还可以在 Cult3D 物件中加入音效和操作指引。

上述提到的关于 Web3D 的产品和技术解决方案并不够全面，每一种产品和技术解决方案都有自己的优势，如表 8.2 所示。

表 8.2　Web3D 的产品和技术解决方案的比较

产品和技术解决方案	应　用
Viewpoint 或 Cult3D	发布产品到网络上观看
Shockwave3D	开发三维在线游戏
Blaxxun3D(简称 B3D)	网上播放一场交互 3D 电影
Java 3D 或者 OpenGL	行家里手的宠儿

本章小结

虚拟现实技术离不开相关软件的支持与实现，本章主要介绍了常见的三维建模软件、虚拟现实平台开发和 Web3D 技术。学习本章内容时要及时了解相关的前沿技术，对于相关的软件可进行实践操作以便掌握更多的方法来实现虚拟现实。

【注释】

1. AutoCAD：英文全称为 Autodesk Computer Aided Design，它是 Autodesk（欧特克）公司首次于 1982 年开发的自动计算机辅助设计软件，用于二维绘图、详细绘制、设计文档和基本三维设计，现已经成为国际上广为流行的绘图工具。
2. Art of Illusion：它是一个功能齐全的 3D 建模、渲染和动画制作工具，完全采用 Java 开发，拥有与同类型商业软件相同的功能。其稳定且强大，完全可以用于大型、高端的动画制作。
3. Ayam：它是一个免费的 3D 建模环境的 RenderMan 接口，基于 BSD 许可发布。其运行环境支持 Windowsxp/vista/7/2000/2003。
4. K-3D：它是基于 GNU/Linux 和 Win32 的一个三维建模、动画和绘制系统，是一款免费、开放源代码的 3D 模型和动画制作与渲染（Rendering）工具，它强大的功能可以满足专业人士的需求。它可以创建和编辑3D几何图形，提供极具弹性的面向对象的插件增强功能及以节点作基础的可视化管线架构，所有参数和选项的调整，都会立即显现结果，而且可以无限次数地复原与取消复原。此外，它使用与RenderMan相符的渲染引擎(Render Engine)，可创作出电影质量的3D动画。

5. ORGE：它是一种游戏制作引擎。
6. SDL：英文全称为Simple DirectMedia Layer，它是一套开放源代码的跨平台多媒体开发库，使用C语言写成。SDL提供了数种控制图像、声音、输出入的函数，让开发者只要用相同或是相似的代码就可以开发出跨多个平台(Linux、Windows、Mac OS X等)的应用软件。目前SDL多用于开发游戏、模拟器、媒体播放器等多媒体应用领域。
7. VRay：它是目前业界最受欢迎的渲染引擎，是基于V-Ray内核开发的，有VRay for 3ds Max、Maya、Sketchup、Rhino等诸多版本，为不同领域的优秀3D建模软件提供了高质量的图片和动画渲染。方便使用者渲染各种图片。
8. CG：英文全称为Computer Graphics，它是通过计算机软件所绘制的一切图形的总称。它既包括技术也包括艺术，几乎囊括了当今电脑时代中所有的视觉艺术创作活动，如平面印刷品的设计、网页设计、三维动画、影视特效、多媒体技术、以计算机辅助设计为主的建筑设计及工业造型设计等。
9. iOS：它是由苹果公司开发的移动操作系统。iOS与苹果的Mac OS X操作系统一样，属于类UNIX的商业操作系统。
10. Cycles：它是国际开源软件Blender中的一种渲染引擎。可以提供相应的CPU或GPU图像处理，是一种基于光线追踪的渲染引擎，支持交互式渲染，内置一个新的光影节点系统、新的纹理工作流程和GPU加速，用户通过切换GPU渲染可以使渲染过程变得较为便捷。
11. Converse3D：虚拟现实引擎是由北京中天灏景网络科技有限公司自主研发的具有完全知识产权的一款三维虚拟现实平台软件，可广泛应用于视景仿真、城市规划、室内设计、工业仿真、古迹复原、娱乐、艺术与教育等行业。该软件适用性强、操作简单、功能强大，Converse3D虚拟现实引擎的问世给中国的虚拟现实技术领域注入了新的生命力。
12. Quest3D：它是一个容易使用且有效的实时3D建构工具。比起其他的可视化的建构工具，如网页、动画、图形编辑工具来说，Quest3D能在实时编辑环境中与对象互动。Quest3D提供给用户一个建构实时3D的标准方案。
13. QTVR：英文全称为QuickTime Virtual Reality，它是美国苹果公司Quick Time技术的拓展。它是新一代的、基于静态图像处理的初级虚拟现实技术。它不需要传统虚拟现实技术所要求的特殊硬件和附属设备，在普通的PC或Macintosh机上就可产生相当程度的虚拟现实的体验。它不需要进行任何几何造型，只需通过图像采集系统采集真实世界的图像、QTVR系统软件处理离散的图像，即可完成三维空间、三维物体的造型；操纵普通鼠标、键盘即可实现对三维造型的全方位观察。
14. Viewpoint：它是一个用来编辑Viewpoint场景内容的应用程序，最终输出Viewpoint媒体文件(*.mts和*.mtx/*.mtz)。一个Viewpoint场景是由以下媒体元素组成的：3D对象、材质、动画、交互动作和场景的定义信息(例如全景图片或场景贴图)。
15. Shockwave3D：2000年8月SIGGRAPH大会，Intel和Macromedia联合声称将把Intel的网上三维图形技术带给Macromedia Shockwave播放器。现在Macromedia Director Shockwave Studio8.5已经推出，其中最重大的改变就是加入了Shockwave3D引擎。对于需要复杂交互性控制能力的娱乐游戏教育领域，Shockwave3D一定能够大显身手。
16. Blaxxun3D：它是一个基于Java Applet的渲染引擎，它渲染特定的VRML结点而不需要插件的下载安装，遵循VRML、X3D规范。
17. VrmlPad：是基于文本格式、支持即时预览的VRML专用开发工具，具有VRML代码下载、编辑、预览、调试功能，是当今VRML源代码编辑的最强工具之一。
18. OpenGL：英文全称为Open Graphics Library，它是个定义了一个跨编程语言、跨平台的编程接口规格的专业的图形程序接口。它用于三维图像(二维的亦可)，是一个功能强大、调用方便的底层图形库。
19. Direct3D：简称D3D，它是微软公司在Microsoft Windows操作系统上所开发的一套3D绘图编程接口，是 DirectX 的一部分，目前广为各家显示卡所支持。与 OpenGL 同为电脑绘图软体和电脑游戏最常使用的两套绘图编程接口之一。

20. API：应用程序编程接口（Application Programming Interface），是一些预先定义的函数，目的是提供应用程序与开发人员基于某软件或硬件得以访问一组例程的能力，而又无须访问源码，或理解内部工作机制的细节。

21. 云计算：云计算（Cloud Computing）是基于互联网的相关服务的增加、使用和交付模式，通常涉及通过互联网来提供动态易扩展且经常是虚拟化的资源。

第9章 三维建模工具3ds Max

导学

1. 内容与要求

本章主要介绍3ds Max软件的常见操作方法。

3ds Max的基本操作包括文件操作方法、工作界面布局设置、视图区常用操作及主工具栏常用工具介绍。要求熟悉界面,掌握工具使用方法。

常用基础建模方法包括3ds Max使用内置集合体建模、样条线建模及常用复合建模。要求掌握基本建模方法。

对于材质与贴图的基本操作主要指如何使用材质编辑器进行材质设置,理解贴图的类型、贴图坐标。要求掌握材质及贴图的简易编辑方法。

本章简单地介绍3ds Max的灯光、摄影机的类型及主要参数,要求了解两者最基本的类型。

最后介绍3ds Max制作动画的基本流程,要了解并掌握一般的制作动画的方法。

2. 重点、难点

重点掌握基本建模方法。难点是修改器的使用、复合建模方式及复杂材质的编辑。

3ds Max由Discreet公司开发(现已被Autodesk公司合并),是基于PC系统的三维动画渲染及制作软件。在Windows NT出现之前,工业级的CG制作领域被SGI图形工作站所垄断。3ds Max+Windows NT组合的出现一举降低了CG的制作门槛。本章以Windows 7系统下安装的3ds Max 2010 32bit版本对软件环境进行讲解。

9.1 基本操作

在进行三维建模之前首先要熟悉3ds Max的文件操作、工作界面和常用工具的使用方法。

9.1.1 软件启动与退出

1. 启动3ds Max中文版

双击桌面上的图标即可启动3ds Max中文版,如图9.1所示。

2. 退出 3ds Max 中文版

方法一：单击窗口左上角的“3ds Max 应用程序”按钮，如图 9.2 所示，在弹出的下拉菜单中单击右下角的“退出 3ds Max”按钮。

图 9.1　3ds Max 图标

图 9.2　“3ds Max 应用程序”按钮

方法二：单击 3ds Max 程序窗口右上角的“关闭”按钮。

9.1.2　文件的打开与保存

用户可以使用多种方式打开和保存 3ds Max 文件，常用方法如下。

1. 文件的打开

使用“打开”命令可以从“打开文件”对话框中加载场景文件、角色文件等到场景中。

方法一：按快捷键 Ctrl+O，弹出“打开文件”对话框，从中寻找正确的路径和文件，双击该文件即可。

方法二：单击 3ds Max 快捷工具栏中的“打开”按钮，其他同方法一。

2. 文件的保存

1）保存

使用“保存”命令可以覆盖上次保存的场景文件。如果是第一次保存场景，则此命令的工作方式与“另存为”相同。

（1）单击 3ds Max 工具栏中的“保存”按钮。

（2）单击应用程序按钮，在弹出的下拉菜单中选择“保存”命令。

2）另存为

单击应用程序按钮，在弹出的下拉菜单中选择“另存为”命令，弹出“文件另存为”对话框，选择保存目录，填写文件名称，选择保存类型，单击“保存”按钮。

9.1.3　工作界面布局

3ds Max 的初始界面如图 9.3 所示，主要包括如下几个区域：标题栏、菜单栏、主工具栏、视图区、命令面板、视图控制区、动画控制区、信息提示区及状态行、时间滑块和轨迹栏。

1. 标题栏

窗口的标题栏用于管理文件和查找信息。

应用程序按钮：单击该按钮，弹出“应用程序”下拉菜单。

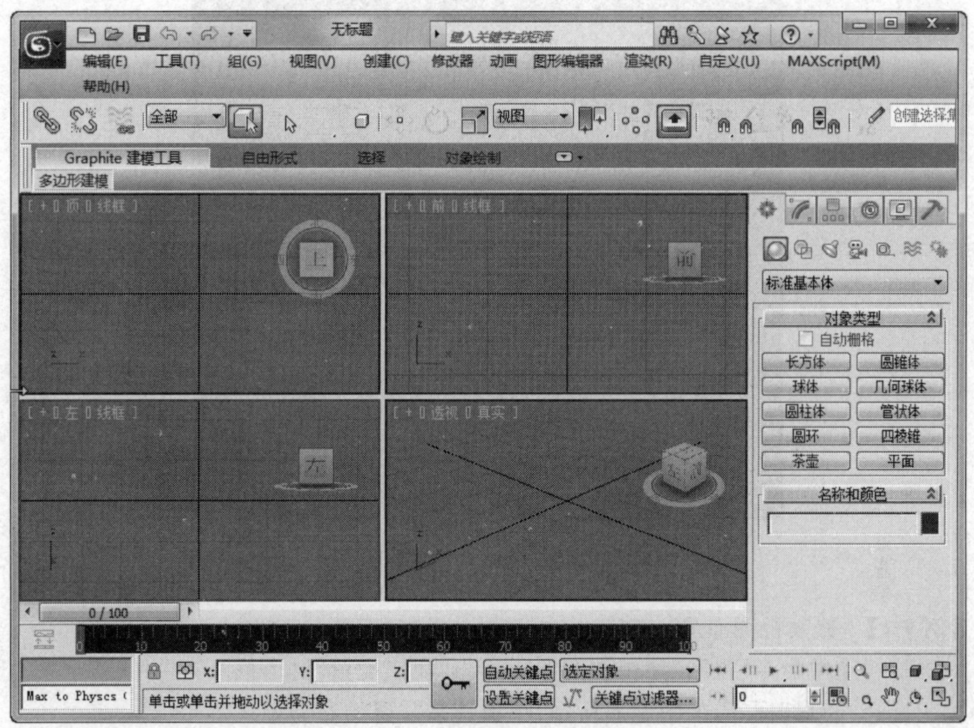

图 9.3 3ds Max 初始界面

快速访问工具栏 ：主要提供用于管理场景文件的常用命令。

文档标题栏 ：显示 3ds Max 文档标题。

2. 菜单栏

3ds Max 菜单栏中的大多数命令都可以在相应的命令面板、工具栏或快捷菜单中找到，相对于在菜单栏中执行命令，这些方式要方便得多。

3. 主工具栏

菜单栏下方即主工具栏，在主工具栏中可以快速访问 3ds Max 中很多常见任务的工具和对话框，如图 9.4 所示。选择“自定义”|“显示”|“显示主工具栏”命令，可显示或关闭主工具栏，也可以按快捷键 Alt＋6 进行切换。

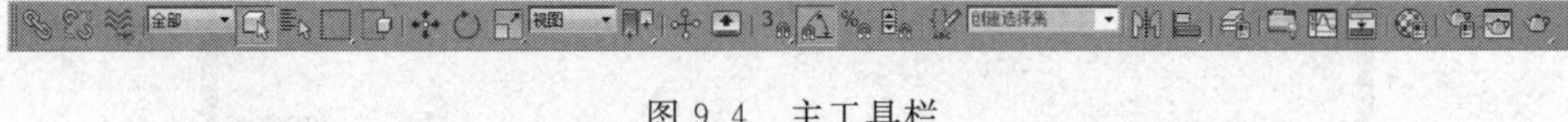

图 9.4 主工具栏

4. 视图区

视图区位于整个界面的正中央，几乎所有的工作都要在此完成。3ds Max 中文版的默认状态是以 4 个视图的划分方式显示的，分别为顶视图、前视图、左视图及透视图。这种视图方式是标准的划分方式，也是比较通用的划分方式，如图 9.5 所示。

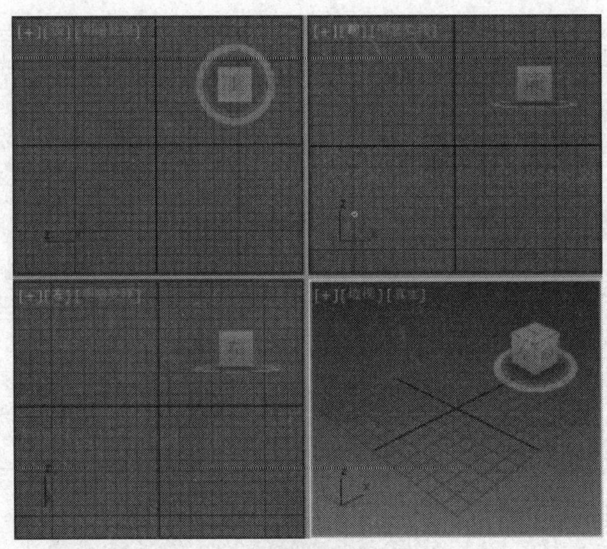

图 9.5 默认视图划分图

【例 9-1】 修改视图布局。

(1) 执行菜单命令“视图”|“视图配置”，弹出“视口配置”对话框。

(2) 选择“布局”标签，如图 9.6 所示，单击选择需要的布局方式。

(3) 单击“确定”按钮，保留修改内容。

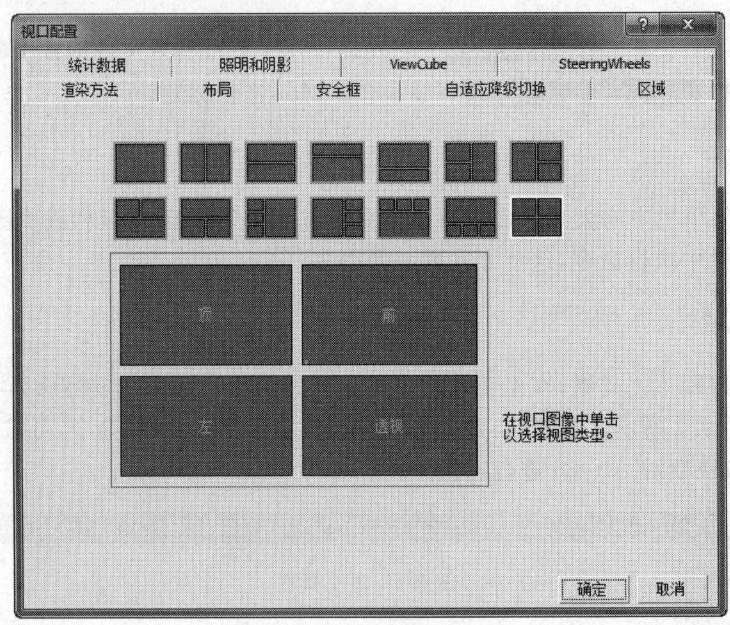

图 9.6 “视口配置”对话框

5. 命令面板

命令面板位于视图区右侧，如图 9.7 所示。命令面板集成了 3ds Max 中大多数的功能与参数控制项目。命令面板中的 6 个面板依次为创建、修改、层次、运动、显示和实用程序。

图 9.7　命令面板

【例 9-2】　创建“杯子”模型(“创建”面板和“修改”面板的基本用法)。

(1) 单击选择“创建”面板标签。

(2) 单击“几何体”按钮。

(3) 在下拉列表中选择“标准基本体”选项。

(4) 单击“茶壶”按钮,如图 9.8 所示。

(5) 在“顶视图”中拖曳鼠标左键,创建茶壶。

(6) 单击选择“修改”面板标签。

(7) 单击取消“茶壶部件”中的“壶把”、“壶嘴”、“壶盖”复选框。

(8) 修改“半径”为 50,如图 9.9 所示。观察模型变化。

(9) 保存文件,名为“杯子.max”。

图 9.8　例 9-2 前四步操作步骤　　图 9.9　例 9-2 参数修改结果

6. 视图控制区

视图控制区位于工作界面的右下角,如图 9.10 所示,主要用于调整视图中物体的显示状态,通过平移、缩放、旋转等操作达到更改观察角度和方式的目的。

7. 动画控制区

动画控制区主要用来控制动画的设置和播放,位于屏幕的下方,如图 9.11 所示。

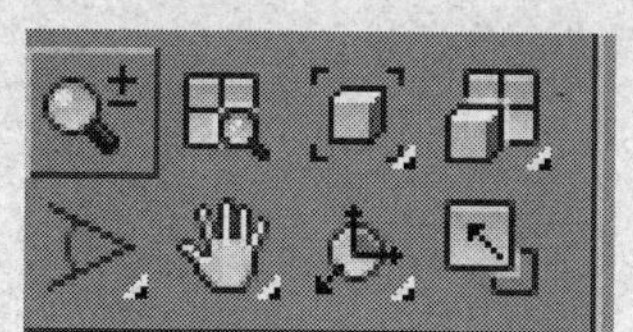

图 9.10　视图控制区

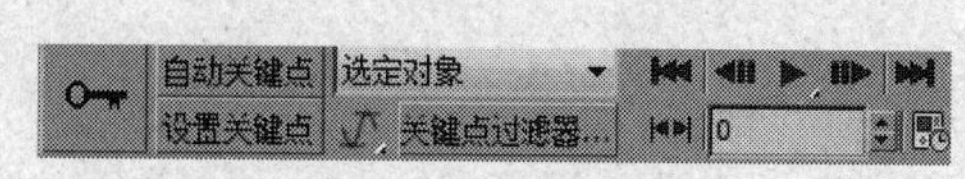

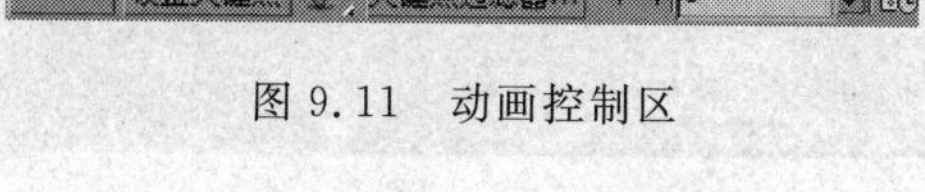

图 9.11　动画控制区

8. 信息提示区与状态栏

信息提示区与状态栏用于显示视图中物体的操作效果，如移动、旋转坐标及缩放比例等，如图 9.12 所示。

图 9.12 信息提示区与状态栏

9. 时间滑块与轨迹栏

时间滑块与轨迹栏位于视图区的下方，用于设置动画、浏览动画以及设置动画帧数等，如图 9.13 所示。

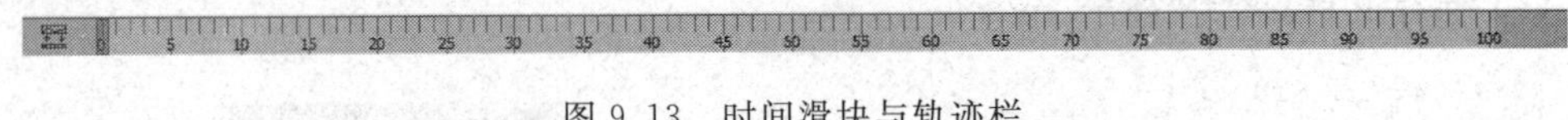

图 9.13 时间滑块与轨迹栏

9.1.4 视图区常用操作

3ds Max 中文版默认的 4 个视图中，顶视图、左视图和前视图为正交视图，它们能够准确地表现物体的尺寸以及各物体之间的相对关系。透视图则符合近大远小的透视原理。

1. 激活视图

在视图区域内右击，即可激活该视图，被激活的视图边框会显示黄色。图 9.14 所示透视图处于激活状态。在视图区域内，单击也可以激活视图，并且同时具有物体选择等功能。

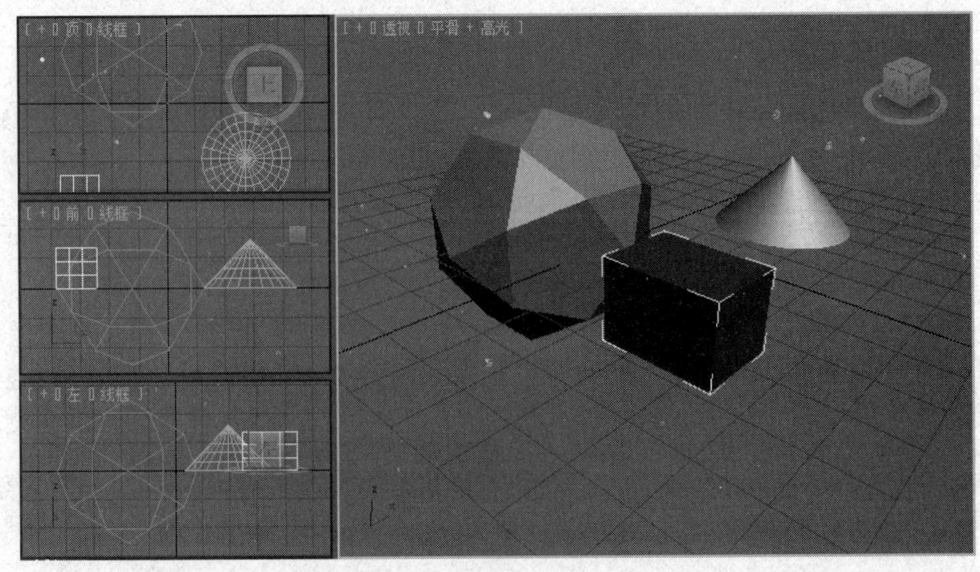

图 9.14 透视图处于激活状态

2. 转换视图

系统默认的4个视图是可以相互转换的，默认的转换快捷键如表9.1所示。

表9.1 视图转换的快捷键

按键	视图
T	顶视图
B	底视图
L	左视图
F	前视图
U	用户视图
P	透视图

3. 视图快捷菜单

单击或右击视图左上角的3个标识，将打开相应的快捷菜单。这些菜单命令包括改变场景中对象的明暗类型，更改模型的显示方式，更改最大化视图、显示网格，转换当前视图等，如图9.15所示。

图9.15 视图快捷菜单

其中一些常用操作也可以通过快捷键实现，如按G键可显示或隐藏栅格，按快捷键Alt+W可切换当前视图的最大化或还原状态。

9.1.5 主工具栏常用工具

主工具栏中包含了编辑对象时常用的各种工具，本节介绍其中常用的一些工具。

1. “选择对象”工具

单击“选择对象”工具，在任意视图中将鼠标指针移到目标对象上，单击即可选择该对象。被选定的线框对象变成白色，被选定的着色对象其边界框的角处显示白色边框，效果如图9.16所示。

2. “选择并移动”工具

按W快捷键，选择物体并且可进行移动操作，移动时根据定义的坐标系和坐标轴向来

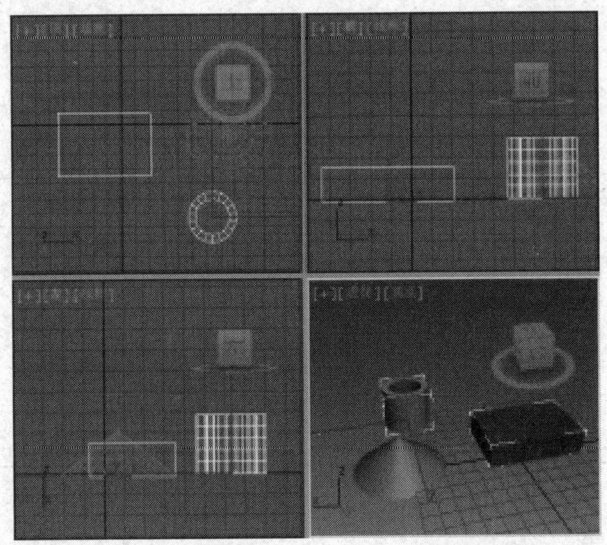

图 9.16　选择状态的对象

进行，如图 9.17 所示。鼠标指针放在操纵轴上时变成移动形态，拖动即可沿相应的轴方向移动对象。鼠标指针放在轴平面上，轴平面会变成黄色，拖动即可在该平面上移动对象。

3. “选择并旋转”工具

按 E 快捷键，选择物体并且可进行旋转操作，旋转时根据定义的坐标系和坐标轴向来进行，如图 9.18 所示。鼠标指针放在操纵范围即变成旋转形态，拖动可实现相应的旋转操作。红、绿、蓝 3 种颜色操纵轴分别对应 X、Y、Z 这 3 个轴向，当前操纵的轴向颜色为黄色。外圈的灰色圆弧表示在当前视图的平面上进行旋转。若在透视图的内圈灰色圆弧范围内拖动，对象可在 3 个轴向上任意旋转。

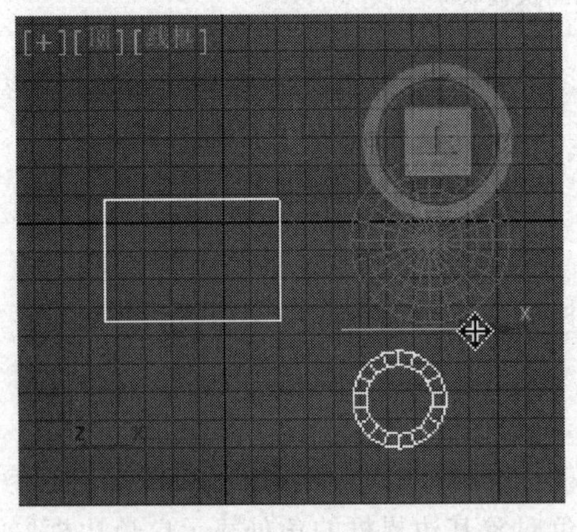

图 9.17　沿 X 轴移动对象

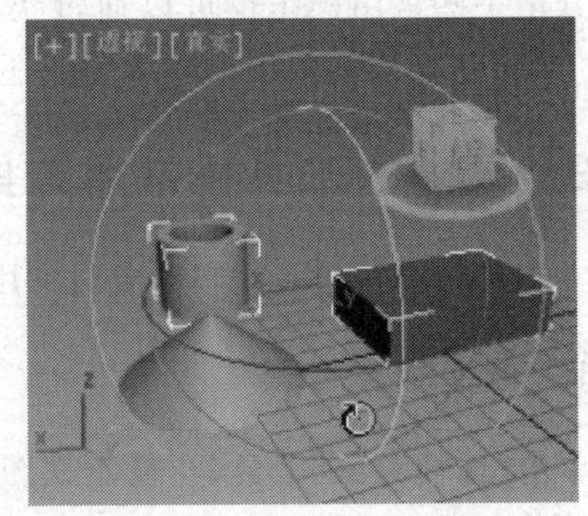

图 9.18　任意旋转对象

4. “选择并缩放”工具

按 R 快捷键，选择物体同时可进行缩放操作，缩放时根据定义的坐标系和坐标轴向来进行，如图 9.19 所示。鼠标指针放在操纵范围时变成缩放形态，拖动即可实现相应的缩放操作。

“选择并移动”、“选择并旋转”和“选择并缩放”3 种工具的操作方法具有以下相似之处：在工具按钮上右击，弹出相应的对话框，输入数据即可实现精确的移动、旋转或缩放；当选择其中一种工具时，按住 Shift 键的同时进行拖动，将弹出“克隆选项”对话框，如图 9.20 所示。其中，“复制”表示生成的新对象与原始对象相同，但两者相互独立，互不影响；“参考”表示修改原始对象参数或添加修改器时，新生成的对象也会改变，即原始的对象会影响新对象；“实例”表示修改原始对象参数或添加修改器时新生成的对象也会改变，反之亦可，即影响是相互的。

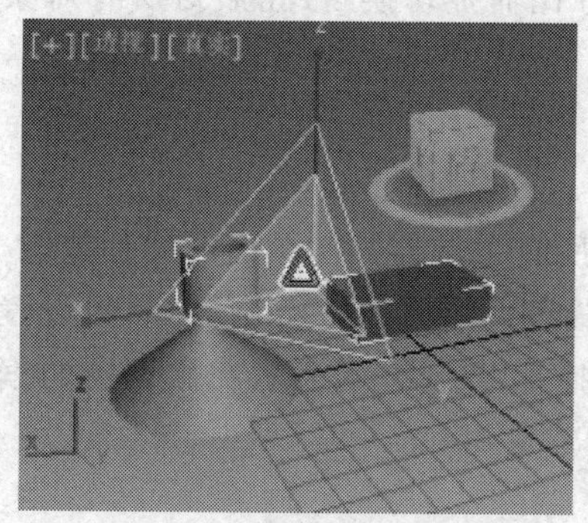

图 9.19　三个方向同时缩放

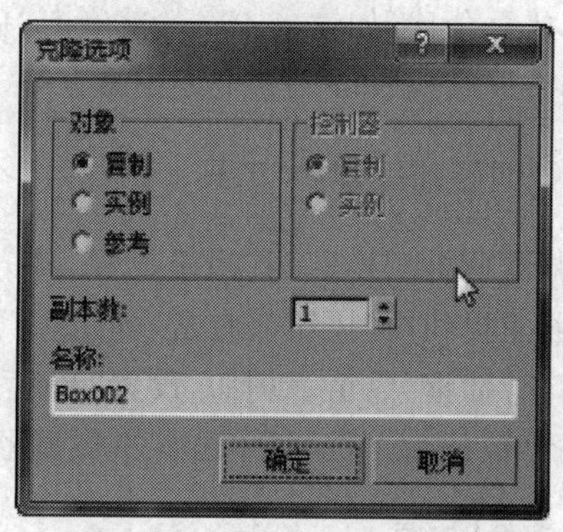

图 9.20　“克隆选项”对话框

在使用上述 4 种与选择相关的工具时，可以配合快捷键进行增减选择对象的操作：按住 Ctrl 键并单击视图中对象，可增加选择对象；按住 Alt 键并单击视图中已选择的对象，可以减去选择的对象。

【例 9-3】 制作简单“花瓶”模型。

(1) 打开例 9-2 保存的文件“杯子. max”，单击“选择并缩放”按钮，单击选中模型。

(2) 在前视图中，沿 Y 轴正方向拖动，将模型“拉高”。

(3) 在前视图中，沿 X 轴负方向拖动，将模型“压扁”。

(4) 另存文件，名为“花瓶. max”。

5. “选择区域”工具

“选择区域”工具用于控制上述 4 种与选择相关的工具的选择方式。单击“选择区域”按钮，按住鼠标左键将弹出 5 种形状的选择区域，如图 9.21 所示。

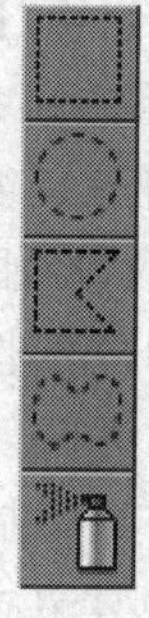

图 9.21　“选择区域”工具

(1) “矩形选择区域”：拖曳鼠标，矩形框内对象被选择。

(2) “圆形选择区域”：拖曳鼠标，圆形框内对象被选择。

(3) “围栏线选择区域”：单击鼠标，将不断拉出直线，在末端双击，围成多边形区域，多边形框内对象被选择。

(4) “套索选择区域”：拖动鼠标绘制区域，选择所需对象。

(5) “绘制选择区域”：按住鼠标左键，此时鼠标指针处显示一小圆形区域，拖动鼠标过程中框入该圆框的对象均被选择。

6. “角度捕捉切换”工具

在“角度捕捉切换”按钮上右击，在弹出的“栅格和捕捉设置”对话框的“角度”栏中输入每次旋转的角度限制（如输入10）。当单击“启用角度捕捉切换”按钮后，对所有对象的旋转变换操作将以相应角度递增或递减。

7. “百分比捕捉切换”工具

在“百分比捕捉切换”按钮上右击，在弹出的“栅格和捕捉设置”对话框的“百分比”一栏中输入缩放百分比（如输入10）。当单击“启用百分比捕捉切换”按钮后对所有对象的缩放变换操作将以相应百分比递增或递减。

8. “微调器捕捉切换”工具

“微调器捕捉切换”工具用于设置3ds Max中所有微调器每次单击时增加或减少的值。在“微调器捕捉切换”按钮上右击，弹出“首选项设置”对话框。在“微调器”参数设置框中设置“精度”及“捕捉”的值。例如，设置“精度”为1，“捕捉”为10，则表示在微调器的编辑字段中显示的小数位为1位，每单击一次微调器增加或减少10。

9. “镜像”工具

“镜像”工具的作用是模拟现实中的镜子效果，把实物翻转或复制对应的虚像。在视图中选择需要镜像的对象，单击主工具栏中的“镜像”按钮，弹出“镜像”对话框。

“镜像轴”：用于设置镜像的轴或者平面。

“偏移”：用于设定镜像对象偏移源对象轴心点的距离。

“克隆当前选择”：默认是“不克隆”，即只翻转对象而不复制对象。其他与“选择并缩放”工具中介绍的“克隆选项”作用相同。

10. “对齐”工具

“对齐”工具用于调整视图中两个对象的对齐方式。假设当前视图中存在一个长方体和一个圆柱体。先选中长方体，单击“对齐”工具，再选中圆柱体，将会弹出“对齐当前选择”对话框。此时，“当前对象”为长方体，“目标对象”为圆柱体，即长方体参照圆柱体位置对齐。

“对齐位置”选项区中的“X位置”、“Y位置”、“Z位置”复选框用于确定物体沿3ds Max世界坐标系中哪条约束轴与目标物体对齐。“对齐方向”选项区中的“X轴”、“Y轴”、“Z轴”复选框用于确定如何旋转当前物体，以使其按选定的坐标轴与目标对象对齐。“匹配比例”选项区中的“X轴”、“Y轴”、“Z轴”复选框用于选择匹配两个选定对象之间的缩放轴，将“当前对象”沿局部坐标轴缩放到与“目标对象”相同的百分比。如果两个对象之前都未进行缩放，则其大小不会更改。

【例9-4】 制作简单“沙发”模型。

（1）创建新文件，单击选择“创建”面板标签。

（2）单击“几何体”按钮。

(3) 在下拉列表中选择“扩展基本体”选项。

(4) 单击“切角长方体”按钮。

(5) 在顶视图中采用鼠标左键拖曳→放开左键→向上移动→单击→向上移动→单击的步骤，创建切角长方体。

(6) 在“创建”或“修改”面板中调整模型的参数：长度——35，宽度——35，高度——12，圆角——3，如图 9.22 所示。该切角长方体默认名为 ChamferBox01。

注意：在不同的视图中创建，尽管设置的参数相同，但得到的效果会不同。

(7) 使用“选择并移动”工具，按住 Shift 键同时沿顶视图的 X 轴正向拖动 ChamferBox01，克隆出它的两个实例，分别名为 ChamferBox02、ChamferBox03。

(8) 单击选择 ChamferBox02，单击 (对齐)按钮，单击选择 ChamferBox01，弹出“对齐当前选择”对话框，设置参数如图 9.23 所示。

(9) 参照步骤(8)调整 ChamferBox03 的位置，使其左侧贴紧 ChamferBox02 右侧。至此完成了沙发的坐垫制作。

(10) 在顶视图中再创建新的切角长方体，参数为长度——15，宽度——35，高度——35，圆角——3，参照步骤(7)到(9)，制作并调整好沙发的靠背。

(11) 适当调整靠背的位置，保存文件，名为“沙发.max”。

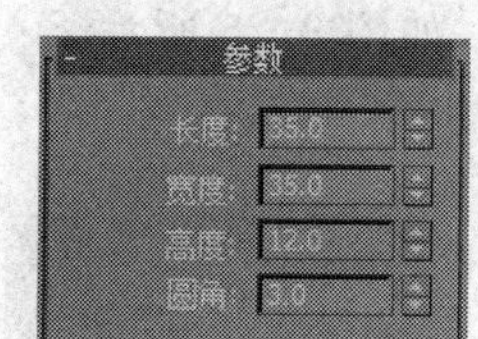

图 9.22　切角长方体参数

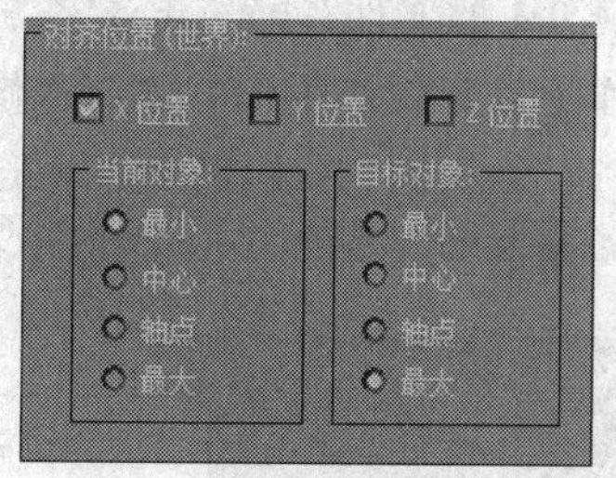

图 9.23　对齐位置参数

9.2 基础建模

建模是三维制作的基本环节，也是材质、动画及渲染等环节的前提。3ds Max 基础建模方式有内置几何体建模、复合对象建模、二维图形建模等。

9.2.1 内置几何体建模

3ds Max 内置了一些基本模型，包括标准基本体、扩展基本体等。选择命令面板中的“创建”|“几何体”命令，在下拉列表中选择内置模型类型，在“对象类型”展卷栏中将列出该类的模型创建按钮。单击相应按钮之后在视图中通过单击、移动、拖动鼠标等操作即可创建模型，右击结束创建。如果因某些操作结束了创建过程，那么右侧的“参数”展卷栏将会消失。此时单击命令面板中的“修改”标签则可进入“修改”面板继续修改对象的参数。

标准基本体及扩展基本体的创建方法大致相同，各种模型的参数略有差别。下面介绍一些常用的重要模型参数含义。

1. 分段

所有的标准基本体都有"分段"属性。"分段"值的大小决定了模型是否能够弯曲及弯曲的程度。"分段"值越大,模型弯曲就越平滑,但同时也将大大增加模型的复杂程度,降低刷新速度。图 9.24 展示了圆环"分段"值为 8 和 24 的效果。

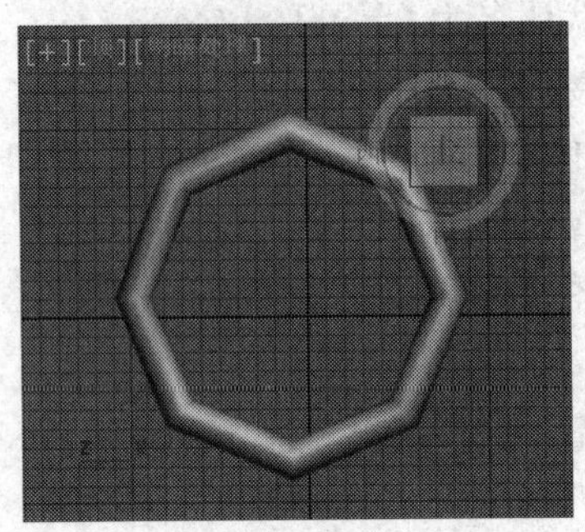
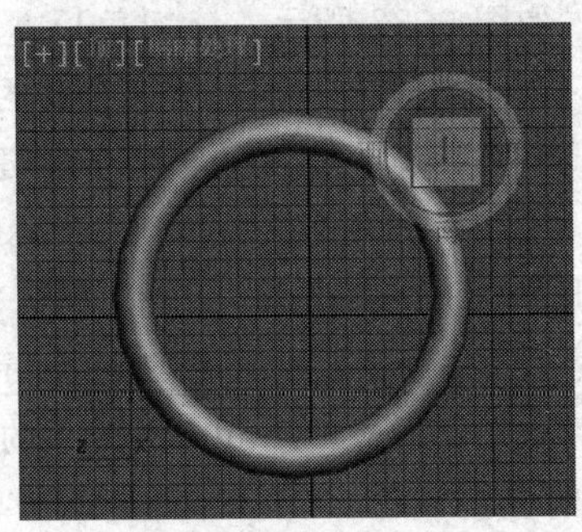

图 9.24 圆环"分段"值为 8 和 24 的效果

【例 9-5】 制作"靠背弯曲的沙发"模型。

(1) 打开例 9-4 的文件"沙发.max"。

(2) 选中作为靠背的切角长方体,在"修改"面板中调整其"高度分段"参数为 8。

(3) 在"修改"面板的"修改器列表"中选择"弯曲"选项,如图 9.25 所示。

(4) 修改弯曲参数:角度——35,方向——−90,如图 9.26 所示。

图 9.25 修改器列表位置

图 9.26 弯曲参数

(5) 保存文件,名为"靠背弯曲的沙发.max"。

2. 边数

标准基本体中的圆锥体、圆柱体、管状体、圆环,以及扩展基本体中的切角圆柱体、油罐、胶囊、纺锤体、球棱柱和环形波都有"边数"属性。该属性决定了弯曲曲面边的个数,其值越大,侧面越接近圆形。图 9.27 展示了圆柱体"边数"值为 6 和 18 的效果。

【例 9-6】 制作"钻石"模型。

(1) 创建新文件,单击选择"创建"面板标签。

(2) 单击"几何体"按钮。

(3) 在下拉列表中选择"标准基本体"选项。

(4) 单击"圆柱体"按钮。

(5) 在顶视图中采用鼠标左键拖曳→放开左键→向上移动→单击的步骤,创建圆柱体。

(6) 在"创建"或"修改"面板中调整模型的参数:半径——30,高度——15,高度分

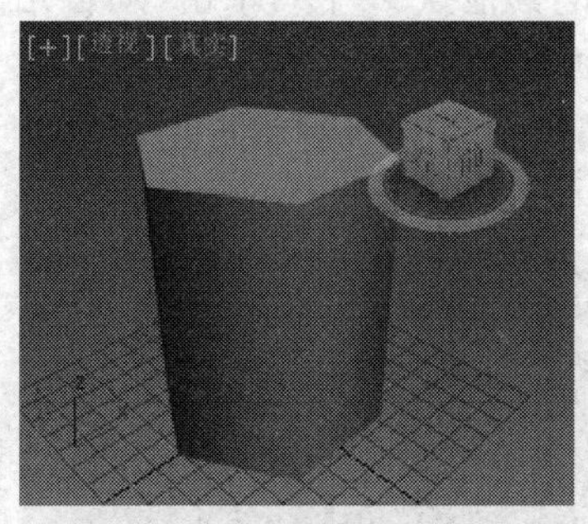
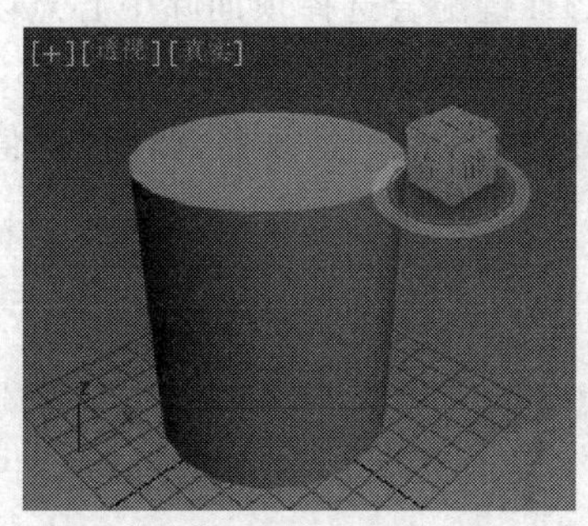

图 9.27　圆柱体“边数”值为 6 和 18 的效果

段——1，端面分段——1，边数——6，取消“平滑”复选框，如图 9.28 所示。

(7) 在模型上右击，选择菜单命令“转换为”|“转换为可编辑网格”。在“修改”面板中的“选择”展卷栏中单击“多边形”按钮，如图 9.29 所示。

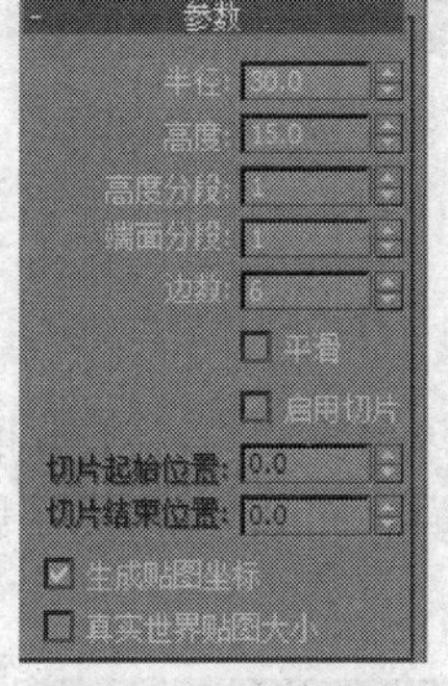

图 9.28　圆柱体参数

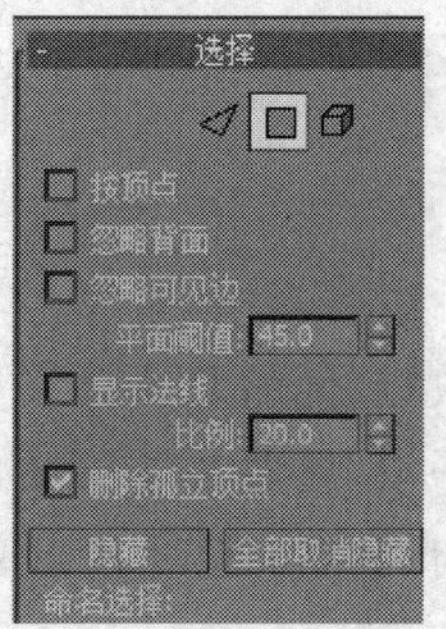

图 9.29　选择“多边形”层级

(8) 单击选择模型的底面，单击“编辑几何体”展卷栏中的“倒角”按钮，在选中的多边形范围内，采用鼠标左键向上拖曳→放开左键→向下移动→单击的步骤制作出倒角，效果如图 9.30 所示。

(9) 在“修改”面板中的“选择”展卷栏中单击“点”按钮，如图 9.31 所示。

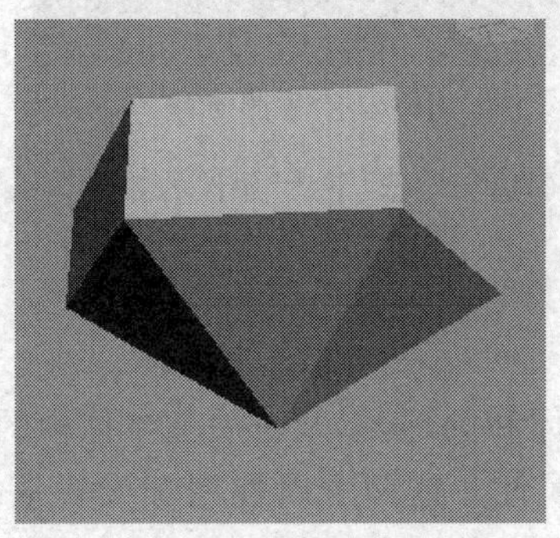

图 9.30　倒角效果

图 9.31　选择“点”层级

(10) 用 Ctrl 键配合选择顶面除中心点以外的其他点(6 个),单击“编辑几何体”展卷栏中的“切角”按钮,在右侧的微调框中输入 15,按回车键,如图 9.32 所示。

(11) 添加“顶点焊接”修改器,调高“阙值”属性值直到所有临近的顶点合并成一个点,最终效果如图 9.33 所示。

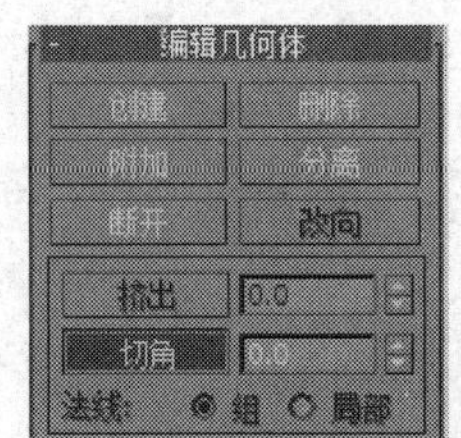

图 9.32 “切角”按钮

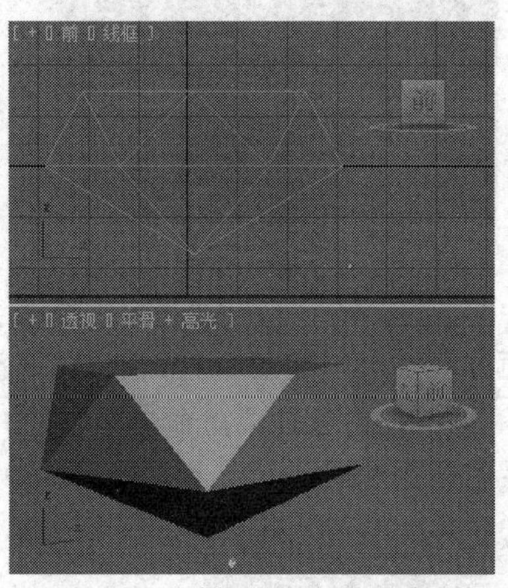

图 9.33 “钻石”模型最终效果

3. 平滑

拥有“边数”属性的基本体一般也拥有“平滑”属性。该属性也用于平滑模型的弯曲曲面。当勾选“平滑”属性时,较小的边数即可获得圆滑的侧面。图 9.34 展示了圆柱体“边数”值为 18 时未勾选和勾选“平滑”属性的效果。

(a) 未勾选“平滑”效果

(b) 勾选“平滑”效果

图 9.34 圆柱体“边数”值为 18 时未勾选和勾选“平滑”属性的效果

4. 切片

标准基本体中的圆锥体、球体、圆柱体、管状体和圆环,以及扩展基本体中的油罐、胶囊、纺锤体都有“切片起始位置”和“切片结束位置”属性。这两个属性用于设置从基本体 X 轴的 0 点开始环绕其 Z 轴的切割度数。两个参数设置无先后之分,负值按顺时针移动切片,正值按逆时针移动切片。图 9.35 展示了圆柱体“切片起始位置”为 85,“切片结束位置”为 15 的效果。

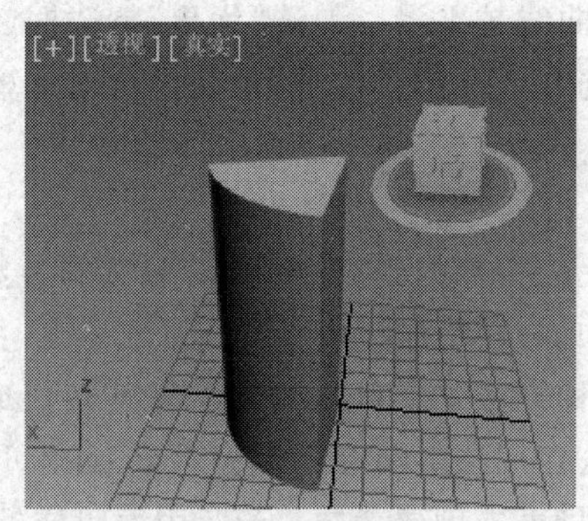

图 9.35　圆柱体“切片起始位置”为 85,“切片结束位置”为 15 的效果

9.2.2 以样条线为基础建模

很多三维模型很难分解为简单的基本体,对于这种模型可以先制作二维图形,再通过复合建模或修改器建模等将其转换成三维模型。选择命令面板中的“创建”|“图形”命令,在下拉列表中选择图形类型,在“对象类型”展卷栏中将列出该类的模型创建按钮。

3ds Max 中的二维图形是一种矢量线,由基本的顶点、线段和样条线等元素构成。使用二维图形建模的方法是先绘制一个基本的二维图形,然后进行编辑,最后添加转换成三维模型的命令即可生成三维模型。

1. 二维图形对象的层级结构

(1) 顶点。顶点是线段开始和结束的点,有如下 4 种类型。

角点:该类顶点两端的线段相互独立,两个线段可以有不同的方向。

平滑:该类顶点两端的线段的切线在同一条线上,使曲线有光滑的外观。

贝塞尔曲线:该类顶点的切线类似于平滑顶点。但贝塞尔曲线类型提供了一个可以调节切线矢量大小的句柄。

贝塞尔曲线角点:该类顶点分别为顶点的线段提供了各自的调节句柄,它们是相互独立的,两个线段的切线方向可以单独进行调整。

(2) 控制手柄:位于顶点两侧,控制顶点两侧线段的走向与弧度。

(3) 线段:两个顶点之间的连线。

(4) 样条曲线:由一条或多条连续线段构成。

(5) 二维图形对象:由一条或多条样条曲线组合而成。

2. 二维图形的重要属性

除了截面以外其他的二维图形都有“渲染”和“插值”属性展卷栏。

在默认情况下,二维图形是不能被渲染的。在“渲染”展卷栏中可以进行相关设置,获得渲染效果。勾选“在渲染中启用”复选框,渲染引擎将使用指定的参数对样条线进行渲染。勾选“在视图中启用”复选框,可直接在视图中观察样条线的渲染效果。

对于样条线而言,“插值”展卷栏中的“步数”属性的作用与三维基本体的“分段”相同。

“步数”的值越高，得到的弯曲曲线越平滑。勾选“优化”复选框，则可根据样条线以最小的折点数得到最平滑的效果。勾选“自适应”复选框，系统将自动计算样条线的步数。

3. 访问二维图形的次对象

线在所有二维图形中是比较特殊的，它没有可以编辑的参数。创建完线对象就必须在它的次对象层次（顶点、线段和样条线）中进行编辑。

对于其他二维图形，有两种方法来访问次对象：将其转换成可编辑样条线或者应用编辑样条线修改器。这两种方法在用法上略有不同。若转换成可编辑样条线，就可以直接在次对象层次设置动画，但同时将丢失创建参数；若应用编辑样条线修改器，则可保留对象的创建参数，但不能直接在次对象层次设置动画。

将二维对象转换成可编辑样条线有两种方法。

(1) 在编辑修改器堆栈显示区域的对象名上右击，然后在快捷菜单中选择“转换为可编辑样条线”命令。

(2) 在场景中选择的二维图形上右击，然后在快捷菜单中选择“转换为可编辑样条线”命令。

要给对象应用编辑样条线修改器，可以在选择对象后选择“修改”命令面板，再从编辑修改器列表中选取“编辑样条线”修改器即可。

4. “编辑样条线”修改器

1) “选择”展卷栏

“选择”卷展栏用于设定编辑层次。设定了编辑层次，则可用标准选择工具在场景中选择该层次的对象。

2) “几何体”展卷栏

许多次对象工具在“几何体”卷展栏中，这些工具与选择的次对象层次紧密相关。样条线次对象层次的常用工具如下。

附加：给当前编辑的图形增加一个或者多个图形，成为一个全新的对象。

分离：从二维图形中分离出某个线段或者样条线。

布尔运算：对样条线进行交、并和差运算。

焊接：根据可调整的阈值将两个点合并成一个点。

插入：用于插入顶点。

圆角/切角：将角处理成圆角或切角。

拆分：在指定线段上等距离地添加多个顶点。

3) “软选择”展卷栏

“软选择”卷展栏主要用于次对象层次的变换。软选择定义一个影响区域，在这个区域的次对象都被软选择。

5. 将二维对象转换成三维对象的编辑修改器

有很多编辑修改器可以将二维对象转换成三维对象。在此将介绍挤出、车削、倒角和倒角剖面编辑修改器。

"挤出"是沿着二维对象的局部坐标系的 Z 轴为其增加一个厚度。同时可以沿着拉伸方向指定段数。若二维图形是封闭的，可以指定拉伸的对象是否有顶面和底面。

"车削"是绕指定的轴向旋转二维图形，它常用来建立诸如杯子、盘子和花瓶等模型。旋转角度的取值范围为 0°～360°。

"倒角"编辑修改器与"挤出"类似，但它除了沿对象的局部坐标系的 Z 轴拉伸对象外，还可分 3 个层次调整截面的大小。

"倒角剖面"编辑修改器的作用类似于"倒角"编辑修改器，但它用一个称之为侧面的二维图形来定义截面大小，变化更为丰富。

【例 9-7】 制作"高脚杯"模型。

(1) 创建新文件，单击选择"创建"面板标签。

(2) 单击"图形"按钮。

(3) 在下拉列表中选择"样条线"选项。

(4) 单击"线"按钮，如图 9.36 所示。

(5) 在前视图中用在拐点处单击→移动配合的方法，绘制样条线，右击结束绘制，绘制结果如图 9.37 所示。

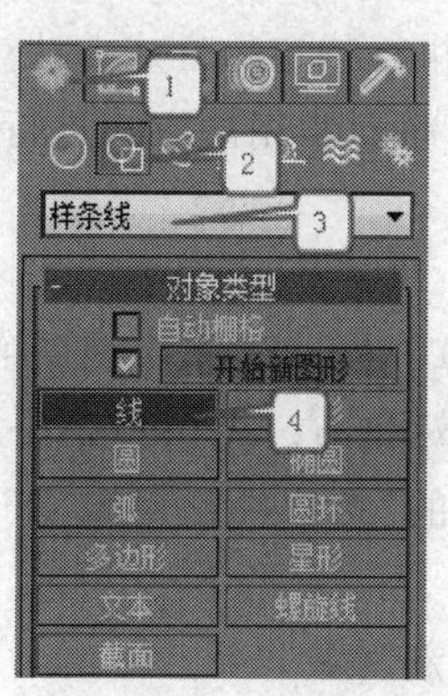

图 9.36　创建样条线

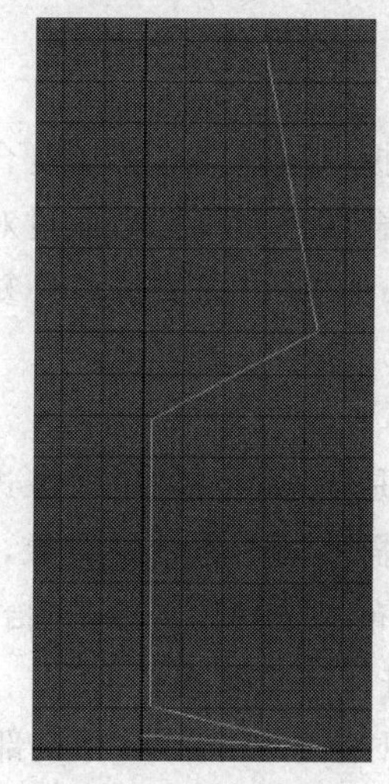

图 9.37　高脚杯样条线

(6) 在"修改"面板的"选择"展卷栏中单击"顶点"按钮，进入顶点层级微调顶点。此时若对部分顶点位置不满意，可使用移动工具进行调整。

(7) 单击"几何体"展卷栏中的"圆角"按钮，在需要进行圆角处理的各拐点处向上拖动，如图 9.38 所示。调整结果如图 9.39 所示。

(8) 在"修改"面板的"选择"展卷栏中单击"样条线"按钮，进入顶点层级，修改"几何体"展卷栏中的"轮廓"值为 1。

(9) 添加"车削"修改器。

(10) 保存文件。

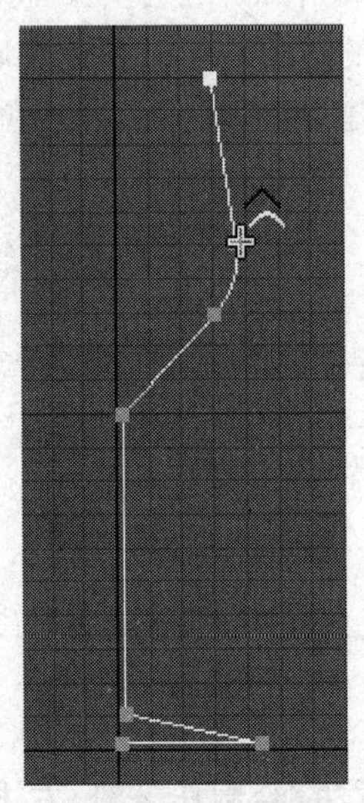

图 9.38 对拐点进行“圆角”处理

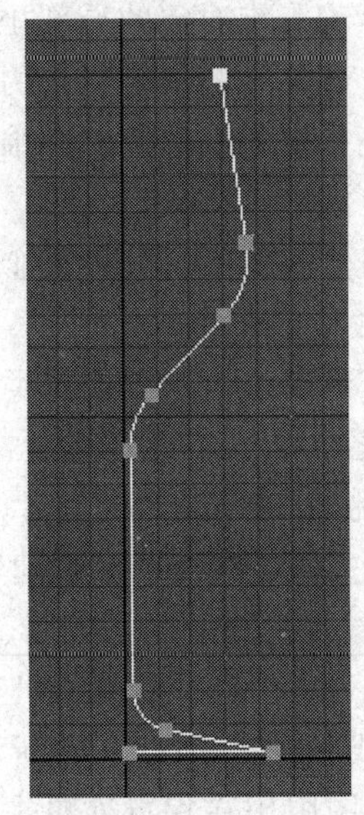

图 9.39 圆角处理结果

9.2.3 常用复合建模

在命令面板中选择“创建”|“复合对象”命令，即可在“对象类型”卷展栏下显示复合对象创建工具。复合对象建模是指通过对两个以上的对象执行特定的合成方法生成一个对象的建模方式。3ds Max 中提供了多种复合建模方式，本节将对常用的方式进行介绍。

1. 布尔运算

布尔运算是指通过对两个对象进行加运算/减运算/交运算，而得到新的物体形态的运算。布尔运算需要两个原始的对象，设其为对象 A 和对象 B。先选择一个操作对象，作为对象 A，单击“布尔”按钮，再单击“拾取布尔”卷展栏中的“拾取操作对象 B”按钮，即可指定对象 B，从而进行布尔运算。

并集：将对象 A、B 合并，相交部分删除，成为一个新对象。

交集：保留对象 A、B 的相交部分，其余部分被删除。

差集($A-B$)：从对象 A 减去与对象 B 相交的部分。

差集($B-A$)：从对象 B 减去与对象 A 相交的部分。

当立方体为对象 A，球体为对象 B 时的布尔运算效果如图 9.40 所示。

2. 放样

“放样”操作是将一个或多个样条线(截面图形)沿着第 3 个轴(放样路径)挤出三维物体，即使用这种方法也可以实现二维图形转换三维模型。在视图中选取要放样的样条线，在“复合对象”面板中单击“放样”按钮，打开“放样”参数设置界面。

在“创建方法”展卷栏中通过单击“获取路径”按钮或“获取图形”按钮确定已选择的样条线作为截面图形还是路径。在“曲面参数”展卷栏中设定放样曲面的平滑度以及是否沿放样

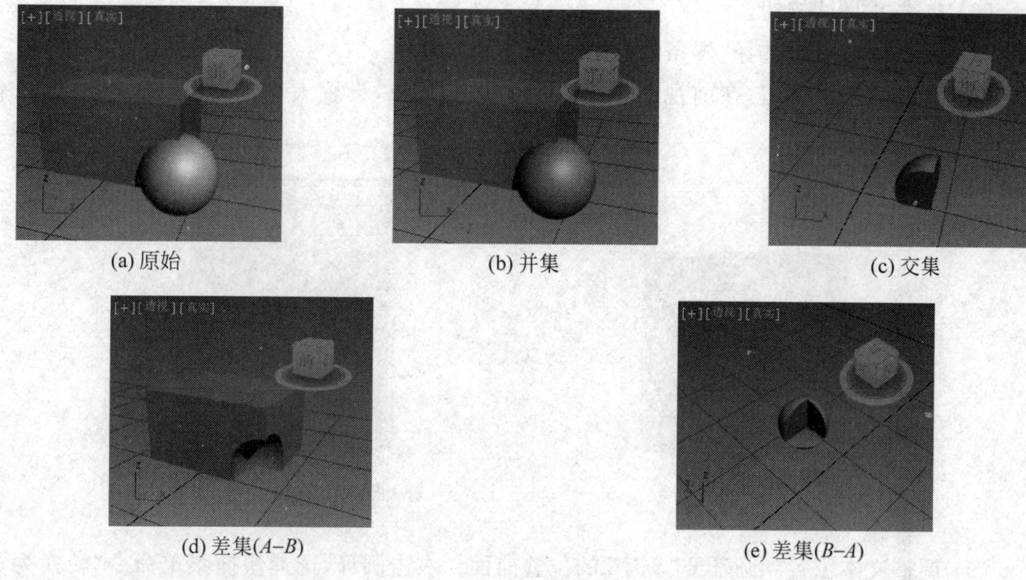

(a) 原始　(b) 并集　(c) 交集

(d) 差集(A–B)　(e) 差集(B–A)

图 9.40　布尔运算

对象应用纹理贴图。"路径参数"展卷栏用于设定路径在放样对象各间隔的图形位置等。"蒙皮参数"展卷栏用于控制放样对象网格的优化程度和复杂性。

创建放样复合对象后，通过"修改"面板的"变形"展卷栏中提供的"缩放"、"扭曲"、"倾斜"、"倒角"和"拟合"变形工具可以轻松地调整放样对象的形状。单击各按钮即可打开相应的变形操作对话框，设置调整效果。

3. 图形合并

图形合并是将一个网格物体和一个或多个几何图形合成在一起的方式。在合成过程中，几何图形既可深入网格物体内部，影响其表面形态，又可根据其几何外形将除此以外的部分从网格中减去。这种工具常常用于在物体表面镂空文字或花纹，或者从复杂的曲面物体上截取部分表面。

4. 连接

"连接"复合对象可以在两个表面有孔洞的对象之间创建连接的表面，填补对象间的空缺空间。执行此操作前，要先确保每个对象均存在被删除的面，这样令其表面产生一个或多个洞，然后使两个对象的洞与洞之间面对面。

【例 9-8】 制作"刻字指环"模型。

(1) 创建新文件，单击选择"创建"面板标签。

(2) 单击"几何体"按钮。

(3) 在下拉列表中选择"标准基本体"选项。

(4) 单击"圆环"按钮。在顶视图中创建圆环，参数设置为：半径 1——50，半径 2——10，分段——30，边数——20，如图 9.41 所示。

(5) 单击选择"创建"面板标签。

(6) 单击"图形"按钮。

(7) 在下拉列表中选择"样条线"选项。

(8) 单击"文本"按钮,在前视图中单击创建文本对象,设置大小为 10,调整字体和文本内容,如图 9.42 所示。

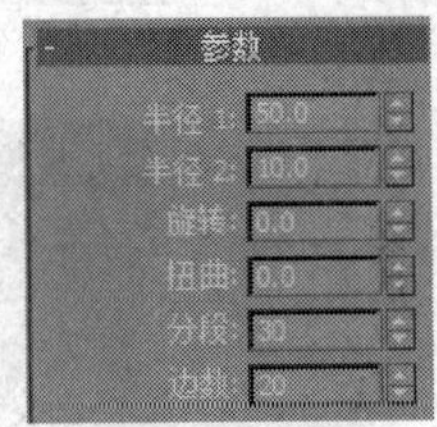

图 9.41 圆环参数

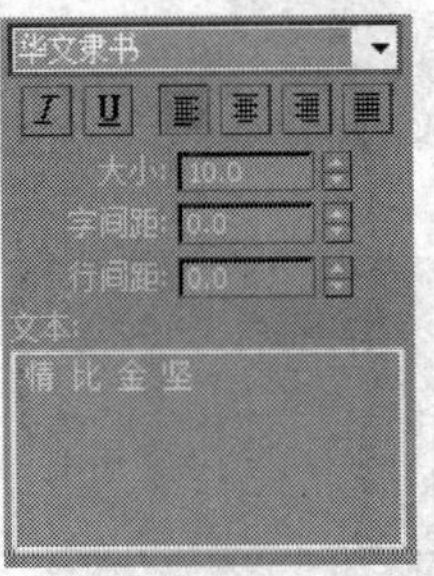

图 9.42 文本参数

(9) 调整文本位置到圆环要"刻字"的位置前面。右击圆环,选择快捷菜单命令"转换为"|"转换为可编辑网格"。右击文本,选择快捷菜单命令"转换为"|"转换为可编辑样条线"。

(10) 单击选中圆环,选择"创建"面板标签,单击"几何体"按钮,在下拉列表中选择"复合对象"选项,单击"图形合并"按钮。

(11) 单击"拾取操作对象"展卷栏中的"拾取图形"按钮,如图 9.43 所示。单击视图中的文本。

图 9.43 "图形合并"拾取图形

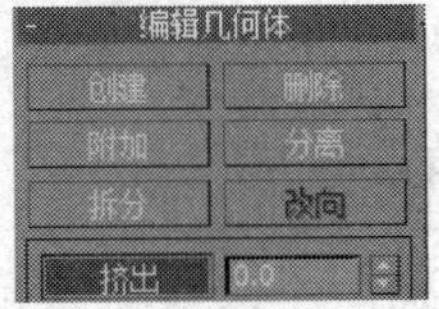

图 9.44 挤出按钮

(12) 在合并后的圆环上右击,选择快捷菜单命令"转换为"|"转换为可编辑样条线"。

(13) 在"修改"面板的"选择"展卷栏中单击"多边形"按钮,此时合并上的文字区域自动被选中。单击"编辑几何体"展卷栏中的"挤出"按钮,如图 9.44 所示,在其右侧微调框中输入-2,按回车键确认。

(14) 保存文件。

9.3 材质与贴图

材质与贴图主要用于表现对象表面的物质状态,构造真实世界中自然物质表面的视觉效果。材质用于表现物体的颜色、反光度、透明度等表面特性。而贴图则是将图片信息投影到曲面上的方法,当材质中包含一个或多个图像时称其为贴图材质。

而且,材质与贴图还是减少建模复杂程度的有效手段之一。某些造型上的细节,如物体表面的线饰、凹槽等效果完全可以通过编辑材质与贴图实现,这样将大大减少模型中的信息量,从而达到降低复杂度的目的。

9.3.1　精简材质编辑器

在主工具栏中单击按钮,打开“材质编辑器”窗口,如图9.45所示。

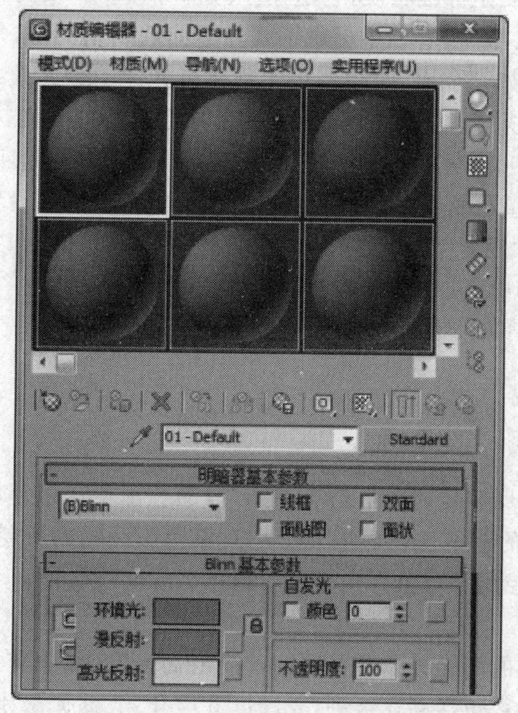

图9.45　“材质编辑器”窗口

“材质编辑器”窗口上方显示材质的“示例窗”,每一个“示例窗”代表一种材质。“示例窗”的右侧和下方是垂直工具栏和水平工具栏。垂直工具栏主要用于“示例窗”的显示设定,水平工具栏主要用于对材质球的操作。

1. 示例窗口中的常用工具栏按钮

将材质放入场景:在编辑材质之后更新场景中的已应用于对象的材质。

将材质指定给选定对象:将当前材质指定给视图中选定的对象。

重置材质/贴图为默认设置:将当前材质球恢复到默认值。

生成材质副本:复制当前选定的材质,生成材质副本。

使唯一:将两个关联的材质球的实例化属性断开,使贴图实例成为唯一的副本。

放入库:将当前选定的材质添加到当前库中。

材质ID通道:材质ID值等同于对象的G缓冲区值,范围为1～15。长按该按钮,选择弹出的数值按钮为当前材质设置ID,以便通道值可以在后期处理应用程序中使用。

显示最终结果:当此按钮处于启用状态时,“示例窗”将显示材质树中所有贴图和明暗器组合的效果。当此按钮处于禁用状态时,“示例窗”只显示材质的当前层级。

转到父对象：在当前材质中上移一个层级。

转到下一个同级项：选定当前材质中相同层级的下一个贴图或材质。

2. 标准材质的"明暗器基本参数"展卷栏

3ds Max 的默认材质是标准材质，它适用于大部分模型。设置标准材质首先要选择明暗器。在"明暗器基本参数"展卷栏中提供了 8 种不同的明暗类型，每种明暗器都有一组用于特定目的的特性。例如，"金属"明暗器用于创建有光泽的金属效果；"各向异性"明暗器用于创建高光区为拉伸并成角的物体表面，模拟流线型的表面高光，如头发、玻璃等。在"明暗器基本参数"展卷栏中，除可以选择明暗器外，还包含以下功能选项。

线框：以线框模式渲染材质。用户可在"扩展参数"展卷栏中设置线框的大小。

双面：使材质成为"双面"渲染对象的内外两面。

面贴图：将材质应用到几何体的各个面。

面状：就像表面是平面一样，渲染对象表面的每一面。

3. 标准材质的构成

1）颜色构成

标准材质选择不同明暗器时参数略有不同，但颜色主要通过环境光、漫反射、高光反射 3 部分色彩来模拟材质的基本色。环境光影响对象阴影区域的颜色，漫反射决定了对象本身的颜色，高光反射则控制了对象高光区域的颜色。

2）反射高光

不同的明暗器对应的高光控制是不同的，"反射高光"区域决定了高光的强度和范围形状。常见的反射高光参数包括高光级别、光泽度和柔化。"高光级别"决定了反射高光的强度，其值越大，高光越亮；"光泽度"影响反射高光的范围，值越大范围越小；"柔化"控制高光区域的模糊程度，使之与背景更融合，值越大柔化程度越强。

3）自发光

模拟彩色灯泡从对象内部发光的效果。若采用自发光，实际就是使用漫反射颜色替换曲面上的阴影颜色。

4）不透明度

用来设置对象的透明程度，其值越小越透明，0 为全透明。设置不透明度后，可以单击"材质编辑器"右侧的"背景"按钮，使用彩色棋盘格图案作为当前材质"示例窗"的背景，这样更加便于观察效果。

9.3.2 贴图类型

3ds Max 中材质是用来描述对象在光线照射下的反射和传播光线的方式。而材质中的贴图则是用来模拟材质表面的纹理、质地以及折射、反射等效果。

3ds Max 的所有贴图都可以在"材质/贴图浏览器"窗口中找到，贴图包含多种类型，常用的有以下几种。

1. 二维贴图

二维贴图是二维平面图像，常用于几何对象的表面，或者用于环境贴图创建场景背景。最常用也最简单的二维贴图是位图，其他二维贴图都是由程序生成的，如棋盘格贴图、渐变贴图、平铺贴图等。

2. 三维贴图

三维贴图是程序生成的三维模板，拥有自己的坐标系统。被赋予这种材质的对象切面纹理与外部纹理是相匹配的。3D贴图包括凹痕贴图、大理石贴图和烟雾贴图等。

3. 合成器贴图

合成器贴图用于混合处理不同的颜色和贴图，包括合成贴图、混合贴图、遮罩贴图及RGB倍增贴图4种类型。

4. 反射和折射贴图

此类贴图用于具有反射或折射效果的对象，包括光线跟踪贴图、反射/折射贴图、平面镜贴图及薄壁折射贴图4种类型。

在“材质编辑器”窗口的“贴图”展卷栏中单击某一贴图通道的None按钮就会弹出“材质/贴图浏览器”界面，可以选择任何一种类型的贴图作为材质贴图。

【例9-9】 制作“瓷器”材质。

(1) 打开例9-2制作的“杯子.max”文件，选中杯子模型。

(2) 单击主工具栏上的（材质编辑器）按钮，打开“材质编辑器”窗口。

(3) 选择一个材质球，在“明暗器基本参数”展卷栏中选择明暗器类型为“(B)Blinn”。设置参数：勾选“双面”复选框，环境光——白色，自发光——15，高光级别——95，光泽度——75，如图9.46所示。

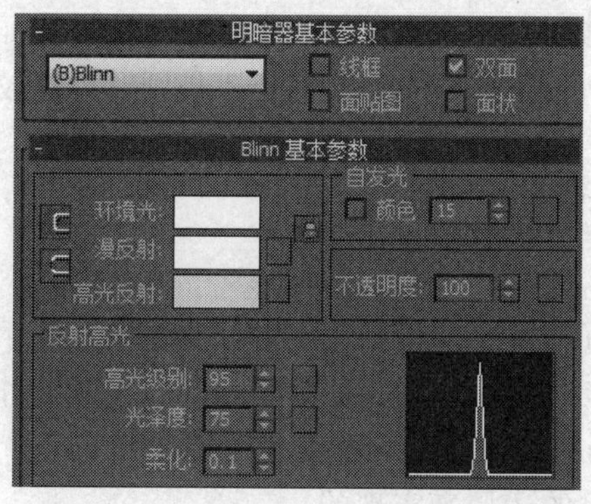

图9.46　明暗器及Blinn基本参数设置

(4) 双击“贴图”，打开“贴图”展卷栏，单击“反射”右侧None按钮，打开“材质/贴图浏览器”对话框，双击“光线跟踪”。

(5) 单击“光线跟踪器参数”展卷栏下“背景”中的“无”按钮，再次打开“材质/贴图浏览器”对话框，双击“位图”，在打开的“选择位图图像文件”对话框中打开材质图片(可使用从本书提供网址下载的素材图片 bxg.jpg)。

(6) 单击两次 (转到父对象)按钮，修改反射的数量为 10。

(7) 单击 (将材质指定给选定对象)按钮，把编辑好的材质指定给杯子。

(8) 单击 (在视图中实现标准贴图)按钮，可以在当前视图中预览贴图效果。

(9) 按快捷键 F9 进行渲染，查看最终效果。

(10) 保存文件。

9.3.3 贴图坐标

贴图坐标用于指定贴图在对象上放置的位置、大小比例、方向等。通常系统默认的贴图坐标就能达到较好的效果，而某些贴图则可以根据需要改变贴图的位置、角度等。

对于某些贴图而言，可以直接在“材质编辑器”中的“坐标”展卷栏中进行贴图的偏移、平铺、角度设置。另一种方法是在“材质编辑器”中为对象设置贴图后，在“修改”面板中添加“UVW 贴图”修改器。在该修改器的“参数”展卷栏中可以选择贴图坐标类型。

平面：以物体本身的面为单位投射贴图，两个共边的面将投射为一个完整贴图，单个面则会投射为一个三角形。

柱形：贴图投射在一个柱面上，环绕在圆柱的侧面。用于造型近似柱体的对象时非常有效。默认状态下柱面坐标系会处理顶面与底面的贴图。若选择“封口”选项，则会在顶面与底面分别以平面方式进行投影。

球形：贴图坐标以球形方式投射在物体表面，此种贴图会出现一个接缝，这种方式常用于造型类似球体的对象。

收紧包裹：该坐标方式也是球形的，但收紧了贴图的四角，将贴图的所有边聚集在球的一点，这样可以使贴图不出现接缝。

长方体：将贴图分别投射在 6 个面上，每个面都是一个平面贴图。

面：直接为对象的每块表面进行平面贴图。

XYZ to UVW：贴图坐标的 *XYZ* 轴会自动适配物体造型表面的 *UVW* 方向。此类贴图坐标可自动选择适配物体造型的最佳贴图形式，对于不规则对象比较适合选择此种贴图方式。

9.4 摄影机与灯光

一幅好的效果图需要好的观察角度让人一目了然，因此调节摄影机是进行工作的基础。灯光的主要目的是对场景产生照明、烘托场景气氛和产生视觉冲击。产生照明是由灯光的亮度决定的；烘托气氛是由灯光的颜色、衰减和阴影决定的；产生视觉冲击是结合前面建模和材质并配合灯光摄影机的运用来实现的。

9.4.1 摄影机简介

摄影机用于从不同的角度、方向观察同一个场景，通过调节摄影机的角度、镜头、景深等设置，可以得到一个场景的不同效果。3ds Max 摄影机是模拟真实的摄影机设计的，具有焦距、视角等光学特性，但也能实现一些真实摄影机无法实现的操作，如瞬间更换镜头等。

1. 摄影机的类型

3ds Max 提供了两种摄影机："目标"摄影机和"自由"摄影机。

"目标"摄影机在创建的时候就创建了两个对象：摄影机本身和摄影目标点。将目标点链接到动画对象上，就可以拍摄视线跟踪动画，即拍摄点固定而镜头跟随动画对象移动。所以"目标"摄影机通常用于跟踪拍摄、空中拍摄等。

"自由"摄影机在创建时仅创建了单独的摄影机。这种摄影机可以很方便地被操控，进行推拉、移动、倾斜等操作，摄影机指向的方向即为观察区域。"自由"摄影机比较适合绑定到运动对象上进行拍摄，即拍摄轨迹动画，其主要用于流动拍摄、摇摄和轨迹拍摄。

2. 摄影机的主要参数

两种摄影机的参数绝大部分是完全相同的，在此进行统一介绍。

"镜头"微调框：设置摄影机镜头的焦距长度，单位为 mm。镜头的焦距决定了成像的远近和景深。其值越大看到的越远，但视野范围越小，景深也越小。焦距在 40～55mm 之间为标准镜头；焦距在 17～35mm 之间为广角镜头，拍摄的画面视野宽阔、景深长，可以表现出很大的清晰范围；焦距在 6～16mm 之间为短焦镜头，这种镜头视野更加宽阔，但是物体会产生一些变形。在"备用镜头"选项组中则提供了一些常用的镜头焦距。

"视野"微调框：设置摄影机观察范围的宽度，单位为度。"视野"与焦距是紧密相连的，焦距越短视野越宽。

9.4.2 灯光简介

"灯光"对象是用来模拟现实生活中不同类型的光源的，通过为场景创建灯光可以增强场景的真实感、场景的清晰程度和三维纵深度。在没有添加"灯光"对象的情况下，场景会使用默认的照明方式，这种照明方式根据设置由一盏或两盏不可见的灯光对象构成。若在场景中创建了"灯光"对象，系统的默认照明方式将自动关闭。若删除场景中的全部灯光，默认照明方式又会重新启动。在渲染图中，光源会被隐藏，只渲染出其发出的光线产生的效果。3ds Max 中提供了标准灯光和光度学灯光。标准灯光简单、易用，光度学灯光则较复杂。下面主要介绍标准灯光的类型和参数。

1. 标准灯光的类型

1）聚光灯

聚光灯能产生锥形照射区域，有明确的投射方向。聚光灯又分为目标聚光灯和自由聚光灯。目标聚光灯创建后产生两个可调整对象：投射点和目标点。这种聚光灯可以方便地调整照明的方向，一般用于模拟路灯、顶灯等固定不动的光源。自由聚光灯创建后仅产生投射点这一个可调整对象，一般用于模拟手电筒、车灯等动画灯光。

2）平行光

平行光的光线是平行的，它能产生圆柱形或矩形棱柱照射区域。平行光又分为目标平行光与自由平行光。目标平行光与目标聚光灯相似，也包含投射点和目标点两个对象，一般用于模拟太阳光。自由平行光则只包含了投射点,只能整体移动和旋转,一般用于对运动物体进行跟踪照射。

3)泛光

泛光是一个点光源,没有明确的投射方向,它由一个点向各个方向均匀地发射出光线,可以照亮周围所有的物体。但需要注意,如果过多地使用泛光会令整个场景失去层次感。

4)天光

天光是一种圆顶形的区域光。它可以作为场景中唯一的光源,也可以和其他光源共同模拟出高亮度和整齐的投影效果。

2. 灯光的常用参数

不同种类的灯光参数设置略有不同,这里主要介绍常用的基本参数的设置方法。

"常规参数"展卷栏:主要用于确定是否启用灯光、灯光的类型、是否投射阴影及启用阴影时阴影的类型。

"强度/颜色/衰减"展卷栏:"倍增"微调框用于指定灯光功率放大的倍数;"衰退"选项区用于设置衰退算法,配合"近距衰减"和"远距衰减"模拟距离灯光远近不同的区域的亮度。

"阴影参数"展卷栏:用于设置场景中物体的投影效果,包括阴影的颜色、密度(密度越高阴影越暗)、材质,确定灯光的颜色是否与阴影颜色混合。除了设置阴影的常规属性外也可以让灯光在大气中透射阴影。

9.5 动画生成的基本流程

动画是以人眼的"视觉暂留"现象为基础实现的。当一系列相关的静态图像在人眼前快速通过的时候,人们就会觉得看到的是动态的,而其中的每一个静态图像称为一帧。3ds Max 采用了关键帧的动画技术,创作者只需要绘制关键帧的内容即可,关键帧之间的信息则由 3ds Max 计算得出。

3ds Max 中实现动画的途径有很多,如使用自动关键帧和手动关键帧;使用轨迹视图、动力学系统、反动力学系统;使用动画控制器;使用外部插件等。3ds Max 生成动画的基本流程如下。

1. 进行时间配置

在制作动画之前应该将动画时长、帧频等参数进行设置。单击动画控制区中的"时间配置"按钮,弹出"时间配置"对话框。该对话框的"帧数率"区域用于设置帧频,帧频越高,动画的播放速度越快。"动画"区域用于设置动画的总帧数,总帧数越大,动画的时间越长。

2. 制作场景及对象模型

设计好动画情节后就开始对场景及对象进行建模,在建模过程中要根据情节的要求设置相应参数,包括灯光和摄影机等。

3. 记录动画

在 9.1.3 节的界面分布中曾经介绍了“动画控制区”，在动画控制区中除了提供了动画的播放控制按钮外，还提供了基础动画设置的控制按钮，常用的有“自动关键点”和“设置关键点”按钮。

“自动关键点”按钮：开启/关闭自动关键点模式。开启自动关键点状态后，时间轨迹都变成红色。软件会自动将当前帧记录为关键帧，并记录下对模型的任何修改，如移动、旋转、缩放等。

“设置关键点”按钮：开启/关闭设置关键点模式。开启设置关键点模式后，时间轴都变成红色。此时单击 (设置关键点)按钮，软件将当前帧记录为关键帧，并记录下对模型的任何修改。

4. 结束记录

所有的关键点设置完毕，再次单击“自动关键点”按钮或“设置关键点”按钮即可关闭记录关键点的状态，时间轨迹恢复正常。

5. 播放及调整动画

动画制作完成即可用动画播放控制区的按钮控制动画播放来查看动画效果，并且反复进行调整和测试。

本章小结

本章简要讲解了 3ds Max 的基础知识、常用工具的用法、常用建模方法、材质与贴图的设置，以及灯光和摄影机的基本知识。本章最后结合综合实例介绍了 3ds Max 建模的一般过程，通过学习并动手实践制作实例内容可以对本章介绍的知识有所了解和运用，进而达到举一反三的目的。

【注释】

1. Discreet 公司：全球第四大 PC 软件公司——Autodesk 的子公司。其数字解决方案 3ds Max、Combustion 等，在数字艺术设计领域、影视视觉特效领域发挥了举足轻重的作用，建立了如今数字影视制作领域的多种行业标准。
2. PC：Personal Computer，个人计算机。源自于 1981 年 IBM 的第一部桌面型计算机。
3. Microsoft Windows NT：是微软公司推出的面向工作站、网络服务器和大型计算机的网络操作系统，也可作为 PC 操作系统。
4. 图形工作站：是一种专门用于图形、静态图像、动态图像与视频工作的高档次专用计算机的总称。

第10章 三维开发工具Unity 3D

导学

1. 内容与要求

本章主要介绍Unity 3D三维建模工具的功能和简单应用。Unity 3D是一个全面整合的专业游戏引擎,Unity 3D相对于其他的3D游戏开发环境的优势是即看即所得,开发者可以在整个开发过程中实时地查看到自己制作游戏的运行情况,这使得游戏开发过程变得直观且简单。在资源导入方面,Unity 3D对于3ds Max、Maya、Blender、Cinema4D和Cheetah3D的支持都比较好,很好地解决了跨平台和多软件相互协作的问题。所以对于初学者而言,Unity 3D是一款非常好的三维建模工具,本章将对Unity 3D加以介绍。

本章首先介绍Unity 3D的现状和主要作品,讲解Unity 3D的主要功能,包括Unity 3D的版本、Unity 3D的安装、Unity 3D界面及菜单介绍,要求熟悉Unity 3D的主要功能及常用菜单。

然后讲解第一个Unity 3D小程序Hello Cube,之后分别讲解在Unity 3D中如何调试程序及制作光照、地形、Skybox、物理引擎和动画系统,要求能运用Unity 3D制作简单的应用。

最后讲解外部资源应用,包括贴图和3ds Max静态和动态模型导出,要求能把3ds Max的模型导入Unity 3D中。

2. 重点、难点

本章重点是掌握Unity 3D基本建模方法、其他工具模型导入和简单的脚本应用；难点是脚本的应用。

Unity 3D是目前应用最广的三维建模工具和游戏开发平台,具有很好的平台兼容性,本章将对Unity 3D由浅入深地加以介绍。

10.1 Unity 3D简介

Unity 3D是由Unity Technologies开发的一个可轻松创建三维游戏、建筑可视化、实时三维动画等类型的互动内容的多平台综合型三维建模开发工具,是一个全面整合的专业游戏引擎,如图10.1所示。Unity类似于Director、Blender Game Engine、Virtools或Torque Game Builder等利用交互的图形化开发环境为首要方式的软件,其编辑器运行在Windows和Mac OS X下,可发布游戏至Windows、Mac、Wii、iPhone、Windows Phone 8和

Android 平台。它也可以利用 Unity Web Player 插件发布网页游戏，支持 Mac 和 Windows 的网页浏览。它的网页播放器也被 Mac Widgets 所支持，所以可在 PC 平台开发和测试，然后只需要很少的改动，即可将游戏移植到其他平台。

图 10.1　三维建模工具 Unity 3D

据不完全统计，目前国内有 80％的 Android、iPhone 手机游戏使用 Unity 3D 进行开发。例如著名的手机游戏《神庙逃亡》就是使用 Unity 3D 开发的，其界面如图 10.2 所示。也有《纵横时空》、《将魂三国》、《争锋 Online》、《萌战记》、《绝代双骄》、《蒸汽之城》、《星际陆战队》、《新仙剑奇侠传 Online》、《武士复仇 2》、《UDog》等上百款游戏都是使用 Unity 3D 开发的。

图 10.2　《神庙逃亡》游戏界面

当然，Unity 3D 不仅限于游戏行业，在虚拟现实、工程模拟、3D 设计等方面也有着广泛的应用。国内使用 Unity 3D 进行虚拟仿真教学平台、房地产三维展示等项目开发的公司非常多，例如绿地地产、保利地产、中海地产、招商地产等大型的房地产公司的三维数字楼盘展示系统很多都是使用 Unity 3D 进行开发的，较典型的如《Miya 家装》、《飞思翼家装设计》、《状元府楼盘展示》等。

Unity 3D 提供强大的关卡编辑器，支持大部分主流 3D 软件格式，使用 C＃ 或 JavaScript 等高级语言实现脚本功能，使开发者无须了解底层复杂的技术，快速地开发出具有高性能、高品质的游戏产品，本章范例全部使用 C＃。

随着 iOS、Android 等移动设备的大量普及和虚拟现实在国内的兴起，Unity 3D 因其强大的功能、良好的可移植性，在移动设备和虚拟现实领域一定会得到广泛的应用和传播。

10.2 Unity 3D 入门及功能介绍

本节介绍如何安装 Unity 3D 和使用其菜单功能，为使用 Unity 3D 开发游戏创建一个工程环境。

10.2.1 Unity 3D 的版本

Unity 3D 提供了基础版和专业版两个版本，专业版相对于基础版有更多高级功能，如实时阴影效果、屏幕特效等。基础版能满足大部分学习开发需求，本书例题均以基础版为例。

在 PC 和 Mac 平台上，基础版是完全免费的，但针对 Flash、iOS、Android 等平台则要收取授权费用。在 Unity 3D 的在线商店 https://store.unity3d.com/subscribe 可以了解到详细的价格情况。

10.2.2 Unity 3D 的安装

在 Unity 3D 的官方网站 http://unity3d.com/cn/上可以免费下载 Unity 3D，包括 PC 版和 Mac 版，其包括专业版和针对 Flash、iOS、Android 等平台的全部功能。下载完 Unity 3D 后，运行安装程序，按提示安装即可。安装完成并且注册(专业版需付费)之后，就可以进入如图 10.3 所示的界面。

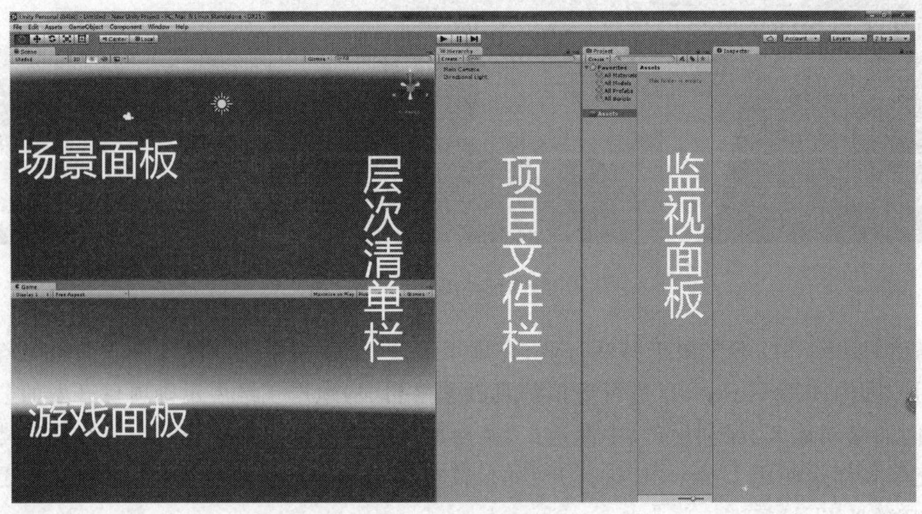

图 10.3 Unity 3D 初始界面

这里需要注意，在新建 Unity 3D 项目时，一定要放在非中文命名的路径中。此外，每次在创建新项目的时候，Unity 3D 都会重启一下，这是正常现象，不要以为 Unity 3D 没安装成功。

10.2.3　Unity 3D 界面及菜单介绍

如图 10.3 所示为 Unity3D 经典 2 by 3 结构界面，界面呈现了 Unity 3D 最为常用的几个面板，下面为各个面板的详细说明。

Scene(场景面板)：该面板为 Unity 3D 的编辑面板，可以将所有的模型、灯光以及其他材质对象拖放到该场景中，构建游戏中所能呈现的景象。

Game(游戏面板)：与场景面板不同，该面板是用来渲染场景面板中景象的。该面板不能用作编辑，但却可以呈现完整的动画效果。

Hierarchy(层次清单栏)：该面板栏主要功能是显示放在场景面板中所有的物体对象。

Project(项目文件栏)：该面板栏主要功能是显示该项目文件中的所有资源列表，除了模型、材质、字体外，还包括该项目的各个场景文件。

Inspector(监视面板)：该面板栏会呈现出任何对象所固有的属性，包括三维坐标、旋转量、缩放大小、脚本的变量和对象等。

“场景调整工具”：可改变用户在编辑过程中的场景视角、物体世界坐标和本地坐标的更换、物体法线中心的位置，以及物体在场景中的坐标位置、缩放大小等。

“播放、暂停、逐帧”按钮：用于运行游戏、暂停游戏和逐帧调试程序。

“层级显示”按钮：勾选或取消该下拉框中对应层的名字，就能决定该层中所有物体是否在场景面板中被显示。

“版面布局”按钮：调整该下拉框中的选项，即可改变编辑面板的布局。

“菜单栏”：和其他软件一样，包含了软件几乎所有要用到的工具下拉菜单。

除了 Unity 3D 初始化的这些面板以外，还可以通过“Add Tab”按钮和菜单栏中的 Window 下拉菜单，增添其他面板和删减现有面板。还有用于制作动画文件的 Animation(动画面板)、用于观测性能指数的 Profiler(分析器面板)、用于购买产品和发布产品的 Asset Store(资源商店)、用于控制项目版本的 Asset Server(资源服务器)、用于观测和调试错误的 Console(控制台面板)。

在“菜单栏”中包含有 7 个菜单选项，分别是 File(文件)、Edit(编辑)、Assets(资源)、Game Object(游戏对象)、Component(组件)、Window(窗口)、Help(帮助)。这些是 Unity 3D 中标准的菜单选项卡，其各自又有自己的子菜单，在本书的实验指导中列出了各个菜单栏以及它们所包含的下拉菜单及其译名，供读者参考。

10.3　第一个 Unity 3D 程序 Hello Cube

本节将以一个小例子 Hello Cube 介绍 Unity 3D 的三维建模过程。

【例 10-1】　Hello Cube。

(1) 在模型对象区域中的 Hierarchy(层次清单)栏中创建一个“Cube”(立方体)，在

Inspector(监视)面板中修改它的 Position X、Y、Z 均为 0。

(2) Unity3D 场景默认是没有光照源的,因此需要在 Hierarchy 栏中创建一个“Directional light”,即平行光,如图 10.4 所示。

(3) 修改“Main Camera”的 Position 为(0,1,−5)。

(4) 在项目资源管理器中创建一个 C# 脚本,命名为“CubeControl”,如图 10.5 所示,创建完成之后,可通过双击该脚本文件进入编辑器。

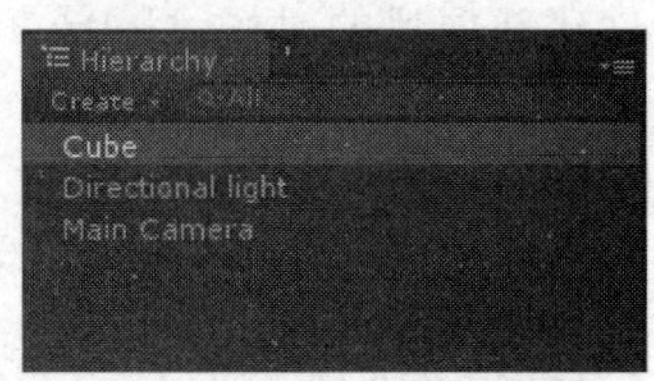

图 10.4 在 Hierarchy 中创建光

图 10.5 创建 C# 脚本

(5) 在编辑器中,写入代码实现操作对象的移动。代码主要判断用户的按键操作,如果是上、下、左、右操作,则对指定的对象进行指定方向的移动。代码应写在 Update 方法中,程序的每一帧都会调用 Update 方法,1 秒默认为 30 帧。具体实现代码如下:

```
using UnityEngine;
using System.Collections;
public class CubeControl : MonoBehaviour {
// Use this for initialization
// Unity 3D 中常用的几种系统自调用的重要方法
// 首先,说明一下他们的执行顺序:
// Awake—Start—Update—Fixedupdate—Lateupdate
// Start 仅在 Update 函数第一次被调用前调用
void Start () {}
        // Update is called once per frame
void Update () {
        //键盘的上下左右键可以翻看模型的各个面(模型旋转)
        if(Input.GetKey(KeyCode.UpArrow)){                    //上
            transform.Rotate(Vector3.right * Time.deltaTime * 10);}
        if(Input.GetKey(KeyCode.DownArrow)){                  //下
            transform.Rotate(Vector3.left * Time.deltaTime * 10);}
        if(Input.GetKey(KeyCode.LeftArrow)){                  //左
            transform.Rotate(Vector3.up * Time.deltaTime * 10);}
        if(Input.GetKey(KeyCode.RightArrow)){                 //右
            transform.Rotate(Vector3.down * Time.deltaTime * 10);}}
```

(6) 将保存后的 CubeControl 通过鼠标拖动到模型对象区 Hierarchy 中的 Cube 上进行脚本绑定。绑定脚本和对象之后,在 Cube 的属性中会看到如图 10.6 所示的界面。

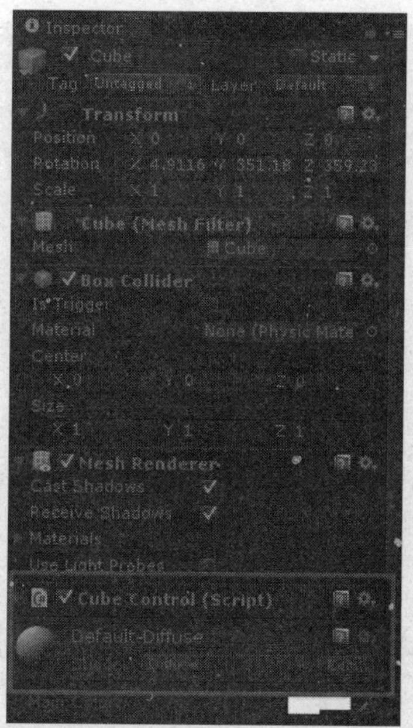

图 10.6　Cube的属性面板

(7) 现在可以预览这个程序了，单击如图 10.7 所示的播放按钮，即可进入模拟器看到效果。这时，通过按键盘中的上、下、左、右键，Cube 立方体会随着按键翻转，第一个 Unity 3D 程序——Hello Cube 就完成了。

图 10.7　Hello Cube 运行效果

(8) 然后可以将程序发布，Unity 3D 具有强大的跨平台能力，Unity 3D 中的项目可以发布为各种主流类型操作系统兼容的应用程序。通过选择 File|Build Settings 命令，即可进入如图 10.8 所示的发布设置窗口界面。查看 Platform 列表，里边囊括了几乎目前所有的操作平台，即在 Unity 3D 中可以实现一次开发，多平台运行。

(9) 本例中将发布一个 Windows 平台的典型 exe 程序(如图 10.9 所示)和一个 Web 平台的 Flash 程序(如图 10.10 所示)。

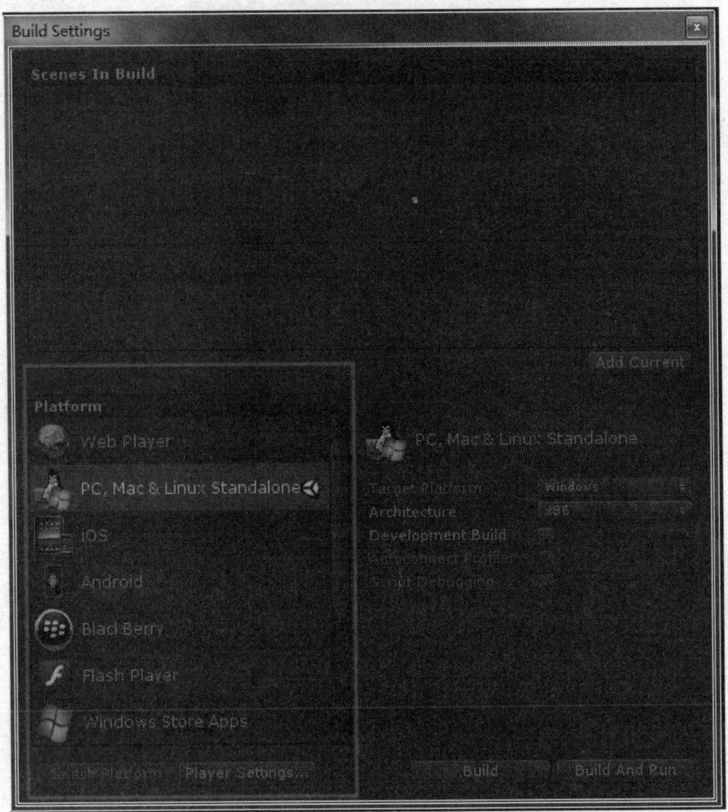

图 10.8 Build Settings 对话框

图 10.9 Windows 平台游戏预览

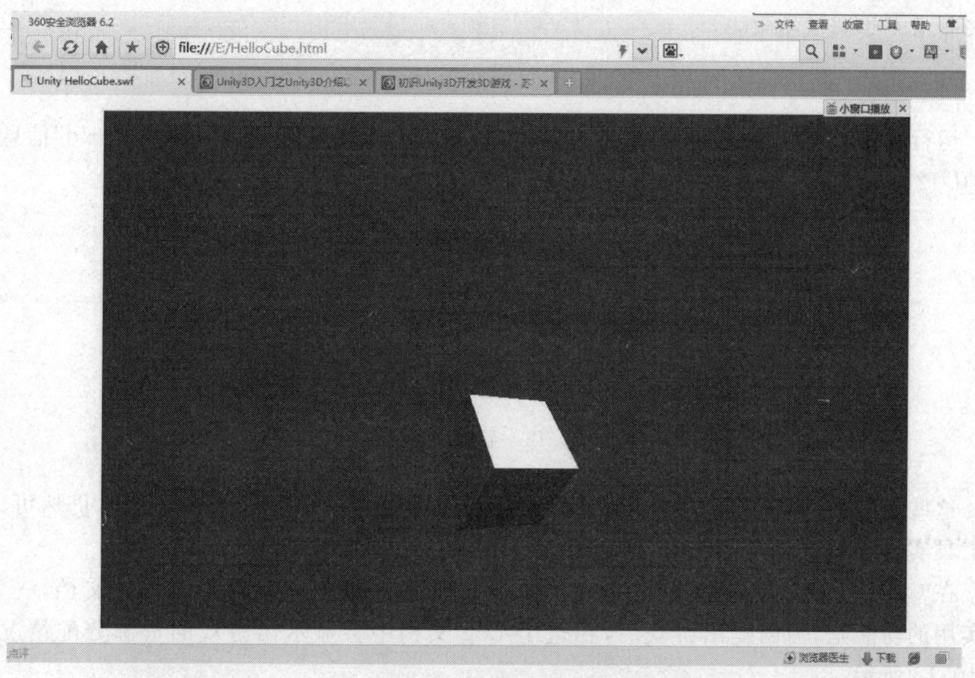

图 10.10 Web 下游戏预览

(10) 本例中的 Cube 立方体的棱角有锯齿,这是因为在默认环境下,抗锯齿这个属性是设为 Disabled(禁用)的。因此,可以通过选择 Edit|Project Settings|Quality 命令,将 Anti Aliasing 这个属性选为 2x Multi Sampling(可选值为 2x Multi Sampling、4x Multi Sampling 以及 8x Multi Sampling,值越大越平滑,但是会占用更多的系统资源,开发调试阶段一般选择为 Disabled),如图 10.11 所示。

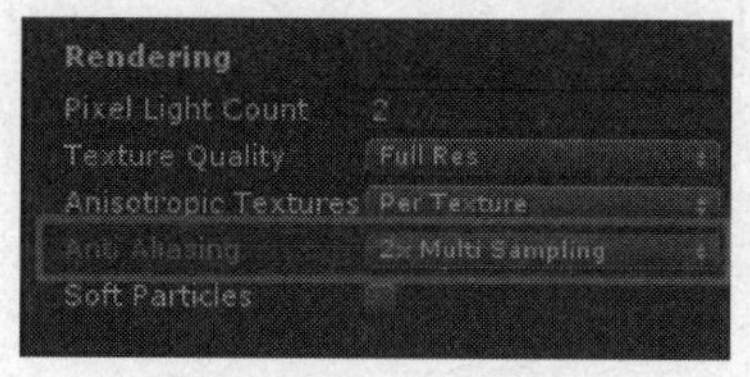

图 10.11 Quality 窗口

10.4 调试程序

游戏开发中出现错误是正常的,调试程序发现错误非常重要。本节将介绍调试程序的几种常用方式。

10.4.1 显示 Log

在 Unity 编辑器下方有一个 Console 窗口,用来显示控制台信息,如果程序出现错误,这里会用红色的字体显示出现错误的位置和原因,也可以在程序中添加输出到控制台的代码来显示一些调试结果：

```
Debug.Log("Hello world");
```

运行程序，当执行到 Debug.Log 代码时，在控制台会对应显示出“Hello world”信息，如图 10.12 所示。

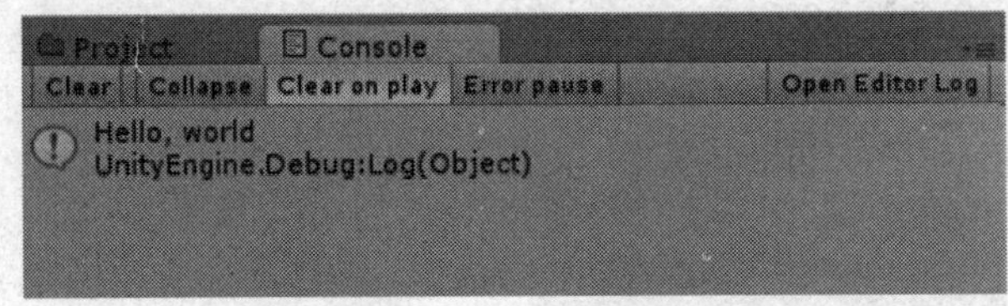

图 10.12　显示调试信息

这些 Log 内容不仅会在 Unity 编辑器中出现，当在手机上运行这个程序时仍然可以通过工具实时查看。

在 Console 窗口的右侧选择 Open Editor Log 命令会打开编辑器的 Log 文档，一个比较实用的功能是，当创建出游戏后，在这个 Log 文档中会显示出游戏的资源分配情况，如图 10.13 所示。

Textures	587.1 kb	11.2%
Meshes	42.0 kb	0.8%
Animations	1.8 kb	0.0%
Sounds	2.1 mb	40.8%
Shaders	0.0 kb	0.0%
Other Assets	5.0 kb	0.1%
Levels	11.1 kb	0.2%
Scripts	11.6 kb	0.2%
Included DLLs	2.4 mb	46.3%
File headers	16.4 kb	0.3%
Complete size	5.1 mb	100.0%

图 10.13　Log 中保存的信息

10.4.2　设置断点

Unity 3D 自带的 Mono 脚本编辑器提供了断点调试功能，使用的方法如下。

【例 10-2】 在程序中设置断点。

(1) 使用 MonoDevelop 作为默认的脚本编辑器。在 Project 窗口中右击选择 Sync MonoDevelop Project 命令，打开 MonoDevelop 编辑器。

(2) 在代码中按 F9 键设置断点。

(3) 在 MonoDevelop 的菜单栏选择 Run|Attach to Process 命令，选择 Unity Editor 作为调试对象，然后单击 Attach 按钮，如图 10.14 所示。

(4) 在 Unity 编辑器中运行游戏，当运行到断点时游戏会自动暂停，这时可以在 MonoDevelop 中查看调试信息，如图 10.15 所示。之后，需要按 F5 键越过当前断点才能继续执行后面的代码。

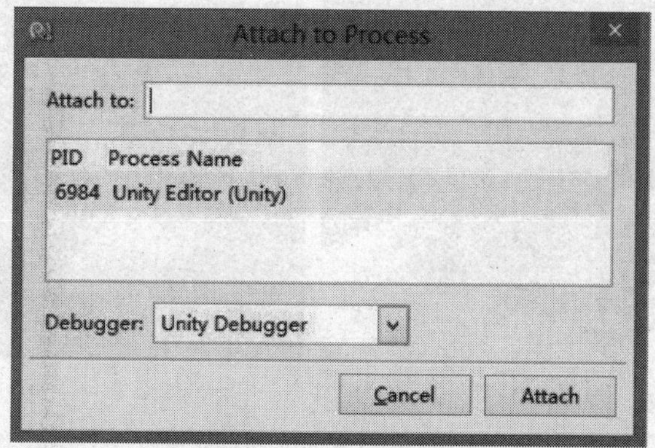

图 10.14　使用 Unity Editor 作为调试对象

Locals

Name	Value	Type
this	{Main Camera (TitleScreen)}	TitleScreen
base	{UnityEngine.MonoBehaviour}	UnityEngine.MonoBehaviour
base	{UnityEngine.Behaviour}	UnityEngine.Behaviour
useGUILayout	true	bool
a	10	int
b	20	int
m_loadingFlag	false	bool
m_loadProgress	0	float
a	0	int

Watch　Locals　Breakpoints　Threads

图 10.15　利用断点调试

10.5　光影

在 3D 游戏中，光影是一项重要的组成元素，一个漂亮的 3D 场景如果没有光影效果的烘托将暗淡无光。因此，Unity 提供了多种光影解决方案，下面将逐一介绍。

10.5.1　光源类型

Unity 一共提供了 4 种光源，不同光源的主要区别在于照明的范围不同。在 Unity 菜单栏选择 GameObject|Create Other 命令，即可创建这些灯光，包括 Directional Light(方向光)、Point Light(点光源)、Spot Light(聚光灯)、Area Light(范围光)。

Directional Light 像是一个太阳，光线会从一个方向照亮整个场景，在 Forward Rendering 模式下，只有方向光可以显示实时阴影，效果如图 10.16(a)所示。

Point Light 像室内的灯泡，从一个点向周围发射光线，光线逐渐衰减，如图 10.16(b)所示。

(a) (b)

图 10.16 方向光和点光源

Spot Light 就像是舞台上的聚光灯，当需要光线按某个方向照射，并有一定范围限制时，那就可以考虑使用 Spot Light，如图 10.17(a)所示。

Area Light 只有在 Pro 版中才能使用，它通过一个矩形范围向一个方向发射光线，只能被用来烘焙 Lightmap，如图 10.17(b)所示。

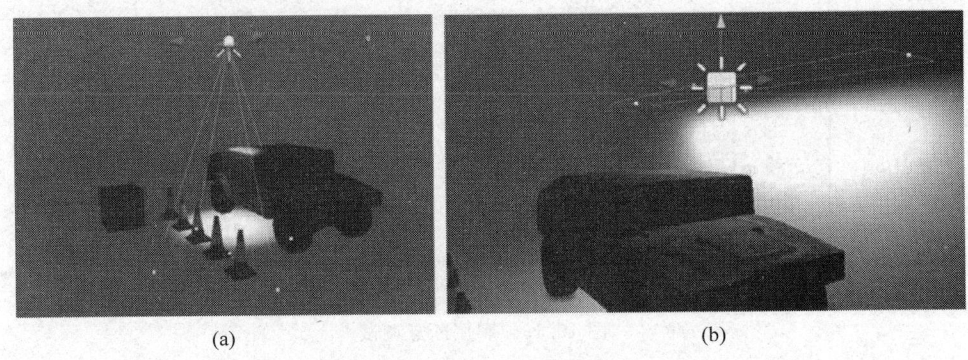

(a) (b)

图 10.17 聚光灯和范围灯

这几种光源都可以在 Inspector 窗口进行设置，如图 10.18 所示。

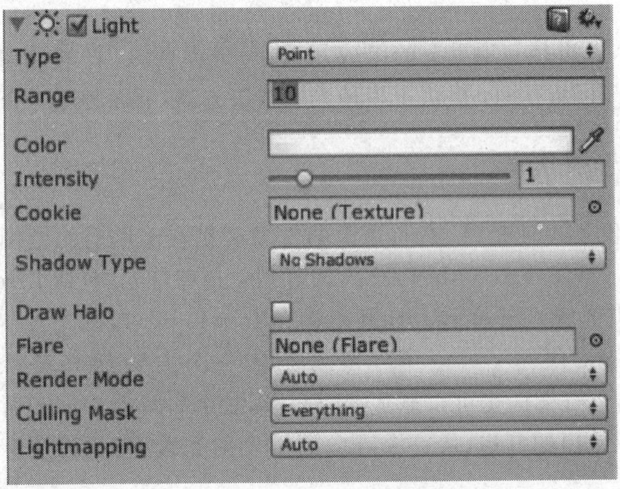

图 10.18 设置光源

其中 Range 决定光的影响范围，Color 决定光的颜色，Intensity 决定光的亮度，Shadow Type 决定是否使用阴影。

Render Mode 是一个重要的选项，当设为 Important 时其渲染将达到像素质量，设为 Not Important 则总是一个顶点光，但可以获得更好的性能。

如果希望光线只用来照明场景中的部分模型，可通过设置 Culling Mask 控制其影响对象。Lightmapping 可设为 RealtimeOnly 或 BakedOnly，这将使光源仅能用于实时照明或烘焙 Lightmap。

10.5.2 环境光与雾

环境光是 Unity 提供的一种特殊光源，它没有范围和方向的概念，会整体地改变场景亮度。环境光在场景中是一直存在的，在菜单栏选择 Edit | Render Settings 命令，然后在 Inspector 窗口调节 Ambient Light 的颜色即决定了环境光的亮度和颜色。

在这里勾选 Fog 复选框还可以开启雾效果，通过设置 Fog Color 改变雾的颜色，设置 Fog Density 改变雾的强度，如图 10.19 所示。

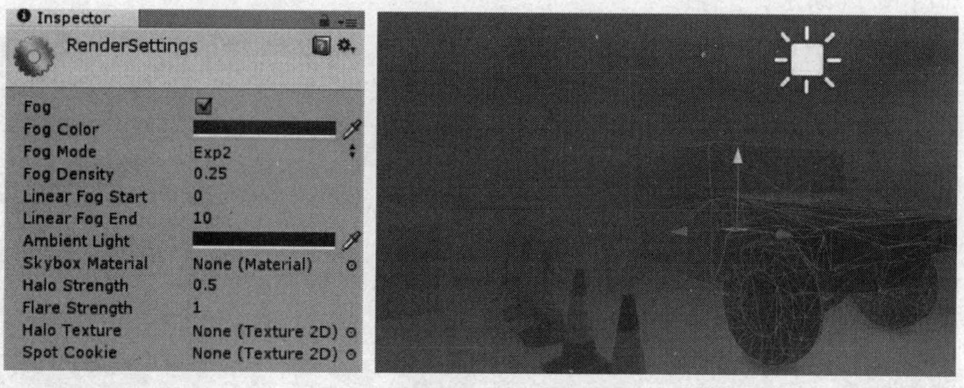

图 10.19　设置环境光和雾

雾效果对性能会造成一定影响，在硬件性能较差的平台要谨慎使用这个功能。

10.6 地形

Terrain（地形）是 Unity 3D 提供的一个地形系统，主要用来表现庞大的室外地形，特别适合表现自然的环境。下面将通过一个示例说明地形的应用。

【例 10-3】 Unity 3D 地形应用。

(1) 新建一个 Unity 工程，在 Project 窗口右击，选择 Import Package | Terrain Assets 命令，然后选择 Import 导入 Unity 提供的 Terrain 模型、贴图素材，我们将使用 Unity 提供的这些素材完成一个地形效果。

(2) 在菜单栏选择 GameObject | Create Other | Terrain 命令创建一个基本的 Terrain。然后在 Inspector 窗口选择 Terrain 设置选项，如图 10.20 所示。默认的 Terrain 非常大，这里将 Terrain Width 和 Terrain Length 设为 500，缩小 Terrain 尺寸；将 Heightmap

Resolution 设为 257，降低其精度。

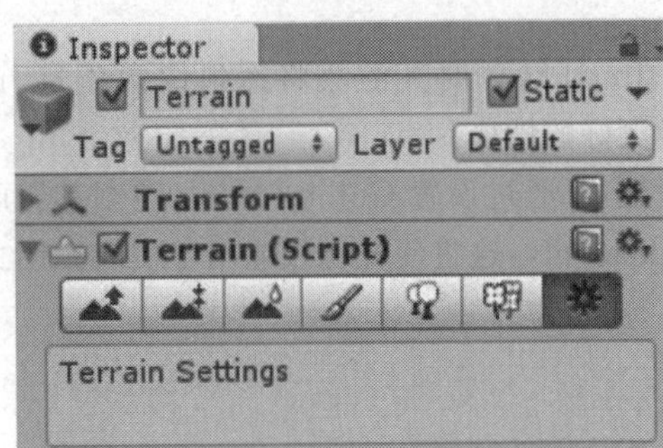

图 10.20 设置地形

(3) 在 Inspector 窗口选择 Raise 工具，设置 Brush Size 改变笔刷大小，设置 Opacity 改变笔刷力度，然后在 Terrain 上绘制拉起表面，若同时按 Shift 键则会将表面压下。使用 Paint Height 工具可以直接绘制指定高度；使用 Smooth Height 工具可以光滑 Terrain 表面，如图 10.21 所示。

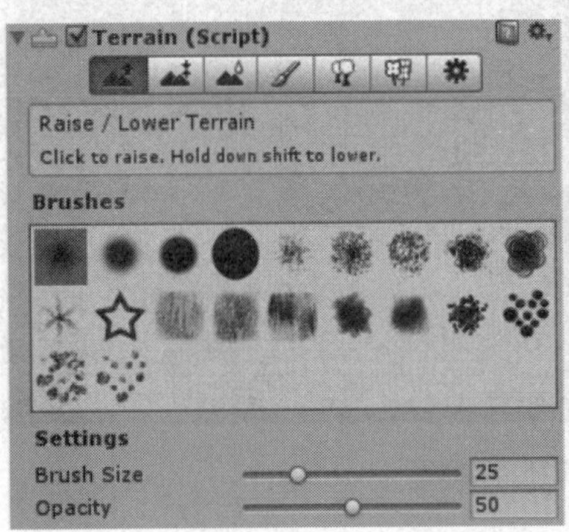

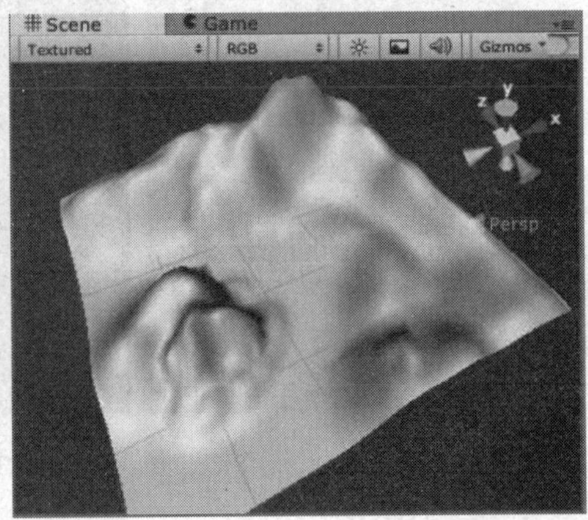

图 10.21 改变地形

(4) 选择 Paint Texture 工具，选择 Edit Textures|Add Texture 命令打开编辑窗口，为 Terrain 添加贴图，注意在 Tile Size 中设置贴图的尺寸。这个操作可以反复执行多次添加多张贴图。最后在 Textures 中选择需要的贴图，将贴图画到 Terrain 上面，如图 10.22 所示。

(5) 选择 Place Trees 工具，选择 Edit Trees|Add Tree 命令添加树模型，这个操作可以执行多次加入多个模型。在 Trees 中选择需要的模型，将其绘制到 Terrain 上面，如图 10.23 所示。

(6) 选择 Paint Details 工具，选择 Edit Details|Add Grass Texture 命令添加草贴图(贴图一定要有 Alpha)，选择 Add Detail Mesh 选项添加细节模型(如石头等)，这个操作可以反复执行多次。最后在 Details 中选择需要的草贴图或细节模型，将其绘制到 Terrain 上面，如图 10.24 所示。

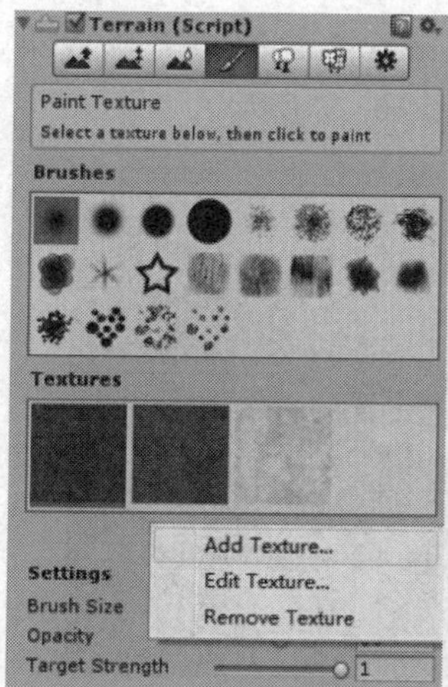

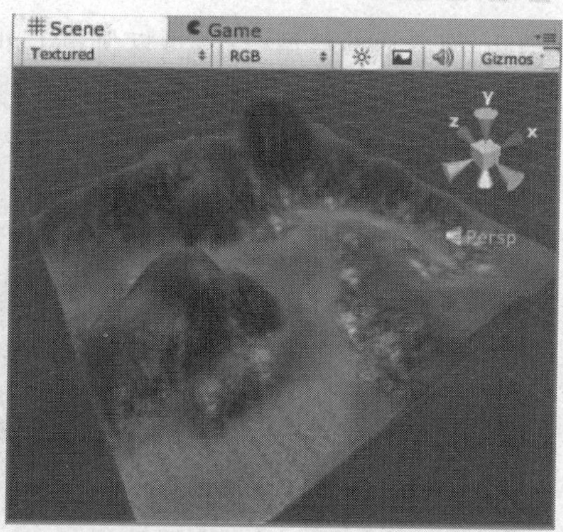

图 10.22　绘制贴图

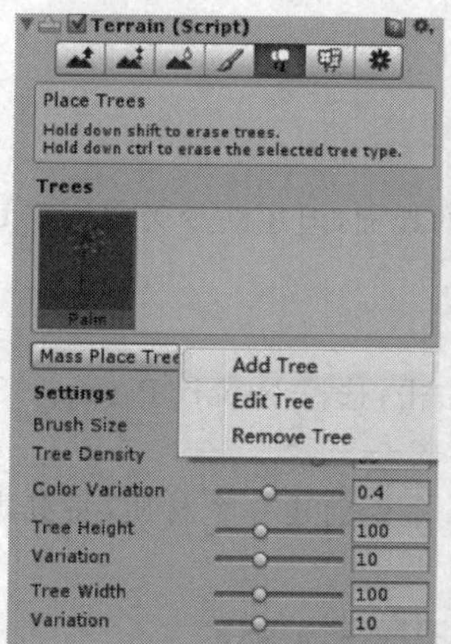

图 10.23　绘制树

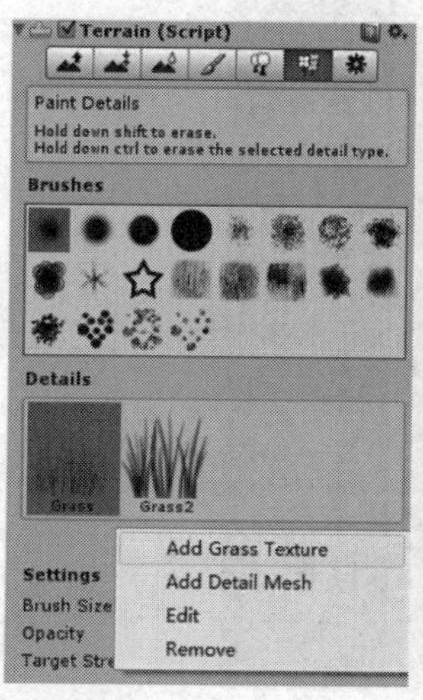

图 10.24　绘制草

(7) Terrain 同普通的模型一样,可以使用 Lightmapping 模拟光影效果,添加了 Lightmap 的 Terrain 看上去将会更加生动,最终效果如图 10.25 所示。

图 10.25 最终效果

10.7 天空盒

在前面的 Terrain 例子中,虽然完成了一个漂亮的地面,但还缺少天空。在 Unity 3D 中,可以使用 Skybox(天空盒)技术来实现天空的效果。

【例 10-4】 天空盒应用。

(1) 继续前面的 Terrain 工程。在 Project 窗口右击,选择 Import Package|Skyboxes 命令导入 Unity 提供的 Skybox 素材。

(2) 在 Project 窗口右击,选择 Create|Material 命令创建一个材质,将其类型设为 Skybox,如图 10.26 所示。

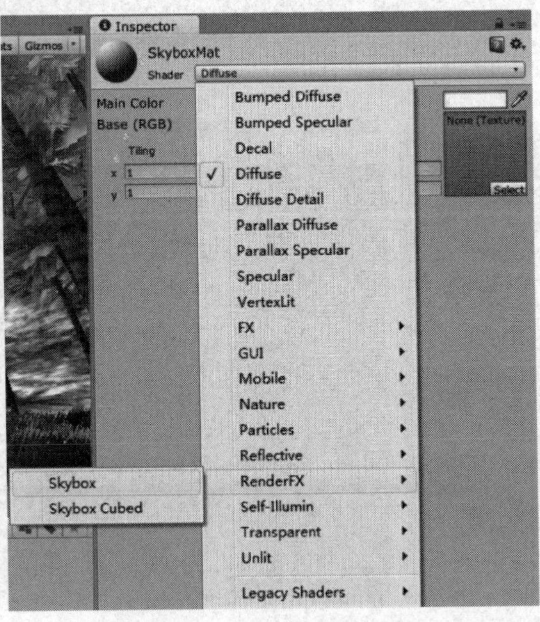

图 10.26 创建 Skybox 材质

（3）从 Unity 提供的 Skybox 素材中选择 6 张 Skybox 贴图，分别指定到 Skybox 材质的 Front（前）、Back（后）、Left（左）、Right（右）、Up（上）、Down（下），如图 10.27 所示。

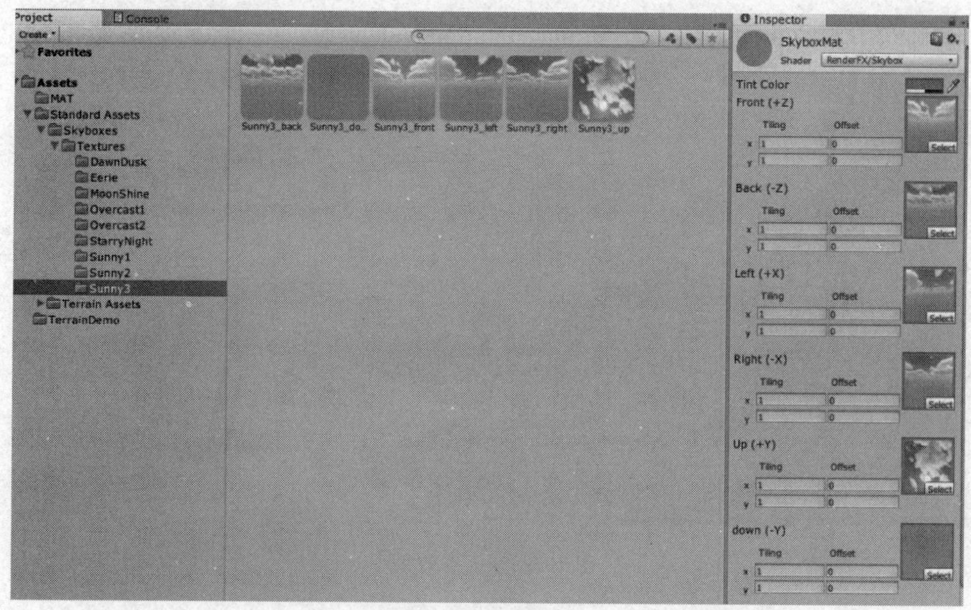

图 10.27　设置贴图

（4）在场景中选择 Main Camera 摄像机，在菜单栏选择 Component|Rendering|Skybox 命令为其添加 Skybox 组件，将 Clear Flags 设为 Skybox，将前面制作的 Skybox 材质拖动到 Custom Skybox 中，如图 10.28 所示。

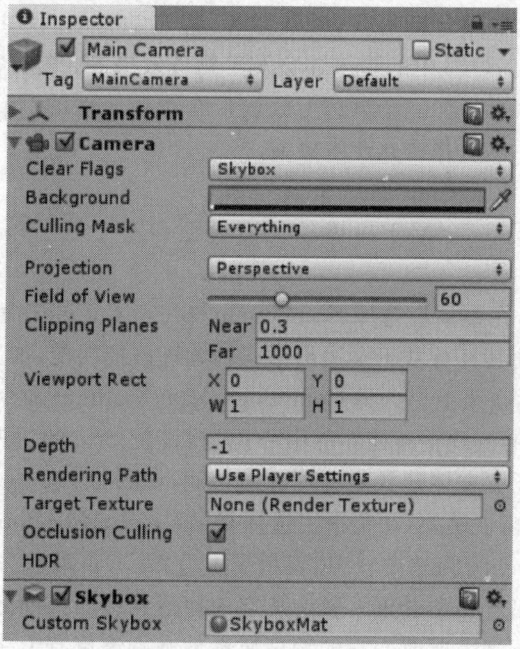

图 10.28　设置 Skybox 材质

现在,已经完成了 Skybox 的制作,最终效果如图 10.29 所示。

图 10.29 天空效果

10.8 物理引擎

Unity 3D 内部集成了 NVIDIA PhysX 物理引擎,可以用来模拟刚体运动、布料等物理效果,如可以在 FPS 游戏中使用刚体碰撞模拟角色与场景之间的碰撞,使角色不能够从墙中穿过去。此外,物理功能还包括射线、触发器等,都非常有用。Unity 的物理模拟还可以分层,指定只有某些 Layer(层)中的物体才会发生物理效果等。

下面是一个简单的示例,在一个"坡"上放置带有物理属性的"箱子",因为受重力影响,它们将沿着坡路翻滚着下去,并彼此产生碰撞。

【例 10-5】 物理引擎应用。

(1) 本例预先设置了一个用于碰撞的地面模型和一个箱子模型的场景,如图 10.30 所示。

(2) 选择地面模型,在菜单栏选择 Component|Mesh Collider 命令,为地面模型增加一个多边形碰撞体组件,使其具有基于多边形形状的物理碰撞功能,如图 10.31 所示。

(3) 选择箱子模型,在菜单栏选择 Component|Box Collider 命令,为其增加一个立方体碰撞组件,设置 Center 的值调整碰撞体的中心位置,设置 Size 的值调整碰撞体的大小。现在,箱子模型将具有基于立方体形状的物理碰撞功能,如图 10.32 所示。

(4) 确定仍然选择箱子模型,在菜单栏选择 Component|Rigidbody 命令,为其添加一个刚体组件,默认 Use Gravity 为选中状态,表示受重力影响,如图 10.33 所示。

运行游戏,会发现箱子模型受重力影响从空中掉落到地面模型上翻滚落下,不过其翻滚的力度并不是很强,接下来需要改变它的物理属性使其翻滚更有力一些。

(5) 在 Project 窗口右击,选择 Create|Physic Material 命令创建一个物理材质,将

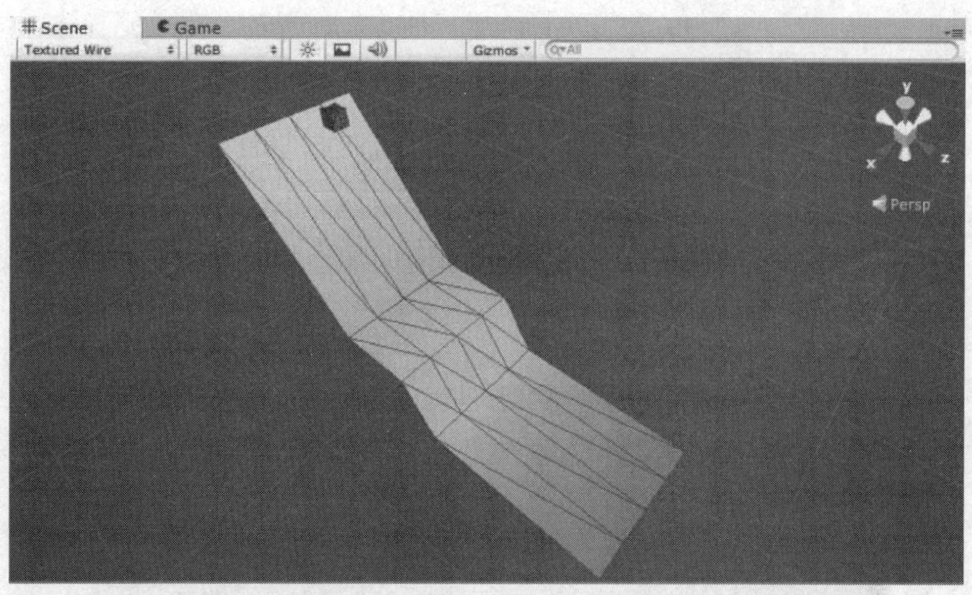

图 10.30　模型

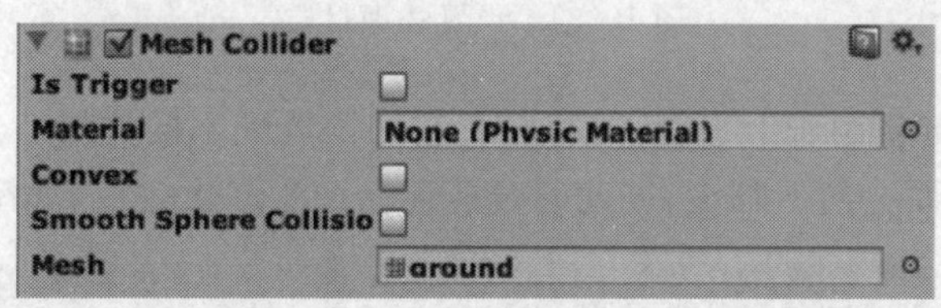

图 10.31　多边形碰撞体组件

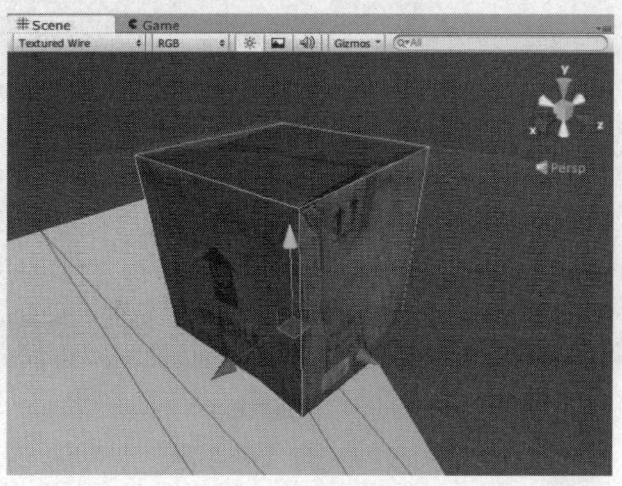

图 10.32　立方体碰撞组件

Bounciness 设为 0.9，增加弹跳力。选择箱子模型，将这个物理材质拖动到其 Box Collider 组件的 Material 中，如图 10.34 所示。运行游戏，会发现箱子模型的翻滚力度加强了。

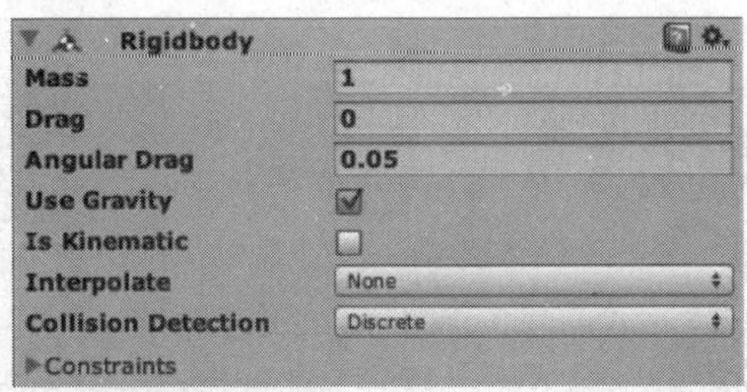

图 10.33 刚体组件

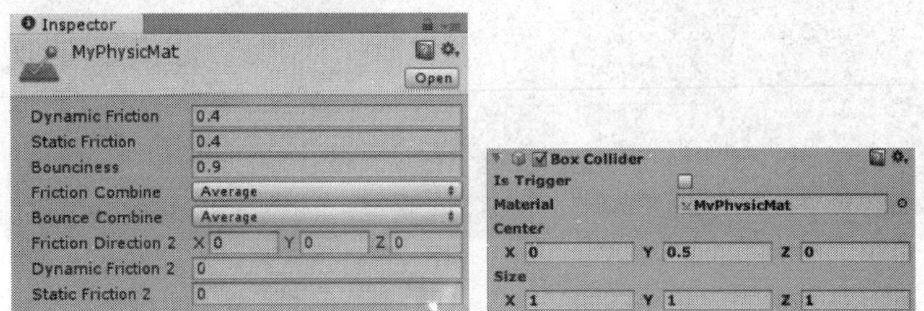

图 10.34 设置物理材质

(6) 按 Ctrl+D 键复制若干个箱子模型,将它们摆放到不同位置。运行程序,这些箱子模型将逐个掉落到地面上向下翻滚,彼此间可能还会产生多次碰撞,如图 10.35 所示。

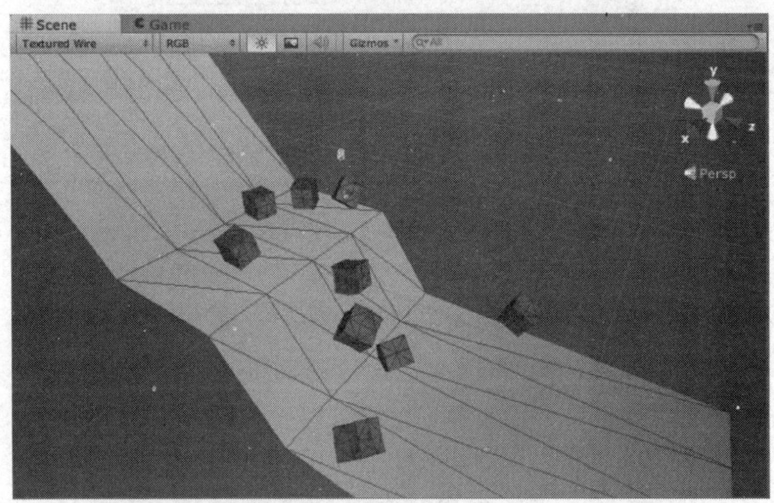

图 10.35 滚落的箱子

10.9 动画系统

Unity 3D 引入了全新的 Mecanim 动画系统,它提供了更强大的功能,使用名为状态机的系统控制动画逻辑,更容易实现动画过渡等功能。

【例 10-6】 Mecanim 动画系统应用。

(1) 将从 3D 动画软件中导出的 FBX 文件复制到 Unity 工程中。一个模型可以拥有多个动画，模型与动画一定要有相同的骨骼层级关系。

(2) 导入的 FBX 文件的动画格式会自动设为 Generic。如果需要使用 Mecanim 提供的 IK 或动画 Retargeting 等功能，还需要将动画类型设为 Humanoid，这是专门针对两组人类动作的一种动画系统，Mecanim 提供的大部分高级功能均只针对这种动画类型，如图 10.36 所示。

(3) 当将带有动画的 FBX 文件导入 Unity 工程后，如果需要循环播放该动画，则只需要勾选 Loop Time 复选框即可使其成为一个循环播放的动画，如图 10.37 所示。

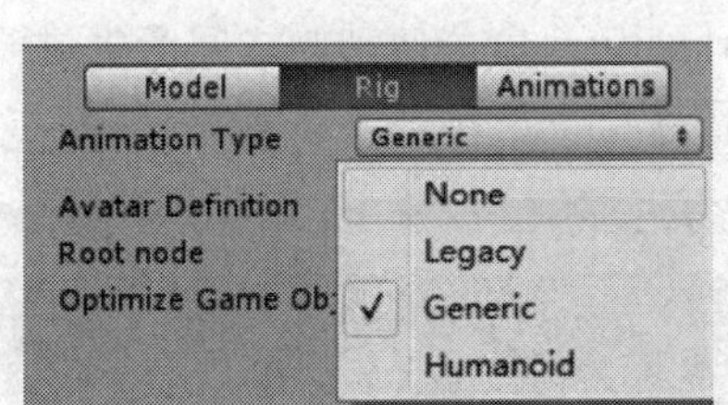

图 10.36　设置动画循环

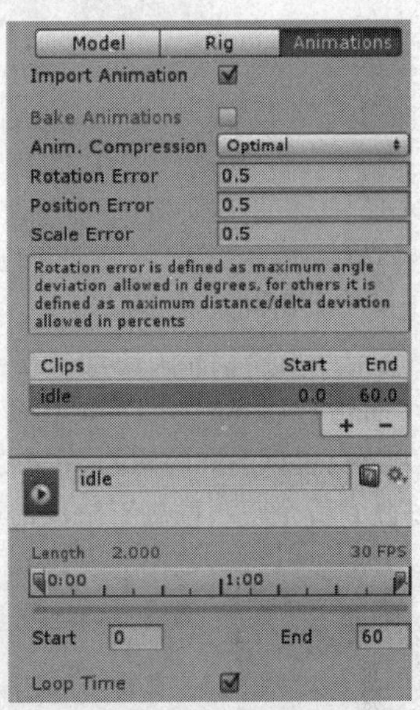

图 10.37　设置动画循环

(4) 当动画导入后，在 Project 窗口展开动画文件层级，选择动画，在 Inspector 窗口预览动画，如图 10.38 所示。如果动画文件本身没有模型，只需要将模型文件拖放到预览窗口即可。

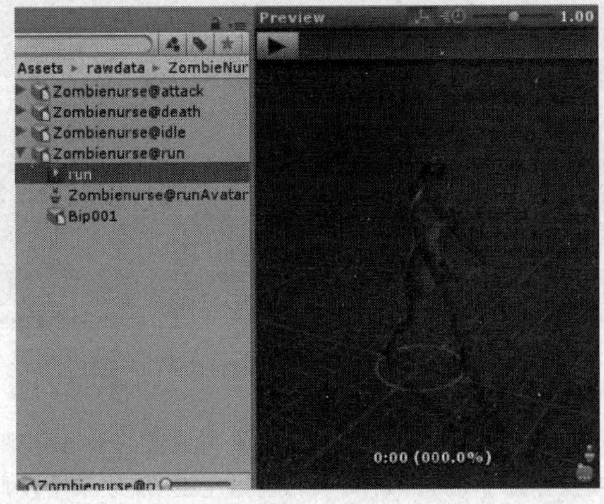

图 10.38　预览动画

(5) 在 Project 窗口右击，选择 Create|Animator Controller 命令创建一个动画控制器(如果是选择 Legacy 动画模式，不需要创建 Animator Controller)。

(6) 将包含绑定信息的模型制作成一个 Prefab，在 Animator 组件的 Controller 中为其指定动画控制器，如果需要使用脚本控制模型位置，取消选择 Apply Root Motion 复选框，如图 10.39 所示。

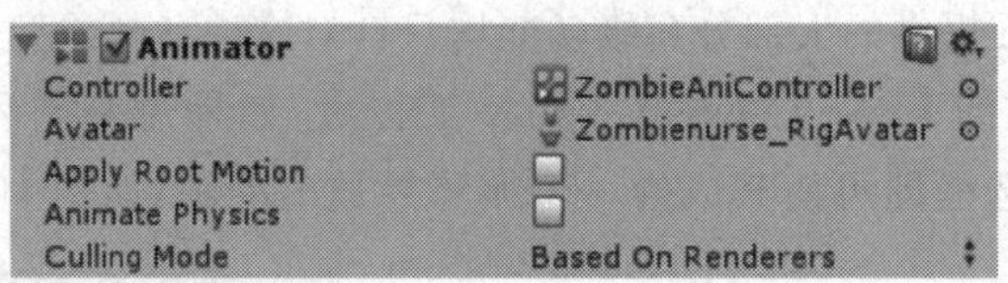

图 10.39 设置动画控制器

(7) 确定动画控制器处于选择状态，在菜单栏选择 Window|Animator 命令打开 Animator 窗口。

(8) 如果需要分层动画，例如角色的上半身和下半身分别播放不同的动作，单击左上方 Layers 上的"＋"按钮添加动画层。

(9) 将与当前模型相关的动画拖入 Animator 窗口(注意这是与不同的动画层对应的)。

(10) 右击选择 Set As Default 命令使选中的动画成为默认初始动画。

(11) 分别选择不同的动画，右击选择 Make Transition 命令使动画之间产生过渡，由哪个动画过渡到哪个动画取决于游戏的逻辑需求，如图 10.40 所示。

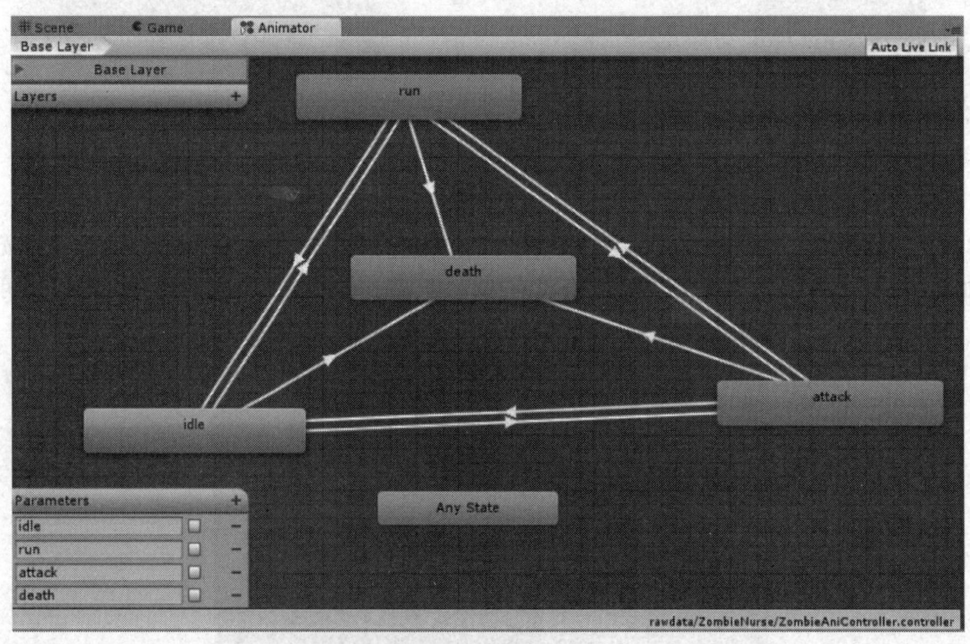

图 10.40 设置动画过渡

现在播放动画，动画会自动从默认动画一直播放到设置的最后一个动画，但游戏中的动画播放往往是由逻辑或操作控制的，例如按一下鼠标左键，播放某个动画。默认的动画过渡使用时间控制，也可以按条件过渡动画，并使用代码控制。

(12) 在 Animator 窗口有一个 Parameters 选项，单击"+"按钮即可创建 Vector、Float、Int 和 bool 类型的数值，每个数值还有一个名字。例如希望从一个叫 idle 的动画过渡到另一个叫 run 的动画，这时可以创建一个 bool 类型的值，命名为 idle，它默认的状态是 false。

(13) 选择 idle 动画到 run 动画之间的过渡线，在 Conditions 中将默认的 Exit Time 改为 run 选项，如图 10.41 所示。

(14) 在控制动画播放的代码中，首先要获得 Animator 组件，然后通过 SetBool 将 run 的值设为 true，即从 idle 动画过渡到 run 动画，示例代码如下：

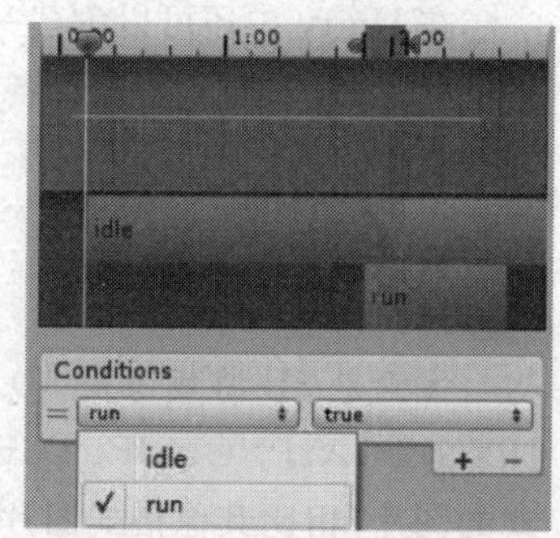

图 10.41 设置动画过渡条件

```
Animator m_ani;
    void Start () {
    // 获得动画组件
    m_ani = this.GetComponent<Animator>();}
    void Update () {
    // 获取当前动画状态
        AnimatorStateInfo stateInfo = m_ani.GetCurrentAnimatorStateInfo(0);
        // 如果状态处于 idle
        if (stateInfo.nameHash == Animator.StringToHash("Base Layer.idle")){
        // 如果按鼠标左键，播放 run 动画
          if (Input.GetMouseButtonUp(0)){
          m_ani.SetBool("run", true);}}
            else
            m_ani.SetBool("idle", false);}
```

Unity 还提供了一个 Animator Override Controller，它可以继承其他 Animator Controller 的设置但使用不同的动画，这样就不用重新设置动画的逻辑关系了。

10.10 外部资源应用

虽然游戏的逻辑需要靠代码实现，但如果没有画面和声音表现，恐怕不会有人去玩这个游戏。Unity 中美术的资源主要包括 3D 模型、动画和贴图，同时也支持如 Wave、MP3、Ogg 等音效格式，导入这些资源的方式是一样的，只要将它们复制粘贴到 Unity 工程路径内即可，开发者可以自定义路径结构管理资源，就像在 Windows 资源管理器上操作一样。

Unity 支持多种 3D 模型文件格式，如 3ds Max、Maya 等。大部分情况下，可以将 3D 模型从 3D 软件中导出为 FBX 格式使用到 Unity 中。

并不是所有导入到 Unity 工程中的资源都会被使用到游戏中，这些资源一定要与关卡文件相关才会被加载到游戏中。除此之外，还有两种方式可以动态地加载资源到游戏中：一种是将资源制作为 AssetBundles 上传到服务器，动态地下载到游戏中；另一种是将资源复制到 Unity 工程中名字为 Resources 的文件夹内，无论是否真的在游戏中使用了它们，这些文件都会被打包到游戏中，可以通过资源的名称，动态地读取资源，这种方式更近似于传

统的 IO 读取方式。

在 Unity 中还可以创建一种叫 Prefab 的文件，可以将它理解为一种配置。开发者可以将模型、动画、脚本、物理等各种资源整合到一起，做成一个 Prefab 文件，随时可以重新运用到游戏中的各个部分。

10.10.1 贴图

无论是 2D 游戏还是 3D 游戏，都需要使用大量的图片资源。Unity 支持 PSD、TIFF、JPEG、TGA、PNG、GIF、BMP、IFF、PICT 格式的图片。在大部分情况下，推荐使用 PNG 格式的图片，相比其他格式图片，它的容量更小且有不错的品质。

对于作为模型材质使用的图片，其大小必须是 2 的 N 次方，如 16×16、32×32、128×128 等，通常会将其 Texture Type 设为默认的 Texture 类型，将 Format 设为 Compressed 模式进行压缩。在不同平台，压缩的方式可能是不同的，可以通过 Unity 提供的预览功能查看压缩模式和图片压缩后的大小，如图 10.42 所示。

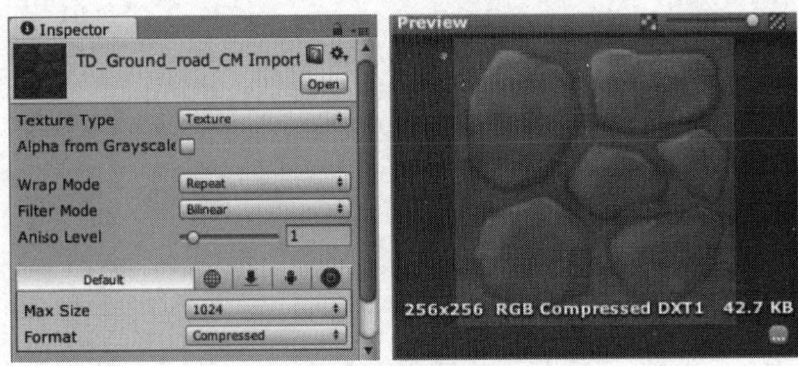

图 10.42 将材质类型设置为 Texture

如果图片将作为 UI 使用，需要将 Texture Type 设为 GUI。值得注意的是 Format 的设置，如果使用的图片大小恰好是 2 的 N 次方，虽然也可以将其设为 Compressed 模式进行压缩，但画面质量可能会受到影响。

对于那些大小非 2 的 N 次方的图片，即使将其设为 Compressed，在手机平台也不会得到任何压缩，这种情况下，可将其设为 16bits 试试，如果图像在 16bits 模式下显得很糟糕，那只能将 Format 设为 32bits，但图片容量会变得很大。

10.10.2 3ds Max 静态模型导出

3ds Max 是最流行的 3D 建模、动画软件，可以使用它来完成 Unity 游戏中的模型或动画，最后将模型或动画导出为 FBX 格式使用到 Unity 中。

【例 10-7】 3ds Max 静态模型的制作和导出。

(1) 在 3ds Max 菜单栏选择 Customize|Units Setup 命令，将单位设为 Meters，然后选择 System Unit Setup 命令，将 1 Unit 设为 1 Centimeters，如图 10.43 所示。

(2) 完成模型、贴图的制作，确定模型的正面面向 Front 视窗。如果需要在 Unity 中对

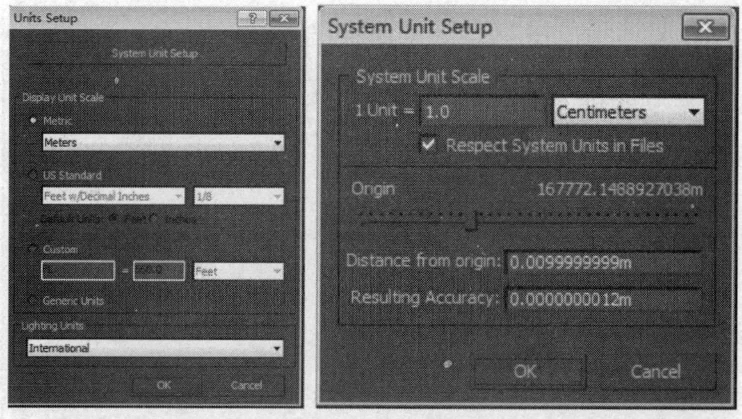

图 10.43 设置 3ds Max 单位

模型使用 Lightmap，一定要给模型制作第 2 套 UV。

(3) 如果没有特别需要，通常将模型的底边中心对齐到世界坐标原点(0,0,0)的位置。方法是确定模型处于选择状态，在 Hierarchy 面板选择 Affect Pivot Only 选项，将模型轴心点对齐到世界坐标原点(0,0,0)的位置。

(4) 在 Utilities 面板选择 Reset XForm 选项将模型坐标信息初始化。

(5) 在 Modify 窗口右击，选择 Collapse All 命令将模型修改信息为全部塌陷。

(6) 按 M 键打开材质编辑器，确定材质名与贴图名一致，如图 10.44 所示。

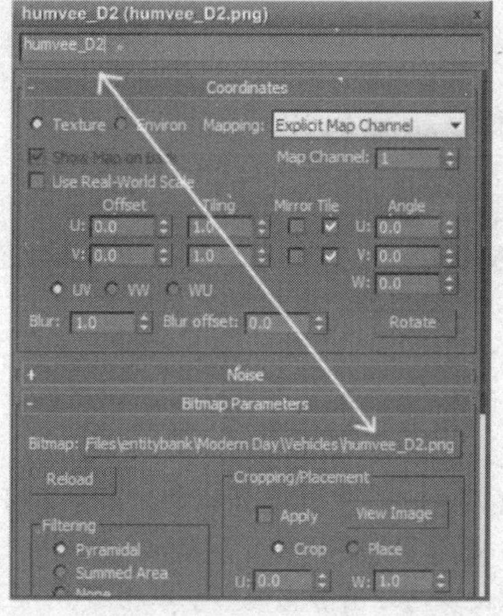

图 10.44 确定材质名与贴图名一致

(7) 选中要导出的模型，在菜单栏选择 File|Export|Export Selected 命令，选择 FBX 格式，打开导出设置窗口，可保持大部分默认选项，取消选择 Animation 复选框，确定单位为 Centimeters 且 Y 轴向上，单击 OK 按钮将模型导出，如图 10.45 所示。

(8) 将导出的模型和贴图复制粘贴到 Unity 工程路径 Assets 文件夹内的某个位置即可导入到 Unity 工程中。

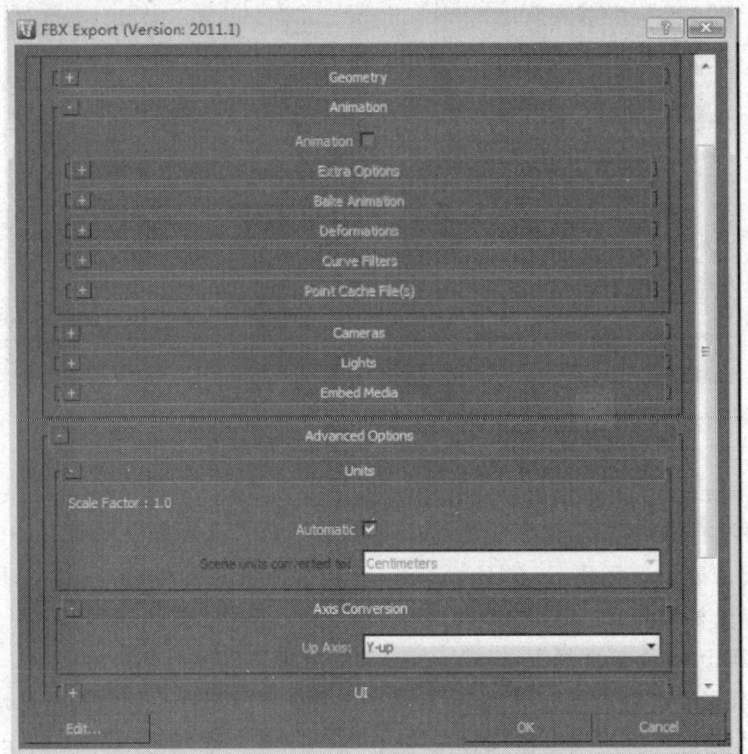

图 10.45 导出设置

10.10.3 3ds Max 动画导出

动画模型是指那些绑定了骨骼并可以动画的模型，其模型和动画通常需要分别导出，动画模型的创建流程可以先参考 10.10.2 节步骤(1)～(6)，然后还需要做如下操作。

【例 10-8】 3ds Max 动态模型的制作和导出。

(1) 使用 Skin 绑定模型。

(2) 创建一个 Helper 物体(如 Point)放到场景中的任意位置，这么做的目的是为了使导出的模型和动画的层级结构一致。

(3) 选择模型(仅导出动画时不需要选择模型)、骨骼和 Helper 物体，在菜单栏选择 File|Export|Export Selected 命令打开导出设置窗口，注意要勾选 Animation 复选框才能导出绑定和动画信息，其他设置与导出静态模型基本相同。

模型文件可以与动画文件分开导出，但模型文件中的骨骼与层级关系一定要与动画文件一致。仅导出动画的时候，不需要选择模型，只需要选择骨骼和 Helper 物体导出即可。

动画文件的命名需要按“模型名@动画名”这样的格式命名，例如模型命名为 Player，动画文件即可命名为 Player@idle、Player@walk 等。

本章小结

本章首先介绍了如何安装和激活 Unity，并在 PC 上演示了一个“Hello Cube”程序；之后逐步介绍了各个模块的基本使用方法，通过示例说明如何使用光照系统、如何创建地形和 Skybox 以及物理引擎的基本应用；最后还介绍了在 3D 动画软件导出模型、动画到 Unity 的流程和规范。本章主要是以实例的方式讲解 Unity 3D 技术，通过学习并动手实践制作实例内容可以对本章介绍的知识有所了解和运用，进而达到举一反三的目的。

【注释】

1. Cinema4D：由德国 Maxon Computer 开发，字面意思是 4D 电影，不过其本身还是 3D 的表现软件，以极高的运算速度和强大的渲染插件著称，很多模块的功能在同类软件中代表科技进步的成果，并且在用其描绘的各类电影中表现突出。而随着其越来越成熟的技术受到越来越多的电影公司的重视，可以预见，其前途必将更加光明。
2. Cheetah3D：是一个很棒的工具，提供了许多有用的功能，如强大的多边形建模，编辑先进的细分和 HDRI 渲染光能辐射。Cheetah3D 倾向快速和优雅的 3D 建模、渲染动画。
3. Director：是美国 Adobe 公司开发的一款软件，主要用于多媒体项目的集成开发。它广泛应用于多媒体光盘、教学、汇报课件、触摸屏软件、网络电影、网络交互式多媒体查询系统、企业多媒体形象展示、游戏和屏幕保护等的开发制作。
4. Torque Game Builder：Torque 是支持必应(Bing)的语音助理应用名，2014 年 10 月由微软公司发布，在任何时候这个应用可在 Android 手机上激活。
5. C#：是微软公司发布的一种面向对象的、运行于.NET Framework 之上的高级程序设计语言。C# 与 Java 有着惊人的相似。它包括了诸如单一继承、接口、与 Java 几乎同样的语法和编译成中间代码再运行的过程。但是 C# 与 Java 有着明显的不同，它借鉴了 Delphi 的一个特点，与 COM(组件对象模型)是直接集成的，而且它是微软公司.NET Windows 网络框架的主角。
6. JavaScript：一种直译式脚本语言，是一种动态类型、弱类型、基于原型的语言，内置支持类型。它的解释器被称为 JavaScript 引擎，为浏览器的一部分，广泛用于客户端的脚本语言，最早是在 HTML 网页上使用，用来给 HTML 网页增加动态功能。

第11章 虚拟实验室概述

导学

1. 内容及要求

本章主要介绍虚拟实验室的定义、基本组成、主要特点、基本功能和类型。对虚拟实验室的国内外发展情况也将做介绍,并以案例的形式介绍虚拟实验室的建设设计方案。

虚拟实验室概述部分要求掌握虚拟实验室的定义,虚拟实验室的组成,虚拟实验室的特点,虚拟实验室的功能和虚拟实验室的分类。

虚拟实验室的国内外发展状况部分要求了解,以便读者更好地利用好当前的虚拟环境并把握好今后的发展方向与趋势。

虚拟实验室的建设设计方案部分要求理解,以便读者更好地在虚拟实验室中做好实验。

2. 重点、难点

本章重点是虚拟实验室的概念、主要特点、基本功能和作用以及分类。难点是虚拟实验室的建设设计。

虚拟实验室是虚拟现实技术应用研究的重要载体,随着虚拟现实实验技术的成熟,人们开始认识到虚拟实验室在教学、培训、科研、演示、汇报、论证等方面的应用价值。根据虚拟现实技术的内涵和本质特征可以看出,它的研究与开发是一项技术要求比较高的工作,它需要有相应的软硬件系统环境予以配套进行,而且建立一个完整的虚拟现实系统环境也是成功进行虚拟现实应用的关键。因此,选择切实可行的虚拟现实系统环境解决方案,构建一个集开发与应用为一体的虚拟实验室至关重要,它是未来高校实验室建设的发展方向。国内的许多高校都根据自身科研和教学的实际需求已经建成了一些虚拟实验室。

11.1 虚拟实验室简介

在虚拟实验室中,学生既可以在虚拟实验台上动手操作,又可自主设计实验,有利于培养学生的操作能力、分析诊断能力、设计能力和创新能力。在虚拟实验室中,学生更易获得相关的知识、科学的指导和快速的反馈体验。

11.1.1 虚拟实验室定义

虚拟实验室(Virtual Laboratory),也称为“合作实验室(Collaboratory)”,由美国弗吉尼亚大学 William Wulf 教授在1989年提出。虚拟实验室是一个基于计算机网络创建的可视化虚拟实验室环境，其本质即无墙实验室。虚拟实验室应用计算机技术、虚拟现实技术、多媒体技术、网络技术等模拟真实实验场景。其中每一个可视化器件代表一种实验器材，虚拟实验是理论与实物实验之外的第三种实验形式。

由于人们对虚拟实验室的研究与应用方向不同、侧重的领域不同、需求的功能不同，因此，对虚拟实验室的理解与定义有很多种。例如，百度百科对虚拟实验室的定义是，虚拟实验室是一种基于 Web 技术、虚拟现实技术构建的开放式网络化的虚拟实验系统，是现有各种实验室的数字化和虚拟化。

11.1.2　虚拟实验室案例

虚拟实验室在许多领域已有成功的应用，如在教育、安全、环境工程、建设环艺、医学等众多领域都有多种方式的使用案例。

1. 虚拟智慧校园

虚拟智慧校园(Wisdom Campus)指的是利用虚拟现实技术，以数字化信息为基础，对学校的教学、科研、管理和生活服务等所有信息资源进行全面的数字化，并科学规范地对这些信息资源进行整合和集成，以构成统一的用户管理、资源管理和权限控制，实现教育的信息化。图 11.1 和图 11.2 所示是虚拟实验教学演示。

图 11.1　虚拟实验室中实验项目选择

2. 虚拟公共安全培训实验室

通过虚拟现实技术可建立大型公共基础设施和人群的三维模型，设定各种可能发生的安全危机和相应的预案，模拟人群的行为和事态的发展。使用者可通过数据手套、力反馈操

图 11.2　场景漫游和设备拆装实验

作器、手柄、三维鼠标等虚拟外设，与虚拟环境中的设施展开交互，通过"身临其境"的体验方式，帮助决策指挥和相关人员的训练。图 11.3 所示是系统演示场景。

图 11.3　公共安全培训实验

3. 多人合作的虚拟演练实验室

多人合作的虚拟演练实验室是一套支持多人在同一个虚拟场景中协同完成任务的虚拟实验。协同者通过佩戴虚拟现实头盔，穿戴全身动作捕捉设备，在同一虚拟场景中互动或协同完成虚拟任务。该实验实现了多人、多视角、多线程完成工作任务，适用于多人协同完成的培训、训练、装配、评审等应用。图 11.4 所示是系统演示场景。

图 11.4　多人合作的虚拟演练实验

4. 虚拟医学实验室

基础医学领域的虚拟实验室有虚拟解剖实验室、组织学与胚胎学虚拟实验室、病理学虚拟实验室、机能学虚拟实验室、虚拟切片系统、虚拟生物实验室、分子生物学虚拟实验室、医学虚拟仪器仿真教学系统等。图 11.5 所示是在虚拟解剖实验室对青蛙器官进行 3D 建模，图 11.6 所示是虚拟分子模型立体展示。

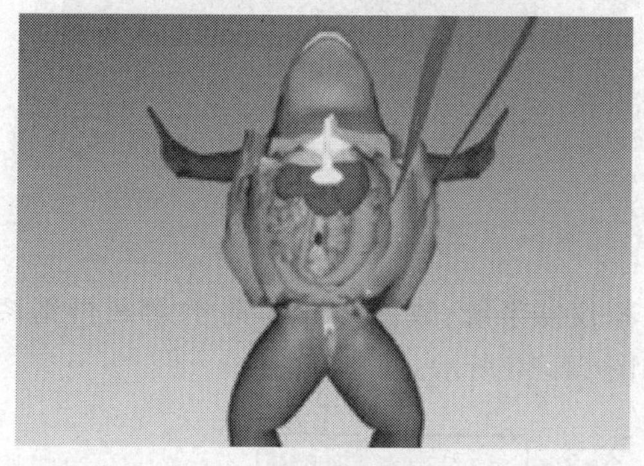

图 11.5　医学解剖虚拟实验

图 11.6　CAVE 式虚拟医学实验室

临床上的虚拟手术培训仿真系统，借助虚拟环境中的信息进行手术计划制定、手术教学、手术技能训练、术前热身、术中引导和术后康复等。受训者通过网络可以学习手术前准备、手术全过程及手术后治疗等。图 11.7 所示是外科模拟虚拟手术，图 11.8 所示是外科模拟微创虚拟手术。

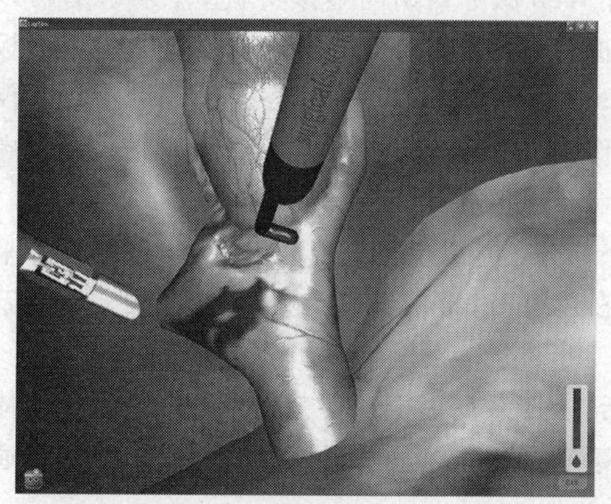

图 11.7　外科模拟虚拟手术

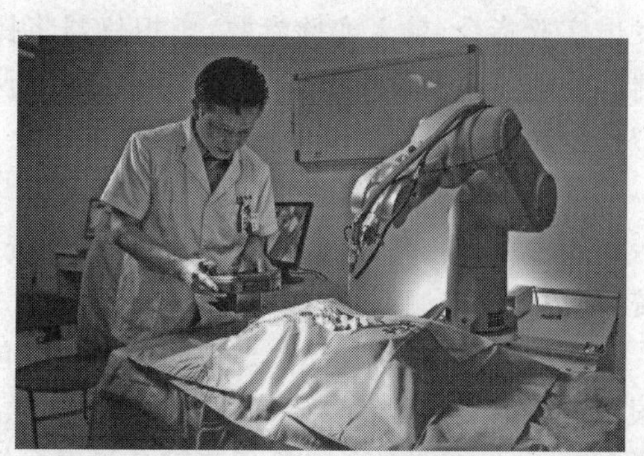

图 11.8　外科微创模拟手术

荷兰 ACTA 和 Moog 两公司联合模拟研发的用于口腔医学教学的虚拟模拟器，通过虚拟现实系统与教学课件相结合来模拟口腔疾病的各种不同问题，使用户得到训练，如图 11.9 所示。

图 11.9　虚拟口腔科疾病治疗

11.1.3　虚拟实验室的基本组成

从系统组成上看，虚拟实验室可以概括为虚拟仪器系统、数据分析系统、计算机网络系统、虚拟实验室管理系统等部分。其结构原理如图 11.10 所示。

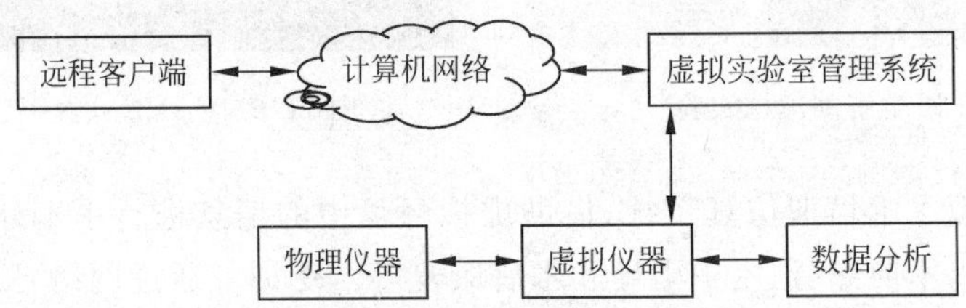

图 11.10　虚拟实验室结构原理图

远程实验者通过 PC 登录计算机网络，利用 Web 服务器访问虚拟实验室。实验者可以根据自己的需要选择相应的实验。继而进入虚拟仪器控制台，通过操作虚拟仪器控制面板发出实验指令、输入实验参数，虚拟仪器将操作指令和实验参数通过数据线传输给物理仪器。物理仪器接收到指令和参数后开始执行操作，完成相应的实验，最后将实验结果通过虚拟仪器和计算机网络反馈给远程实验者。

从系统功能上看，虚拟实验室包括如下几个部分：虚拟现实应用开发平台（包括软件平台和硬件平台）、高性能图像生成及处理系统、沉浸式的虚拟三维显示系统、虚拟现实交互系统、集成应用控制系统，如图 11.11 所示。

从软硬件使用情况看，虚拟实验室主要包括：VR 系列虚拟现实工作站、立体投影、立体眼镜或头盔显示器、三维空间跟踪定位器、数据手套、3D 立体显示器、三维空间交互球、多通道环幕系统、建模软件及数据管理分析平台等。

教育方面的虚拟实验室的类型有多种，如验证型、测试型、设计型、纠错型、创新型等。其组成结构也不尽相同，一般需要由虚拟实验台、虚拟器材库和开放式实验室管理系统组成。虚拟实验台与真实实验台类似，可供用户自己动手配置、连接、调节和使用实验仪器设备。例如，简单经济型的虚拟实验室组件包含以下几部分：实验虚拟原形，应用程序特定信息的数据库，连接到网络上的设备，互相合作的工具，基于模拟、数据分析以及数据可视化等的软件及网络，如图 11.12 和图 11.13 所示，分别为计算机网络和物理虚拟实验平台。

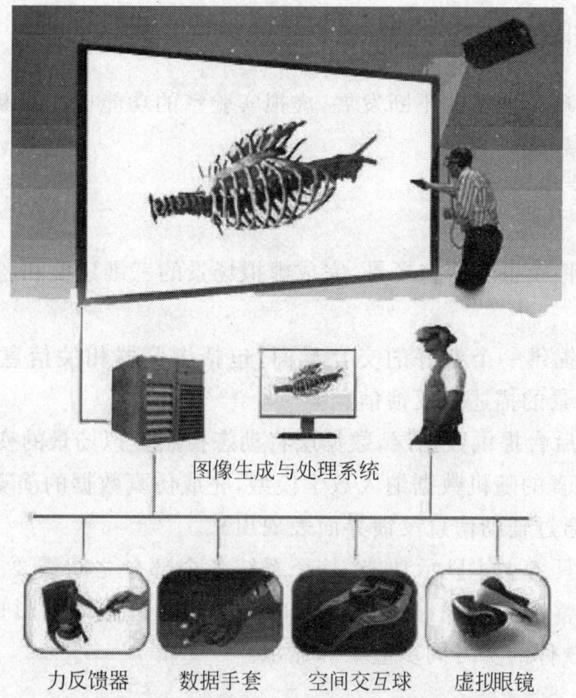

图 11.11　沉浸交互式立体显示虚拟实验室

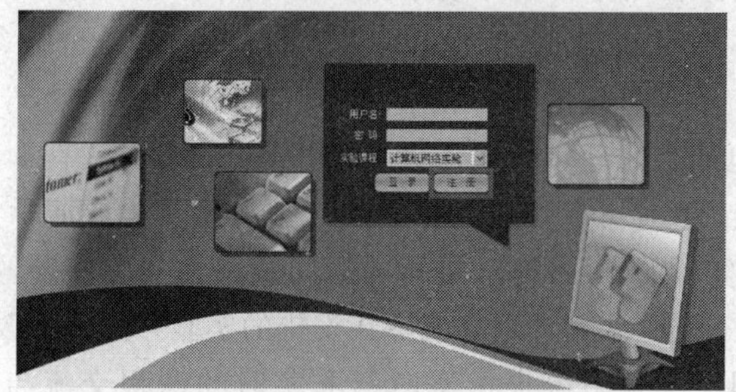

图 11.12　计算机网络虚拟实验平台

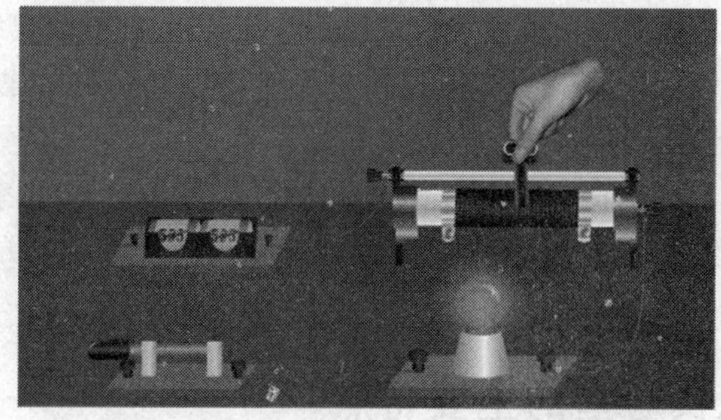

图 11.13　物理虚拟实验平台

11.1.4 虚拟实验室的基本功能

随着计算机虚拟现实技术的不断发展，虚拟实验室的功能也在不断增加，尤其在教育技术支持上起到的作用越来越大。

1. 在技术方面的功能

(1) 虚拟实验室将模拟实验室场景，完成虚拟场景的三维建模和各个对象的建模，赋予材质和贴图。

(2) 虚拟实验室提供一个友好的交互界面，包括浏览器相关信息、场景浏览模式的选择、曲线面板、虚拟场景的描述及反馈信息。

(3) 虚拟实验室后台提供数据层，数据层将动态控制虚拟场景的变换及数据的输出，将用户的输入数据和仿真的随机数据纳入数学模型，完成仿真数据的演算和处理，同时动态生成数据曲线和图表，通过辅助信息反馈界面表现出来。

(4) 虚拟实验室具备立体显示功能，整个系统各个部分之间需要支持实时连接和现场整体配套应用演示；整个沉浸式显示系统同时支持单通道立体投影显示和非立体投影显示，支持多通道仿真软件的实时同步渲染和显示。

2. 在教育教学方面的功能

(1) 实验课程管理。教师将真实环境中的实验或操作流程拍摄成录像，制作成演示实验课件，供学生下载学习。然后通过参考演示实验的相关内容，进行参数修改，使学生完成自主实验操作。虚拟演示实验是虚拟实验室的核心，通过视频演示，学生不仅可以掌握实验过程、实验原理，同时也能直观地掌握仪器设备的操作技术。

(2) 实验过程管理。教师可以通过选择添加虚拟典型实验或演示实验信息，形成实验课程计划；可以安排每个实验的先后顺序、进行的时间及其他实验信息，如实验的要求、实验课程评分办法等；可以发布实验课程计划并能够在安排的实验开始前修改实验课程计划。

(3) 实验教学管理。实验系统提供实时与非实时的课程交流与答疑。可以有几种方式：教学平台课程论坛、课程实时答疑系统及电子邮箱等方式。通过学生和教师的互动，实时解决学生在观看及操作实验时遇到的问题。

(4) 实验成绩管理。教师登录虚拟实验室教学系统，可以在线或离线批阅学生实验报告。

(5) 教师或学生能够利用实验室中虚拟器材库中的器材自由搭建任意合理的典型实验或实验案例，从而达到理解与掌握学习内容的目的。

(6) 用于各种培训和评估测评。可实现开放式、个性化教学，效率高、成本低、功能全、安全性高，有利于设计性和综合性实验的开展，可观察现实无法完成的实验，测评学员对实验技能的掌握情况。

11.1.5 虚拟实验室的主要特点

虚拟实验室综合利用了计算机技术和虚拟现实技术，突破了传统实验室对时间、空间的限制，缓解了实验经费、设备、场地不足的现状。特别是对于一些有危险、成本高、难以实际实现的实验更为适用，既节省了实验时间，又提高了实验效率，促进了创造性思维的发展。

1. 虚拟实验室的特点

(1) 多感知性：虚拟实验室运用虚拟现实技术，除了一般计算机技术所具有的视觉感知之外，还有听觉感知、力觉感知、触觉感知、运动感知，甚至包括味觉感知和嗅觉感知等。理论上的虚拟现实技术应该具有人所具有的一切感知功能。

(2) 交互性：指用户在虚拟环境下控制器件的程度及自然程度。学生在虚拟实验室中用人类的自然技能实现对虚拟环境的操作；通过身体运动等自然技能，实现对环境中对象的操作；运用虚拟模拟技术，计算机根据学习者的身体运动等，来实时调整环境中相关对象的状态，如图 11.14 所示。

(3) 沉浸性：对现实的模拟让用户产生身临其境的感觉。理想的虚拟实验室让用户难以区分现实和虚拟，如图 11.15 所示。

(4) 开放性和共享性：开放性包括两个方面，一是资源开放，用户可以通过网络共享资源，尤其是通过 Internet，建立自己的虚拟实验室并连接到 Web 服务器上，通过合适的链接方式即可实现互联网间的资源共享；二是实验平台开放，用户可以根据不同的实验需求，自由构建实验模式、实验器具等。

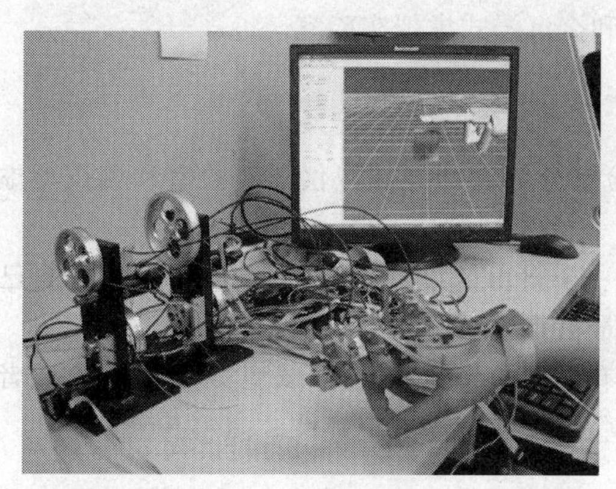

图 11.14 人机交互实验图

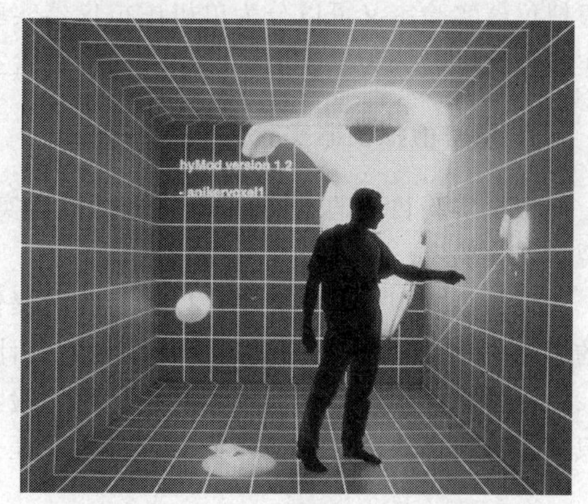

图 11.15 立体投影沉浸实验室

(5) 高效性：如果某个单位外的网络可以连接到该单位虚拟实验室，用户就能随时随地使用虚拟实验室，所以虚拟实验室打破了时间和空间的局限，提高了实验室应用效率，且有利于整合资源。

2. 虚拟实验室在高校教育方面的特点

(1) 可以随时随地重复进行实验。学生可以任何时候从任何地方进入虚拟实验室进行在线实验；也可以在正式实验前，在虚拟实验室对实验原理、实验流程、实验数据、分析方法进行预习；还可以在实验后进入虚拟实验室复习实验，通过重复实验现象，增强对实验原理的理解。

(2) 可以对设备设置过限保护。学生在虚拟实验室进行实验，系统软件有效设置了设备的过限保护，如最大电压、最大电流和最低位移等，这样即便学生误操作，也不会烧毁实际的仪器设备，只会“烧毁”学生面对的虚拟设备，给学生警告的同时保护了仪器设备资源。

(3) 可以提高实验教学水平。高校建设虚拟实验室最主要的目的是改善教学环境，更好地为教学服务，提供给学生完备周到的实验环境，提高学生的实践能力，增加学生的就业竞争力。

(4) 实验室放在网上提供资源共享。虚拟实验系统是基于 Internet 网络技术的产品，不仅可为本校学生提供教学服务，同时也可以为没有硬件资源条件和不具备建立实验教学硬件资源环境的大专院校和企业提供远程教学环境，形成资源广泛共享。

(5) 可以实现远程实验教学。现代远程教育高速发展，但如何实现实验教育远程化是一个极大难题，虚拟实验室将为远程教育的实验教学提供完整的解决方案，促进远程教育的发展，具有重大的社会效应。

(6) 构筑基于网络的科研平台。虚拟实验室可以把昂贵的设备仪器拓展到网络，形成设备资源上的网络共享，从而构建基于该类设备的网上科研平台。

11.1.6 虚拟实验室的类型

根据虚拟对象的不同，虚拟实验室可以分为虚拟仪器实验室和虚拟现实实验室两大类。虚拟仪器实验室又可以分为单机虚拟仪器实验室和基于网络的虚拟仪器实验室；虚拟现实实验室又可以分为基于 Internet 的虚拟实验室和全沉浸式虚拟实验室。

1. 单机虚拟仪器实验室

根据实验目的的不同，可以将虚拟仪器实验室分为设计型虚拟仪器实验室和测试型虚拟仪器实验室。

设计型虚拟仪器实验室可以为实验者提供一个自由的设计平台，实验者可以根据自己的思路，完成实验仪器搭建或其他结构的设计，最后得到实验结果。

测试型虚拟仪器实验室相对设计型实验室有一定的局限性，在测试型实验室中，实验者只可以通过已搭建好的设备或其他结构验证一些结果和结论的正确性。

2. 基于网络的虚拟仪器实验室

根据不同的网络技术，虚拟仪器实验室又分为基于局域网的虚拟仪器实验室和基于广域网的虚拟仪器实验室。

基于局域网的虚拟实验室是测试型虚拟仪器实验室的延伸，这种实验室的优点是结构简单，但由于虚拟仪器是生产厂家已经设计好的，所以对用户来说其运用灵活性不高。

基于广域网的虚拟仪器实验室是利用数据采集和仪器控制技术组建的虚拟实验室，在专用软件的环境下设计所需的虚拟仪器，并通过网络技术，使虚拟实验室加入 Internet。访问者不需安装应用软件，只要配置网络浏览器即可，如图 11.16 所示。

3. 基于 Internet 的虚拟实验室

基于 Internet 的虚拟实验室就是建立三维互动网站，即三维、动态、交互性的网上虚拟世界，它的“网页”是一幅幅立体的境界。在网上建立各种各样活生生的现实世界场景的模

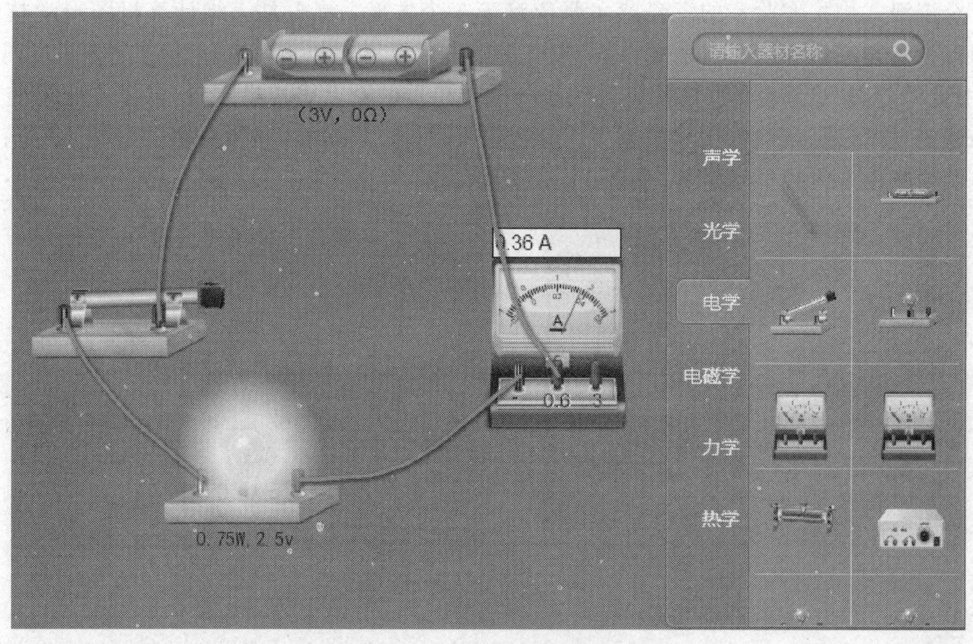

图 11.16 虚拟仪器实验室

型,或者构造现实生活中不存在的、人们想象的虚拟立体世界,实现网上实验,如图 11.17 所示。

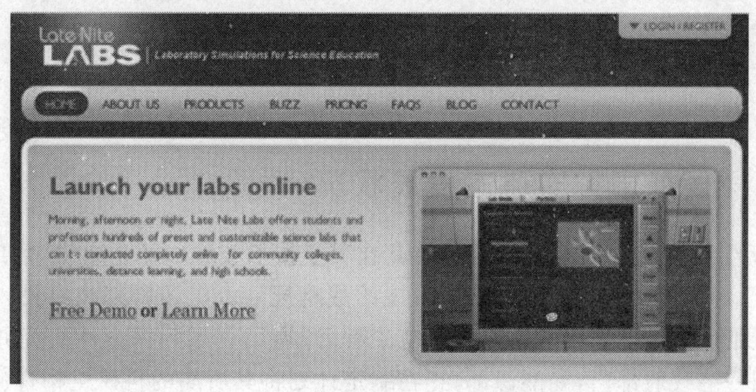

图 11.17 基于 Internet 的虚拟实验室

4. 全沉浸式虚拟实验室

全沉浸式虚拟实验室与基于 Internet 的虚拟实验室的区别是:基于 Internet 的虚拟实验室通过网络浏览器进行实验,将实验过程和结果用三维场景和动态网页展示出来;而全沉浸式虚拟实验室则为实验者提供一种沉浸感。所谓沉浸感,即用户在计算机所创建的三维虚拟环境中处于一种全身心投入的状态,不但能全方位地观看、耳听,而且有触摸感,能有受力的感觉,甚至还能闻到气味,用户所做出的探询,在仿真的情景中犹如在现实环境中一样得到回应。

全沉浸式虚拟实验室的沉浸感主要依赖于3个方面：首先是三维计算机图形学技术，如图形设备与系统、3D图形生成算法、人机交互技术及科学技术可视化、真实感图形显示技术、图像处理、窗口系统等；其次是采用多功能传感器的交互式接口装置，如识别定位装置、行为建模技术、语音识别、文字识别技术以及数据手套、数据衣、立体头盔、跟踪设备等；最后是高清晰度的沉浸显示装置，如图11.18所示。

图11.18　全沉浸式虚拟实验室

11.2　虚拟实验室的国内外发展状况

虚拟实验室概念的提出至今仅二十余年，但因其诱人的应用前景，各国均在大力开发，其应用领域涉及物理、化学、生物、医学等多门学科，已经取得了一些进展。目前，虚拟实验室的建设在发达国家已十分普及。我国对虚拟实验室的建设也非常重视，用于教学、科研和工业等方面的虚拟实验室层出不穷，虚拟实验室的建设与发展有了长足的进步。

11.2.1　国外虚拟实验室发展状况

美国作为当今的科技强国，为继续保持其在科学技术领域的领先地位，尤其重视信息技术的研究，并已将虚拟实验室列入其科研发展的战略规划。美国联邦政府投入资金在相关专业领域建造了各自的虚拟实验室作为示范工程，开展了一系列探索性研究并取得了实质性进展。美国一些政府部门，如能源部，正在制定计划将其所属的科研机构过渡到虚拟实验室环境中。目前，越来越多的院校和科研机构正投身于构筑一个覆盖美国的虚拟实验网络的工作中来。美国在该领域的研究已处于领先地位。虚拟仪器系统及其图形编程语言已成为各大学理工科学生的一门必修课，其普及程度相当广泛。

目前国外的一些大学已相继组建了远程虚拟实验室。比较著名的有麻省理工学院的"在线实验室iLab"，已经成为该校在校教学和远程教学的重要教学工具；德国Ruhr大学网络虚拟实验室，该实验室是一个关于控制工程的学习系统，它通过直观的三维实验场景视觉效果，依赖各虚拟实验设备的仿真特性，实现对虚拟实验的交互式操作；新加坡国立大学电子工程系的C. C. Ko和B. M. Chen建立的虚拟实验室，向校内学生和Internet匿名用户提供丰富的课程实验，如频率测试实验、二维示波器实验、三维示波器实验。还有其他比较著名的有德国汉诺威大学的虚拟自动化实验室、意大利帕瓦多大学的远程虚拟教育实验室、美国 Frostburg 州立大学的“基于 Web 的远程化学教育实验室”等。图 11.19 所示为加拿大的西安大略大学医疗健康学院 3D 虚拟现实环境。西安大略大学选择了两台 Christie DS ＋5K 3 片 DLP SXGA＋投影机，在其创新的 3D 阶梯教室内进行背投式被动立体投影。投影机投影到位于一个定制实验室内的屏幕上，采用数据采集软件来支持教授的课程，为学生带来前所未有的实践体验。

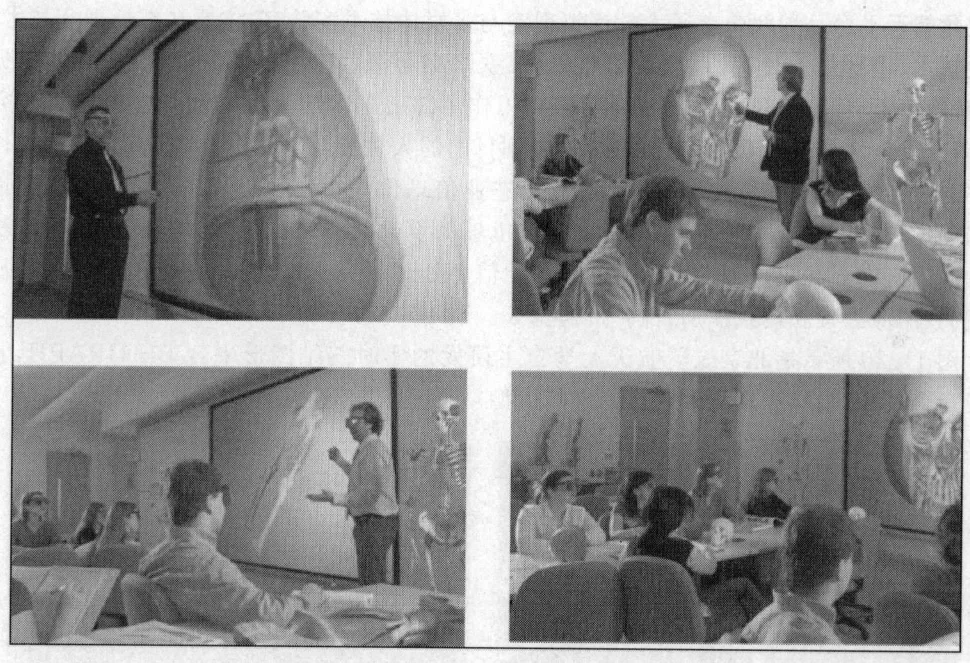

图 11.19　加拿大的西安大略大学医疗健康学院 3D 虚拟现实环境

美国斯坦福大学教授开发了网络虚拟实验室新技术。为了实现科学实验的数字化，赫塞林克教授已经开发出将真实的科学实验与大型网络教学课堂联系起来的新技术，使物理实验数字化并载入 Internet，从而供数百万人同时使用，为公众呈现先进的在线实验室课堂，学生可以在任何地方通过互联网访问和远程控制。赫塞林克教授等人还设计了一个小型衍射实验，通过运行自动化程序和一系列仪器记录实验，将实验的图像和数据导入数据库。用户可以登录数据库，进入实验界面，看到同样的衍射实验并进行操作控制，坐在斯坦福的实验室跟坐在家里的计算机前是一样的经历和体验。如果课堂中的 10 万名学生轮流做一个 15min 的衍射实验，有的学生需要 1000 多天的时间才能够轮到。而虚拟实验室可以在更合理的时间容纳更多学生做实验，不但降低了成本，而且更具吸引力。

11.2.2　国内虚拟实验室发展状况

我国有 10 个虚拟现实研究机构成为国家级重点虚拟实验室。

① 北京航空航天大学虚拟现实国家重点实验室，主要研究方向是虚拟现实中的建模理论与方法、增强现实与人机交互机制、分布式虚拟现实方法与技术、虚拟现实的平台工具与系统。②中国科学院计算技术研究所虚拟实验室，在虚拟现实、多模式人机接口和人工智能等方向开展基础与前瞻技术研究，目前研究重点集中于“虚拟人合成”和“虚拟环境交互”方

面。③中国科学院遥感应用研究所，主要研究方向是数字地球、数字城市。④北京师范大学虚拟现实与可视化技术研究所，主要研究方向为虚拟现实理论和可视化技术，在文化遗产数字化保护(V-Heritage)、三维医学与模型检索(V-Medical)、数字化虚拟学习(V-Learning)领域应用研究。⑤北京理工大学信息与电子学部，主要研究方向是增强现实及三维显示方向。⑥石家庄铁道大学信息科学与技术学院，主要研究方向是可视化深空探测系统和TDS可视化航天平台。⑦西南交通大学虚拟现实与多媒体技术实验室，主要在虚拟现实技术、可视化技术、图形图像处理、视频压缩与传输、铁路交通信息检测和实时处理、多媒体数据挖掘、智能搜索、计算机视觉等方面开展研究工作。⑧山东大学人机交互与虚拟现实研究中心，研究重点从早期的CAD与图形学拓展到目前的人机交互与图形学理论及方法、媒体计算、虚拟现实与虚拟样机技术、网格计算、制造业信息化等领域。⑨浙江大学计算机辅助设计与图形学国家重点实验室，主要从事计算机辅助设计、计算机图形学的基础理论、算法及相关应用研究。⑩北京大学智能科学系视觉信息处理研究室，主要研究方向包括图像压缩与编码、图像处理和模式识别、计算机视觉等。

图11.20所示是北京航空航天大学自主研发的实时三维图形平台BH-GRAPH，它是为奥运会及60周年国庆阅兵制作的虚拟模型。

图11.20　2008年奥运会开幕式及60周年国庆阅兵虚拟模型

2015年1月教育部下发通知，决定批准清华大学数字化制造系统虚拟仿真实验教学中心等100个虚拟仿真实验教学中心为国家级虚拟仿真实验教学中心。教育部要求，有关高校要高度重视实验教学信息化和虚拟仿真实验教学中心建设工作，加强虚拟仿真优质实验教学资源的建设与开放共享，完善虚拟仿真实验教学管理共享平台建设，优化虚拟仿真实验教学中心管理体系，提升虚拟仿真实验教学队伍教学和管理能力，提高实验教学管理信息化和支持服务信息化水平。

11.3 虚拟实验室建设设计

从国内外多年的虚拟实验室建设经验来看，构建一个完善的虚拟实验室系统是成功进行虚拟现实技术和虚拟仿真技术研究的关键，而要建立完善的虚拟现实实验室系统，一个可行的设计方案是首先要做的工作。

本节以中国医科大学计算机虚拟实验室建设作为案例，其适用于沉浸式显示、实时交互功能的虚拟医学仿真教学。

1. 虚拟实验室建设目标

建设虚拟实验室的总体目标是通过采用科学、合理、先进的虚拟仿真实验室系统配置，建立一个使参与者具有身临其境感觉和实时交互能力的虚拟仿真实验室环境，是一套集教学、培训、科研、演示功能于一体，以沉浸式显示和实时交互为主要功能的虚拟仿真培训实验室。

2. 虚拟实验室技术功能规划与设计

根据虚拟现实技术的内在要求，系统规划设计为一套基于 Windows 平台和 Internet 架构的虚拟仿真实验室整体解决方案系统。系统总体结构如图 11.21 所示。

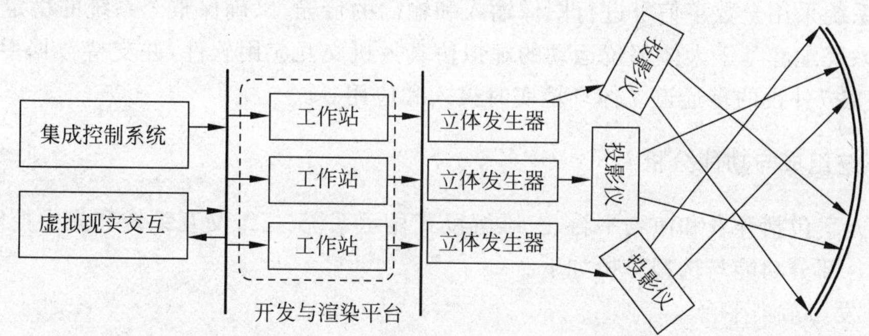

图 11.21　虚拟实验室系统结构图

系统方案组成总体上包括开发与渲染平台、具有立体感的沉浸式显示系统、六自由度实时交互系统、力和触觉反馈、集成控制系统等几部分。虚拟实验室功能如图 11.22 所示。

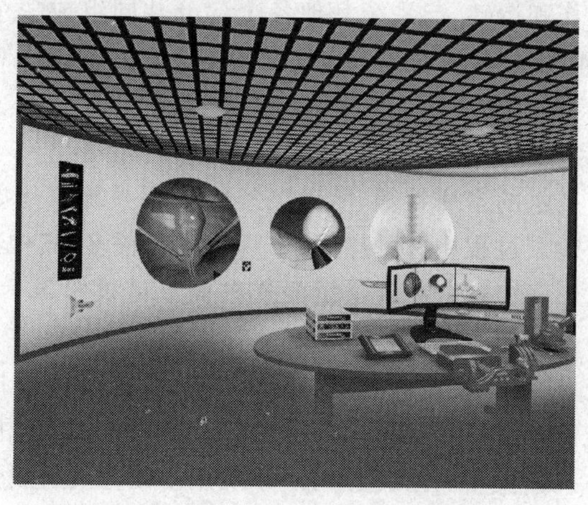

图 11.22　虚拟实验室功能展示

为了保障虚拟医学仿真实验室的有效应用，从整体系统应用性能的角度还需规定以下几点。

(1) 系统建成后应为一套完整的虚拟实验室系统，各个部分之间能够支持实时连接和现场整体配套应用演示。

(2) 整个沉浸式显示系统为一个单通道的无缝大屏幕仿真投影环境,整体系统同时支持单通道立体投影显示和非立体投影显示,支持多通道仿真软件的实时同步渲染和显示。

(3) 沉浸式显示要采用柱面正投影方式,符合计算机三维图形学原理。

(4) 系统支持仿真内容显示的同时,也要支持所有第三方 Windows 软件和其他数字媒体软件的大屏幕整体实时应用。

(5) 系统可采用终端控制方式通过局域网方便地对整个大屏幕系统显示的虚拟场景进行应用操作、实时交互以及第三方模拟设备的接入应用;同时系统硬件能够通过中央控制显示屏进行集中控制与管理,保证系统的简单易用。

(6) 系统支持单通道主动式立体视频同步播放功能。

(7) 系统采用全数字信号进行图像输入和输出的传输,以确保整个系统的稳定性。

(8) 系统配套基于人体部位运动的虚拟仿真人机交互应用软件,并支持数据手套、位置跟踪器等虚拟外设的多通道立体环境实时接入和应用。

3. 系统组成与功能分析

系统方案包括开发和渲染平台、三维沉浸式显示系统、三维交互系统和集中控制系统四大部分。各部分功能与选型分析如下。

1) 开发与渲染平台

开发平台主要是指三维图像生成与处理系统,包括虚拟现实工作站和虚拟现实软件平台两个部分,它们在虚拟实验室系统中承担着三维图形场景生成与处理以及二次开发的重要任务。它们是整个虚拟现实系统的核心部分,负责整个虚拟现实应用的开发、运算、渲染与生成,是建立数学模型和应用数据库的基础开发平台和最基本的物理平台,同时连接和协调其他各个子系统的工作和运转,与系统其他各个部分共同组成一个完整的虚拟实验室系统环境。因此,开发和渲染平台部分在任何一个虚拟现实系统中都不可缺少,而且至关重要。

2) 三维沉浸式显示系统

沉浸感是虚拟现实技术的本质特征,所以沉浸式显示系统也是虚拟实验室建设中的重要内容。在虚拟实验室建设过程中,沉浸感的实现手段有很多,其中显示部分主要通过具有沉浸感的大屏幕立体投影来实现。单通道沉浸式柱面立体投影显示系统,是一种利用多台立体投影机共同将中心工作站生成的虚拟仿真立体图像同步显示在一个巨幅柱面投影屏幕上的无缝拼接显示系统,这种巨幅的无缝立体环幕显示系统可为虚拟现实应用提供强烈的沉浸感觉。由于该系统需要在巨幅环形屏幕上进行良好的一体化图像无缝拼接显示,所以它通常包括单通道立体投影设备、柱面投影幕,以及用于图像无缝拼接的边缘融合与几何校正设备等。在该系统中,图像边缘融合与几何校正器是最重要的关键系统设备,是它将中心工作站生成的多通道图像通过投影设备在环形大屏幕上实现完美的巨幅图像无缝拼接,直至构成一个完整的具有高度沉浸感的沉浸式显示环境,如图 11.23 所示。在这种沉浸式显示环境下,参与者再利用必要的交互设备,就可以从不同的角度和方位实现与虚拟场景的实时交互、操纵、漫游。用户仿佛完全置身于 1∶1 的现实环境中,如图 11.24 所示。

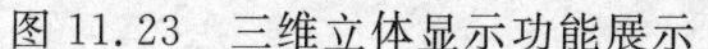

图 11.23 三维立体显示功能展示

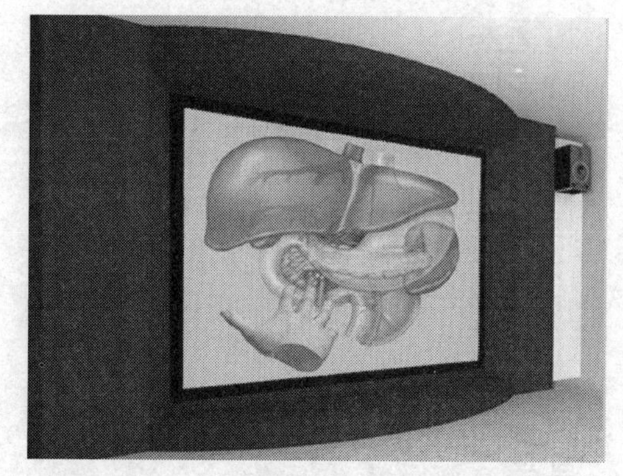

图 11.24 实时交互显示功能展示

3）三维交互系统

在虚拟现实的实时交互应用中通常会借助于各种不同的虚拟外设作为人机交互的工具和实现手段，常见的主要有六自由度交互系统、计算机力或触觉反馈系统、数据手套、位置跟踪器等。这些交互设备都将安装在中心工作站上，用户可以根据需要选择不同的交互设备与开发好的应用软件在具有沉浸感的显示环境中进行人与虚拟世界的互动和交流。因此这些设备是虚拟实验室建设中重要的设备，也是虚拟现实应用中重要的人机交互接口，使用者利用它们可获得非常逼真的人机交互感觉。

4）集成控制系统

一个完整的虚拟实验室系统或大型仿真可视化系统包括很多组成部分，如多通道投影、灯光、音响系统等很多产品和设备，这些产品设备之间需要相互连接、相互依赖，彼此协同工作，这样一个复杂的系统要顺利地运行并能够协同工作，就需要进行管理与控制。集中控制系统便是承担该项工作的载体，有了集中控制系统，所有设备都由其控制主机控制，一系列操控工作通过一个小小的触摸屏就可以很方便地完成，它是虚拟实验室系统的管理与控制中心。

本章小结

本章概述了虚拟实验室的相关概念和知识，为了使读者更深入地了解虚拟实验室的应用情况，还介绍了虚拟实验室国内外发展状况，并在此基础上以案例的形式介绍了以沉浸式显示和实时交互为主要特征的虚拟实验室的建设方案。虚拟现实技术是近年来新兴的一门计算机技术，通过对其有关理念的阐述，探讨虚拟实验室对实验教学模式等多个领域产生的影响，希望虚拟实验室在人们的工作、学习以及社会生活的各个方面产生更大的作用。

第12章 增强现实技术

导学

1. 内容与要求

本章主要介绍增强现实技术的发展概况和核心技术，并阐述移动增强现实技术的相关知识和增强现实的开发工具，最后介绍增强现实技术的应用领域及未来发展趋势。目的是帮助读者初步理解增强现实技术的整体概念，建立一个完整的知识框架。

增强现实技术概述中要求掌握增强现实技术的定义、特点；了解增强现实国内外发展状况；掌握增强现实系统的基本结构；了解增强现实与虚拟现实的联系与区别。

增强现实核心技术中要求掌握显示技术、三维注册技术和标定技术的概念及原理。

移动增强现实技术中要求掌握移动增强现实技术的概念、特点以及核心技术；了解移动增强现实技术的系统架构、应用领域和发展趋势。

增强现实的开发工具要求了解增强现实常用的软件开发包 ARToolKit 和 Vuforia。

增强现实的主要应用领域中要求了解增强现实技术在各个领域的具体应用。

增强现实技术未来发展趋势中要求了解增强现实技术未来的发展趋势。

2. 重点、难点

本章重点是增强现实技术的基本概念、核心技术以及移动增强现实的概念。难点是对增强现实的核心技术和增强现实开发工具的理解。

增强现实技术是在虚拟现实技术基础上发展起来的一个比较新的研究领域。早在20世纪60年代，就已经有学者提出了增强现实的基本形式，如今只是将构思变成了现实。增强现实利用计算机产生的附加信息来对使用者看到的现实世界场景进行增强，它不会将使用者与周围环境隔离开，而是将计算机生成的虚拟物体和场景叠加到真实场景中，从而实现对现实的增强。使用者看到的是虚拟物体和真实世界的共存。

12.1 增强现实技术概述

增强现实技术是人机交互技术发展的一个全新方向。它是将虚拟和现实结合的体现，具有三维注册和实时互动的特性。

12.1.1　增强现实技术

增强现实(Augmented Reality,AR)是一种实时地计算摄影机影像的位置及角度并加上相应图像的技术,这种技术的目的是在屏幕上把虚拟世界合成到现实世界并进行互动。

通俗地讲,增强现实就是把计算机产生的虚拟信息实时准确地叠加到真实世界中,将真实环境与虚拟对象结合起来,构造出一种虚实结合的虚拟空间。增强现实技术可以让用户看到一个添加了虚拟物体的真实世界,不仅可以展现真实世界的信息,而且将虚拟的信息同时显示出来,两种信息相互补充、叠加。因此,增强现实是介于完全虚拟和完全真实之间,是一种混合现实(Mixed Reality,MR)。

如图12.1所示,增强现实作为现实环境和虚拟环境沟通的纽带,既可以对虚拟环境进行补充,又增强了现实环境的信息。增强虚拟靠近虚拟环境一端,是指在虚拟三维场景中叠加现实场景信息,以增强计算机对于环境的认知能力,以虚拟场景为主,现实场景作为补充;增强现实靠近现实环境一端,是指在真实场景中叠加计算机建模的虚拟场景或信息,以增强人对所处环境的认知能力,这里以现实环境为主,虚拟信息为辅。

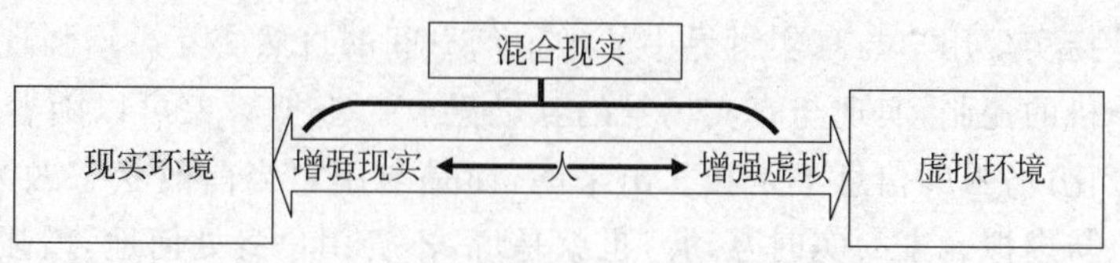

图12.1　现实环境与虚拟环境的统一体

增强现实的特征主要有以下3个方面。

1. 虚实结合

增强现实技术是在现实环境中加入虚拟对象,可以把计算机产生的虚拟对象与用户所处的真实环境完全融合,从而实现对现实世界的增强,使用户体验到虚拟和现实融合带来的视觉冲击。其目标就是使用户感受到虚拟物体呈现的时空与真实世界是一致的,做到虚中有实,实中有虚。

图12.2所示为增强现实在军事训练中的应用,使用者在真实的机舱环境下操作,可以看到机舱内部部件及自身的真实情况,也能看到计算机模拟出来的飞行环境。使用者看到的自身的真实情况是现实世界中真实存在的,而看到的机舱内部部件和模拟出来的飞行环境都是属于虚拟的,这体现了虚实结合的特点。

图12.2　增强现实在军事训练中的应用

这里“虚实结合”中的“虚”是指用于增强的信息。它可以是在融合后的场景中与真实环境共存的虚拟对象，也可以是真实物体的非几何信息，如标注信息和提示等，如图 12.3 所示，增强现实技术增强了现实世界中建筑物的相关信息。

图 12.3 增强现实对建筑物非几何信息的标注

2. 实时交互

实时交互是指实现用户与真实世界中的虚拟信息间的自然交互。增强现实中的虚拟元素可以通过计算机的控制，实现与真实场景的互动融合。虚拟对象可以随着真实场景的物理属性变化而变化，增强的信息不是独立出来的，而是与用户当前的状态融为一体。其次，实时交互是用户与虚拟元素的实时互动。也就是说，不管用户身处何地，增强现实都能够迅速识别现实世界的事物，然后在设备中进行合成，并通过传感技术将可视化的信息反馈给用户。

实时交互要求用户能在真实环境中借助交互工具与“增强信息”进行互动。图 12.4 所示为 AR 在家装方面的应用。对于大件家具，消费者想要试用几乎是不可能的，但是利用 AR 技术将家具“摆放”到家里，观察其大小以及颜色是否合适，然后再决定是否购买，这是增强现实技术在家装方面的实用性。当然，这里摆放的不是真正的家具，而是 AR 呈现出来的虚拟物品，用户通过显示屏幕旋转角度，可以看清虚拟物品全貌。用户还可以调整家具的不同属性，实时显示在客厅内，例如颜色和款式。这充分体现了实时交互以及虚实结合的特点。

图 12.4 AR 技术在家装方面的应用

3. 三维注册

三维注册是指计算机观察者确定视点方位,从而把虚拟信息合理叠加到真实环境上,以保证用户可以得到精确的增强信息。

三维注册的原理是根据用户在真实三维空间中的时空关系,实时创建和调整计算机生成的增强信息。信息的精准性则取决于传感器在真实世界获取的信息,其借助三维注册技术实时显示在终端正确的位置上,从而增强用户的视觉感受。

简单讲,增强现实的三维注册就是根据真实场景实时生成增强信息,然后将增强后的信息显示在终端。图 12.4 所示的虚拟家具的显示结果,必须在三维的环境中才能呈现出来。增强现实不仅包括对用户视觉上的增强,还包括对听觉、嗅觉、触觉等全方位感官上的增强。

AR 和 VR 的特征比较如表 12.1 所示。

表 12.1 VR 特征与 AR 特征对比

虚拟现实(VR)	增强现实(AR)
沉浸感(完全虚拟)	虚实结合
交互性	实时交互
想象力	三维注册

12.1.2 国内外发展状况

增强现实技术最早于 1990 年被提出。在过去的 20 多年里,国内外对于这项技术的研究可以说是不断更新,其应用取得了非凡的效果。

1. 国外发展状况

1962 年,电影摄影师 Morton Heilig 设计了一种称为“Sensorama”的摩托车仿真器,成为最早的具有沉浸感并集视觉、听觉等多种传感技术于一体的增强现实技术。

1968 年,计算机图形学之父 Ivan Sutcherland 建立了最早的 AR 系统模型。

20 世纪 80 年代,美国的阿姆斯特朗实验室、NASA 埃姆斯研究中心、北卡罗来纳大学等都投入了大量的研究人员进行增强现实技术的研究。

20 世纪 90 年代,美国波音公司开发出了试验性的增强现实系统,该系统主要为工人组装线路时提供技术辅助。

1998 年以后,每年都会召开一届全世界范围的增强现实技术国际学术会议,以便研究人员交流最新的技术动态。

目前,国外从事 AR 技术研究的高校有美国麻省理工学院的图像导航外科手术室、哥伦比亚大学的图形和用户交互实验室和日本的混合现实实验室等。从事增强现实技术研究的企业有德国的西门子公司、美国的施乐公司和日本的索尼公司等。

2. 国内发展现状

随着国外 AR 技术研究高潮的不断迭起,我国的许多高校和科研院所也逐渐加入 AR 技术研究队伍中。但总体来看,目前国内在增强现实方面的研究还处于起步阶段。

例如,北京理工大学自主研制了视频、光学穿透式两类头盔显示器;采用彩色标志点与无标志点对增强现实系统进行注册;研究了 AR 系统中的光照模型等问题。此外,圆明园数字重建项目在户外增强现实应用上也取得了较好的效果。浙江大学将增强现实技术应用于外科手术导航。北京大学开展了地理信息系统与增强现实技术结合的研究。华中科技大学对 AR 的注册原理进行了研究,开发了 AR 原型系统。武汉大学在室内实现了管网三维增强现实可视化,并对 AR 系统的户外应用进行了探讨。

12.1.3 增强现实系统的基本结构

增强现实系统的研究涉及多学科背景,包括计算机图形处理、人机交互、信息三维可视化、新型显示器、传感器设计和无线网络等。

增强现实系统分为两类:移动型和固定型。移动型增强现实系统给用户提供了可移动性,可以让用户在大多数环境中使用增强现实并随意走动。固定型增强现实系统与之相反,系统不能移动,用户只能在系统构建位置处使用。不管是移动型还是固定型,都应该让用户关注增强现实应用,而非设备本身,从而使用户的体验更加自然。

一个典型的增强现实系统通常由场景采集系统、跟踪注册系统、虚拟场景发生器、虚实合成系统、显示系统和人机交互界面等多个子系统构成,如图 12.5 所示。

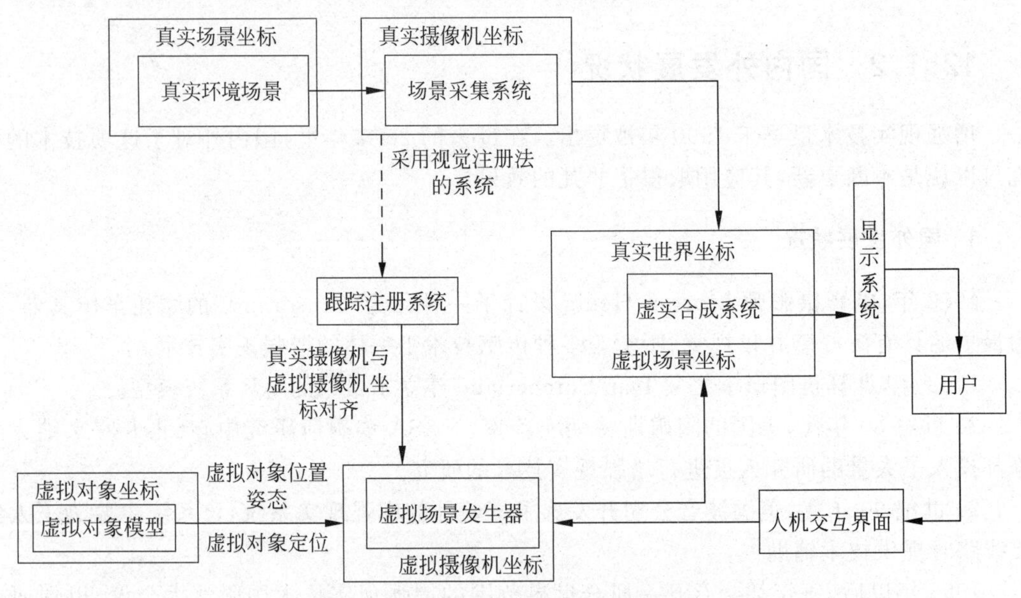

图 12.5 增强现实系统基本功能结构图

在 AR 系统中,场景采集系统用来获取真实环境中的信息,如外界环境图像或视频;跟踪注册系统用于跟踪观察用户的头部方位、视线方向等位置姿态;虚拟场景发生器根据注册信息生成要加入的虚拟对象;虚实合成系统是将虚拟场景与真实场景融合。

在 AR 系统中,输入的图像经过处理建立起实景空间,计算机生成虚拟对象并依据几何一致性嵌入实景空间中,形成虚实融合的增强现实环境;这个环境再输入到显示系统呈现给用户,最后用户通过交互设备与场景环境进行互动。

设计开发一个增强现实系统一般包括 4 个基本步骤：

(1) 获取真实场景的信息；

(2) 对真实场景和相机位置信息进行比对分析；

(3) 生成要增加的虚拟景物；

(4) 虚拟信息在真实环境中的显示。

12.1.4　增强现实与虚拟现实的联系与区别

增强现实是由虚拟现实发展起来的，两者联系非常密切，均涉及了计算机视觉、图形学、图像处理、多传感器技术、显示技术、人机交互技术等领域。两者有很多相似点，具体如下。

(1) 两者都需要计算机生成相应的虚拟信息。

虚拟现实，看到的场景和人物全是虚拟的，是把人的意识带入一个虚拟的世界，使其完全沉浸在虚构的数字环境中。增强现实，看到的场景和人物一部分是虚拟的，一部分是真实的，是把虚拟的信息带入到现实世界中。因此，两者都需要计算机生成相应的虚拟信息。

(2) 两者都需要用户使用显示设备。

VR 和 AR 都需要使用者使用头盔显示器或者类似的显示设备，才能将计算机产生的虚拟信息呈现在使用者眼前。

(3) 使用者都需要与虚拟信息进行实时交互。

不管是 VR 还是 AR，使用者都需要通过相应设备与计算机产生的虚拟信息进行实时交互。

尽管 AR 与 VR 具有不可分割的联系，但是两者之间的区别也显而易见，主要体现在以下 4 个方面。

(1) 对于沉浸感的要求不同。

VR 系统强调用户在虚拟环境中的完全沉浸，强调将用户的感官与现实世界隔离，由此而沉浸在一个完全由计算机构建的虚拟环境中。通常采用的显示设备是沉浸式头盔显示器，如图 12.6(a)所示。

与 VR 不同，AR 系统不仅不与现实环境隔离，而且强调用户在现实世界的存在性，致力于将计算机产生的虚拟环境与真实环境融为一体，从而增强用户对真实环境的理解。其通常采用透视式头盔显示器，如图 12.6(b)所示。

(a) VR沉浸式头盔显示器

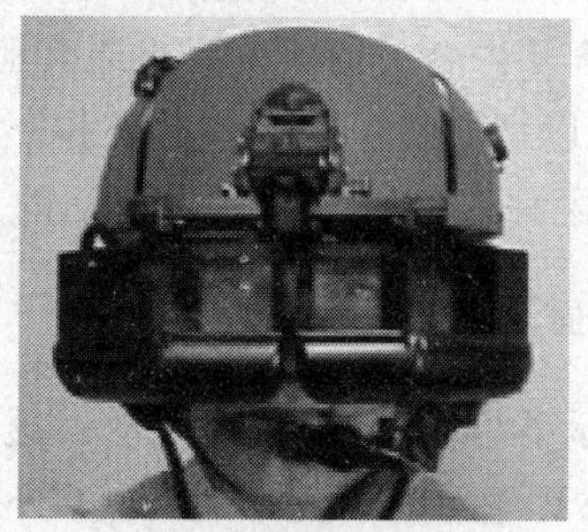

(b) AR透视式头盔显示器

图 12.6　VR 沉浸式头盔显示器和 AR 透视式头盔显示器

(2) 对于“注册”的意义和精度要求不同。

在 VR 系统中,注册是指呈现给用户的虚拟环境与用户的各种感官匹配,主要是消除以视觉为主的多感知方式与用户本身感觉之间的冲突。

而在 AR 系统中,注册主要是指将计算机产生的虚拟物体与真实环境合理对准,并要求用户在真实环境的运动过程中维持正确的虚实对准关系。较大的误差不仅使用户不能从感官上相信虚拟物体与真实环境融合为一体,还会改变用户对周围环境的感觉,严重的误差甚至还会导致完全错误的行为。

(3) 对于系统计算能力的要求不同。

在 VR 系统中,要求使用计算机构建整个虚拟场景,并且用户需要与虚拟场景进行实时交互,系统的计算量非常大;而在 AR 系统中,只是对真实环境的增强,不需要构建整个虚拟场景,只需对虚拟物体进行渲染处理,完成虚拟物体与真实环境的配准,对于真实场景无需太多处理,因此,大大降低了计算量。

(4) 侧重的应用领域不同。

VR 系统强调用户在虚拟环境中感官的完全沉浸。利用这一技术可以模仿许多高成本、危险的真实环境。因此,它主要应用在娱乐和艺术、虚拟教育、军事仿真训练、数据和模型的可视化、工程设计、城市规划等方面。

AR 系统是利用附加信息增强使用者对真实世界的感官认识。因此,其应用侧重于娱乐、辅助教学与培训、军事侦察及作战指挥、医疗研究与解剖训练、精密仪器制造与维修、远程机器人控制等领域。

总之,AR 相比 VR,优势主要在于较低的硬件要求、更高的注册精度以及更具真实感。

12.2 增强现实核心技术

增强现实的核心技术主要有显示技术、三维注册技术、标定技术,另外还包括人机交互技术、虚实融合技术等。

12.2.1 显示技术

增强现实的目的就是通过虚拟增强信息与真实场景的融合,使用户获得丰富的信息和感知体验。虚实融合后的效果要想逼真地展示出来,必须要有高效率的显示技术和显示设备。目前,可以把增强现实的显示技术分为以下几类:头盔显示器显示、手持显示器显示和投影显示器显示。其中,应用比较广泛的是头盔显示器显示技术。

1. 头盔显示器

头盔显示器(HMD)是透视式的。透视式头盔显示器分两种:视频透视式(Video See Through,VST)显示器和光学透视式(Optical See Through,OST)显示器。

视频透视式 HMD 显示技术的实现原理如图 12.7 所示。首先通过一对安装在用户头部的摄像机摄取外部真实场景的视频图像,并将该视频图像和计算机生成的虚拟场景叠加在视频信号上,从而实现虚实场景的融合,最后通过显示系统将虚实融合后的场景呈现给用户。视频透视式显示器具有景象合成灵活、视野较宽、注册误差小、注册精度高等优点。

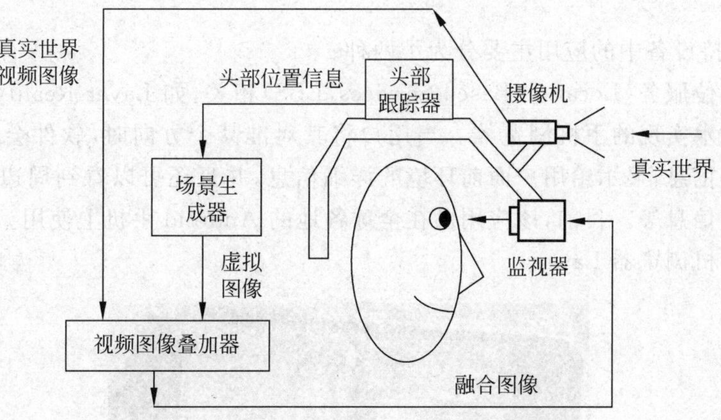

图 12.7 视频透视式头盔显示器显示原理图

在视频透视式头盔显示器中，由于人眼的视点与摄像机在物理上不可能完全一致，可能导致用户看到的景象与实际的真实景象之间存在误差。

光学透视式头盔显示器显示原理如图 12.8 所示。通过一对安装在眼前的光学融合器完成虚实场景的融合，再将融合后的场景呈现给用户。光学融合器是部分透明的，用户透过它可以直接看到真实的环境；光学融合器又是部分反射的，用户可以看到从头上戴的监视器反射到融合器上产生的虚拟图像。

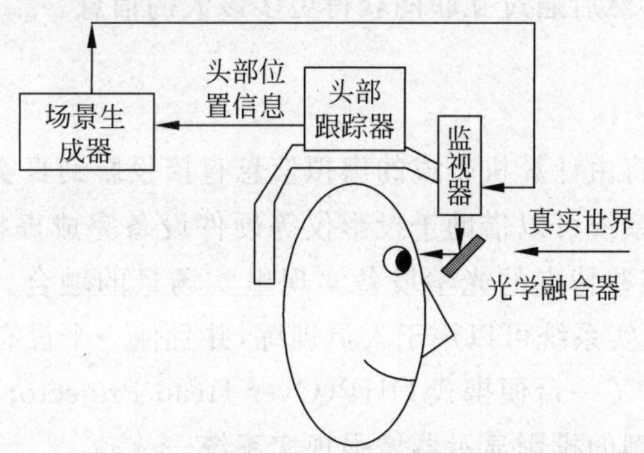

图 12.8 光学透视式头盔显示器显示原理图

光学透视式显示技术的缺点是虚拟融合的真实感较差，因为光学融合器既允许真实环境中的光线通过，又允许虚拟环境中的光线通过，因此计算机生成的虚拟物体不能够完全遮挡住真实场景中的物体。但是，它具有结构简单、价格低廉、安全性好、分辨率高以及不需要视觉偏差补偿等优点。

2. 手持式显示器显示

手持式显示器是一种平面 LCD 显示器。它的最大特点是易于携带。其应用不需要额外的设备和应用程序，因此广泛被社会所接受，经常被用于广告、教育和培训等方面。

目前，常用的手持式显示器设备包括智能手机、PDA 等移动设备。手持式显示器克服了透视式头盔显示器的缺点，避免了用户佩戴头盔带来的不适感，但是它的沉浸感也较差。

AR 在手持设备中的应用主要分为了两种。

一种是定位服务(Location-Based Services，LBS)相关，如 Layar Reality Browser，全球第一款 AR 技术实现的手机浏览器。当用户将其对准某个方向时，软件会根据 GPS、电子罗盘的定位等信息，显示给用户面前环境的详细信息，并且还可以看到周边房屋出租、酒店及餐馆的折扣信息等。目前，该应用已在全球各地的 Android 手机上使用。图 12.9 所示为典型的 AR 手机浏览器 Layar。

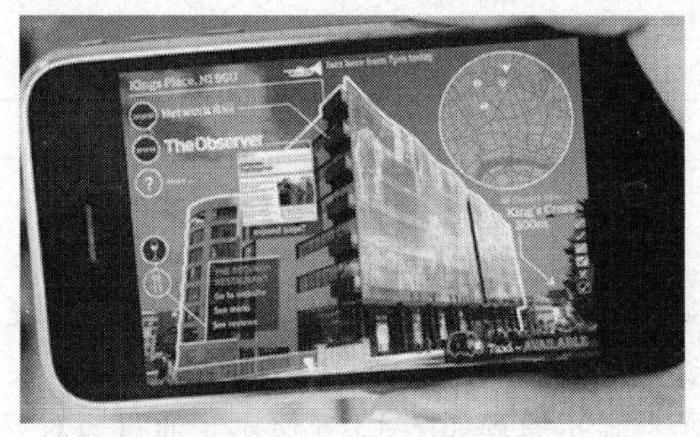

图 12.9　AR 手机浏览器 Layar

另外一种主要是与各种识别技术相关，如 TAT Augmented ID，应用人脸识别技术来确认镜头前人的具体身份，然后通过互联网获得更多该人的信息。

3. 投影式显示

投影式显示技术是将由计算机生成的虚拟信息直接投影到真实场景上进行增强。基于投影显示器的增强现实系统可以借助于投影仪等硬件设备完成虚拟场景的融合，也可以采用图像折射原理，使用某些特点的光学设备实现虚实场景的融合。日本的 Chuo 大学研究出的 PARTNER 增强现实系统可以用于人员训练，并且使一个没有受过训练的试验人员通过系统的提示，成功拆卸了一台便携式 OHP(Over Head Projector)。

图 12.10 所示为典型的投影显示器增强现实系统。

图 12.10　基于投影显示器的增强现实系统

在实际应用中，显示设备的选用主要依据运用的环境和任务而定。一般来说，头盔式显示器受环境约束小，室内户外都可以使用，设备价格适中，沉浸感较好；非头盔式的显示设备一般成本较高、使用性能稳定、寿命较长，而且避免了佩戴头盔式显示设备的不适和疲劳感。

12.2.2 三维注册技术

三维注册技术是决定AR系统性能优劣的关键技术。为了实现虚拟信息和真实环境的无缝结合，必须将虚拟信息显示在现实世界中的正确位置，这个定位过程就是注册(Registration)。

三维注册技术所要完成的任务是，实时检测用户头部的位置以及方向，根据检测的信息确定所要添加的虚拟对象在摄像机坐标系下的位置，并将其投影到显示屏的正确位置。三维注册需要将虚拟的信息实时动态地叠加到增强的真实场景中去，做到无缝融合。AR系统必须实时地检测摄像头的位置、角度及运动方向，帮助系统决定显示虚拟信息，并按照摄像头的视场建立坐标系，这个过程成为跟踪(Tracking)。

衡量一个AR系统的跟踪注册技术性能的优劣，主要通过以下性能指标：精度(无抖动)和分辨率、响应时间(无延迟)、鲁棒性(不受光照、遮挡、物体运动的影响)和跟踪范围。在增强现实应用中的跟踪注册系统应该具有高精度、高分辨率、时滞短和大范围等特性。

在目前的AR系统中，三维注册技术可以分为三类：基于硬件跟踪设备的注册技术、基于视觉的跟踪注册技术和基于混合跟踪注册技术，如图12.11所示。

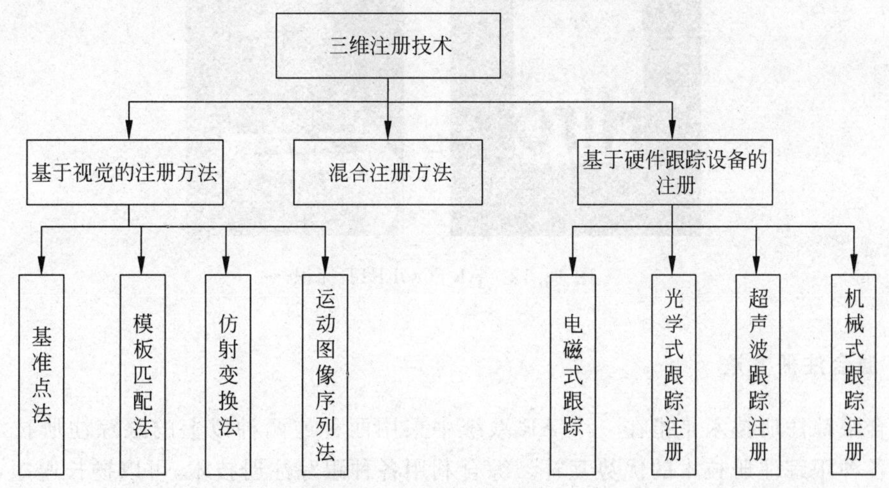

图12.11 三维注册技术分类

1. 基于硬件跟踪设备的注册

早期的AR系统普遍采用惯性、超声波、无线电波、光学式等传感器对摄像机进行跟踪定位。这些技术在VR应用中已经得到了广泛的发展。

这类跟踪注册技术虽然速度较快，但是大都采用一些大型设备，价格昂贵，且容易受到周围环境的影响，如超声波式跟踪系统易受环境噪声、湿度等因素影响。因此，其无法提供AR系统所需的精确性和轻便性。基于硬件跟踪设备的注册几乎不能单独使用，通常要与视觉注册方法结合起来实现稳定的跟踪。

2. 基于视觉的跟踪注册

近年来，国际上普遍采用的是设备简单、成本低廉、通用性强的基于视觉的注册方法。基于视觉的跟踪注册方法主要有基准点法、模版匹配法、仿射变换法和基于运动图像序列的方法等。

基于视觉的跟踪注册方法的原理是将一到两个 CCD 摄像机固定在头盔显示器上，摄像机摄取真实场景的信息，将其以数字图像的形式输入到计算机，计算机利用图像分析处理的方法从图像中获得跟踪信息，从而判断出摄像机在环境空间坐标中所在的位置和方向。这种方法需要添加标志点，标志点可以置于真实环境中，也可以置于真实环境的可移动物体上。计算机通过识别这些标志，实现对摄像机的定位跟踪。

基于视觉的 AR 应用的典型代表是由美国华盛顿大学与日本广岛城市大学联合开发的 ARTOOLKIT，它是目前国外比较流行的 AR 系统开发工具，如图 12.12 所示。利用计算机视觉技术来计算观察者视点相对于已知标识的位置和姿态，开发人员可以根据需要设计形象的标识。由于该方法对已知标识的依赖性很强，因此当标识被遮挡的时候就无法进行注册，这也是它的不足之处。

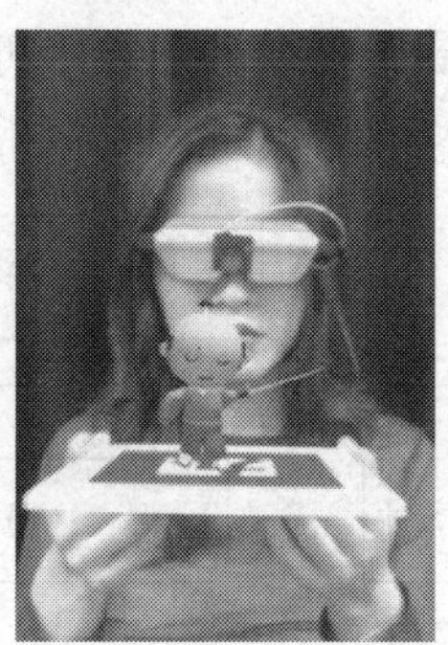

图 12.12　ARTOOLKIT 标识

3. 混合注册方法

混合跟踪注册技术是指在一个 AR 系统中采用两种或两种以上的跟踪注册技术，以此来实现各种跟踪注册技术的优势互补。综合利用各种跟踪注册技术，可以扬长避短，产生精度高、实时性强、鲁棒性强的跟踪注册技术。

12.2.3 标定技术

在 AR 系统中，虚拟物体和真实场景中的物体的对准必须十分精确。当用户观察的视角发生变化，虚拟摄像机的参数也必须与真实摄像机的参数保持一致。同时，还要实时地跟踪真实物体的位置和姿态等参数，对参数不断地进行更新。在虚拟对准的过程中，AR 系统中的内部参数，如摄像机的相对位置和方向等参数始终保持不变，因此提前对这些参数进行标定。

一般情况下，摄像机的参数需要进行实验与计算才能得到，这个过程就被称为摄像机标定。换句话说，标定技术就是确定摄像机的光学参数、集合参数、摄像机相对于世界坐标系的方位以及与世界坐标系的坐标转换。

计算机视觉中的基本任务是摄像机获取真实场景中的图像信息，其原理是通过对三维空间中目标物体几何信息的计算，实现识别与重建。在AR系统中往往用三维虚拟模型作为模型信息与真实场景叠加融合。在三维视觉系统中，三维物体的位置、形状等信息是从摄像机获取的图像信息中得到的。摄像机标定所包含的内容涉及相机、图像处理技术、相机模型和标定方法等。

摄像机标定技术是计算机视觉中至关重要的一个环节。对于用作测量的计算机视觉应用系统，测量的精度取决于标定精度；对于三维识别与重建，标定精度则直接决定着三维重建的精度。

12.3　移动增强现实技术

随着移动智能终端的发展，移动技术与增强现实技术逐步融合，由此出现的移动增强现实技术也开始引人注目。

12.3.1　移动增强现实

移动增强现实（Mobile Augemented Reality，MAR），是指增强现实技术在手持设备上的应用。除了需要具备传统增强现实的虚实结合、实时交互和三维注册的特点，MAR还要具备较高的自由移动性，它不会受到环境因素的制约，而被固定在特定的范围内应用。传统的增强现实系统与移动增强现实系统如图12.13所示。

(a) 传统的增强现实系统

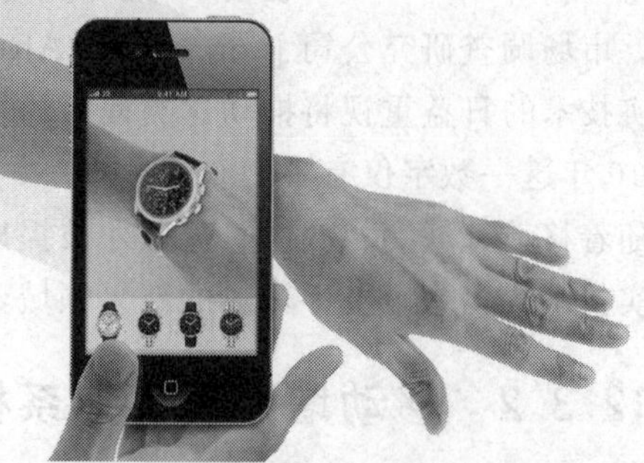

(b) 移动增强现实系统

图12.13　传统的增强现实系统与移动增强现实系统

传统的增强现实系统在使用和操作上有许多缺点，如成本高、易损坏以及难以维护等，对使用的环境要求相对严格，如果离开特定的地点，系统就无法正常应用。而移动增强现实拓宽了增强现实的使用范围，具有可自由移动性，使用更加方便灵活。MAR技术结合常用的移动设备（如智能手机等）可以使用户很方便获取各种信息。例如游览毁坏的名胜古迹时，只要用户携带的手机上安装了特定的增强现实APP，就可以将手机摄像头对准废墟，游客就会在屏幕上看到虚拟的复原后的古迹全貌。

传统的增强现实与移动增强现实的特点如表 12.2 所示。

表 12.2 传统增强现实与移动增强现实特征对比

传统增强现实	移动增强现实
虚实结合	虚实结合
实时交互	实时交互
三维注册	三维注册
移动性差	自由、灵活
专业设备	普通移动终端
专业开发	网络 APP 下载
使用时间特定	随时使用
使用地点固定	随地使用

最早的移动增强现实系统是 Mobile Augmented Reality Systems 系统，该系统于 1997 年由哥伦比亚大学 Steven Feiner 等人开发，主要用于导航。2000 年，南澳大利亚大学 Wearable Computer Lab 开发出了一款名为 Quake 的游戏，该游戏将移动增强现实技术应用于 PC 平台，用户可以在真实场景中参与游戏的竞技。2003 年，新加坡国立大学 Mixed Reality Lab 也开发了一款 Human Pacman 游戏，同样结合了增强现实技术来实现。

不过早期的这些系统都需要佩戴相应的设备，携带不便，非常不利于向社会推广。

目前现有的移动设备，特别是高端的智能手机已经具备了高性能的数据计算能力、图形处理能力和 3D 图像显示能力，成为一个增强现实技术应用普及平台。诺基亚研究院的 Mobile Augmented Reality Applications 项目便是在配备了传感器和摄像机的手机上实现增强现实技术，并于 2006 年在 ISMAR06 上展示。2009 年，佐治亚理工学院的 Augmented Reality Applications Lab 也利用高性能手持设备基于机器视觉开发了一款名为 ARhrm 的游戏。市场调查研究公司 Juniper ReseARch 在其报告中表示，对移动应用程序中融合的增强现实技术的日益重视将推动这类程序的下载量大增，2015 年的全球下载量高达 14 亿次，而 2010 年这一数字仅有 1,100 万。

随着移动互联网、物联网，甚至才被提出的视联网的发展，增强现实技术，尤其是移动增强现实技术成为一个炙手可热的新兴领域，有着巨大的市场价值。

12.3.2 移动增强现实体系构架

移动增强现实系统由硬件和软件两部分构成。硬件部分主要包括显示载体、人机交互设备和硬件计算平台。

显示载体是将真实环境和计算机所生成的虚拟对象以及文字同时进行显示，如单兵作战系统中的头盔显示器、用户手持的智能手机、平板电脑等。人机交互设备可以了解用户的意图和需求，采用如语音识别、身体动作跟踪、眼动跟踪等许多交互手段。硬件计算平台是用来完成融合显示、虚拟物体的绘制以及人机交互等一系列的复杂运算。

除了硬件之外，还需要软件的支撑。其主要包括识别和跟踪软件和三维图形渲染绘制软件等。识别和跟踪软件是识别出用户所看到的场景中的物体类型、具体位置、姿态等信息。三维图形渲染绘制软件是把虚拟的三维物体进行实时绘制和融合并显示出来。

移动增强现实系统架构采用客户端/服务器模式,如图 12.14 所示,客户端是移动终端设备,主要用来存储三维模型。系统的工作流程分为以下几个部分。

(1) 移动终端通过摄像头获取真实场景中的视频信息。

(2) 无线网络设备将获取的视频信息传送给服务器。

(3) 服务器根据接收到的真实场景信息,结合其他注册设备实现三维注册,并根据注册结果计算出虚拟对象模型的渲染参数。

(4) 将渲染参数借助无线网络传送给移动终端设备。

(5) 移动终端根据渲染参数进行虚拟场景的渲染绘制,并叠加到真实场景中,实现虚实融合。

(6) 将增强后的场景图像信息以可视化的形式显示在移动终端。

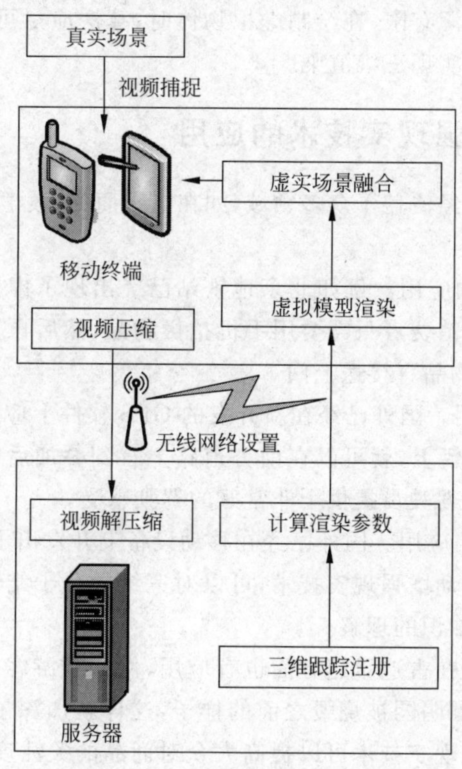

图 12.14 移动增强现实系统架构

12.3.3 移动增强现实的核心技术

增强现实的 3 个核心技术即显示技术、三维注册技术和标定技术。在此基础上,移动增强现实由于其高度移动和灵活的特点,它的实现还必须包括以下几个技术。

(1) 便携高效的终端定位系统。当用户携带智能手机时,利用移动网络对用户进行粗略定位,记录用户在网络中的运动轨迹;在服务器端可以对用户当前的位置进行相对精确的估计。

(2) 移动计算平台。为了实现移动增强现实系统,要完成非常复杂的运算,如对用户位置的跟踪、渲染、绘制等,这些任务要在移动终端和系统的服务器中进行协调,目前的做法是把一部分工作放在手机端实现,而另外一部分的复杂运算则由服务器实现。

(3) 海量目标的精确识别。为了在海量的物体中识别出想要的物体,可以通过提取对象的纹理及轮廓特征等信息来辨识。单一的特征很难实现对象的准确识别,在移动增强现实系统中,一般通过多特征融合进行物体的识别,只有这样才能够更加详尽地对目标加以识别和描述。

(4) 数据存储与访问技术。当人们站在某条街道上,希望获得附近酒店或者餐厅的相关信息时,如何花费最少的精力最大限度地获取这些信息,并压缩这些信息是用户最关心的。因此,通过数据库、中间件以及其他技术,可以解决数据和服务的管理和访问的问题。

(5) 高效、真实的3D渲染。为了实现MAR,还需要把生成的三维物体准确地绘制到真实场景中,由于移动终端资源有限,在绘制虚拟物体时,算法应尽可能简化。用户可以通过简化传输数据的冗余性,来实现三维渲染。

12.3.4 移动增强现实技术的应用

目前,移动增强现实已经覆盖了众多领域,如在电子商务、教学培训、导航以及商业广告等方面。

(1) 在电子商务领域的应用。例如北京地铁站已经出现了虚拟的购物超市,当消费者想要购买某种商品的时候,消费者只需要用手机拍摄物品,然后再发送给服务商,这样服务商就可以将消费者购买的物品直接送上门。

(2) 在导航领域的应用。国外已经在新开发的GPS软件上应用了增强现实技术,用户只需把这款GPS安装在车辆上,就可以在前方道路上看到叠加后的方向和路况信息,这样就可以实时指引驾驶者,给驾驶员提供了非常好的驾驶感受。

(3) 在教学培训领域的应用。国外已经在移动设备上开发出了一些软件,在化学、地理等一些教学科目中,利用移动增强现实技术,可以对三维的分子结构或空间星系进行增强,这样可以加强学生对这些知识的理解。

近年来,移动增强现实在古迹重建方面也有应用,例如当游客去圆明园游览时,借助移动增强现实技术可以看到圆明园被烧毁之前的样子,这样就加深了游客对古迹的理解。在商业和广告领域,移动增强现实技术可以提高大众对商品的关注度,例如Ibutterfly就是一款在iPhone上的应用,该应用借助移动增强现实技术,可以对旅游和餐饮业做很好的宣传。

12.3.5 移动增强现实技术发展方向

随着移动设备的不断发展,移动增强现实技术给人们带来了不一样的体验,人们的生活也向着信息化方向不断发展。尽管移动增强现实面临许多局限性,但是它的高度自由移动性受到越来越多的人关注。移动增强现实将朝着以下两个方向发展。

(1) 基于投影仪的移动增强现实系统。美国MIT开发了一个新兴的移动增强现实系统,该系统借助微型的投影仪,可以把增强之后的信息投影到用户阅读的报纸或者手上。同时使用者还可以通过不同的手部动作与投影之后的影像进行交互,因此,可以把使用者周围的平面或者曲面都变成显示后的三维景象，这样可以帮助用户更好地工作和生活。

(2) 对智能信息的挖掘。通过对用户的消费习惯和行为习惯的分析，移动增强现实系统可以在适当的时候给用户提供最好的建议。这样的系统有赖于对原始数据的智能发掘，相信随着技术的发展，移动增强现实技术将很快走入人们日常生活，并服务于人们的生活。

12.4 增强现实的开发工具

增强现实不是通过摄像头拍摄产生的，确切地说是增强现实应用调用了摄像头。增强现实开发的软件有很多，如 Unity3d、Flash、C++ 都可以。一般情况下，AR 的开发还需要借助专门的 SDK(Software Development Kit，软件开发工具包)。因此，增强现实技术的开发是在虚拟现实开发工具的基础上，添加了相应的软件开发包。常用的 AR 系统开发的工具包有 ARToolKit、Vuforia、OpenCV、Coin3D 和 MR Platform 等。

12.4.1 ARToolKit 简介

ARToolKit 是目前广泛应用于 AR 系统开发的开源的工具包，它是一个 C/C++ 语言编写的库。它由日本广岛城市大学和美国华盛顿大学联合开发，其目的是用于快速开发 AR 应用。ARToolKit 是最根本的 AR 开发包，很多的 AR 开发包都是以它为内核进行的扩展。

ARToolKit 一个很重要的特点就是基于标识物的视频检测。标识模板采用封闭的黑色正方形外框，内部区域是白色的，白色区域为任意图形或图像，用户可以自己定义图案。利用标识物，将摄像头坐标系与实际的场景坐标系对应，并与视频中虚拟三维坐标系结合，最终完成真实物体的绘制，具体绘制方法用 OpenGL 来实现。在标识物检测时，会用到标识物模式文件，它是利用相应的应用程序提前制作好的。ARToolKit 提供了编写这种文件应用程序的库函数，开发人员可以通过该库函数来编写制作标识物模式文件的应用程序。

ARToolKit 是一组 C 语言函数库，它由以下几个函数库组成。

1. AR32.lib 函数库

AR32.lib 函数库是 ARToolKit 工具包的核心部分，包括摄像机校正与参数收集、标识物识别与跟踪和定位，主要完成摄像机的定位处理、标识物识别与三维注册等功能。

2. ARvideo Win32.lib 函数库

ARvideo Win32.lib 函数库是在微软视频开发包 MS Vision SDK 的基础上完成的，主要完成真实环境下场景的实时采集等功能。

3. ARgsub32.lib 函数库

ARgsub32.lib 函数库的本质是 OpenGL 图形处理函数库，主要完成图像的实时显示和三维虚拟场景的实时渲染等功能。

4. ARvrml.lib 函数库

ARvrml.lib 函数库主要是对 VRML 模型文件进行读取和解析。

以上几个函数库中除 ARvideo Win32. lib 函数库外，其他库的源代码都是对外开放的，开发人员可以根据实际需要对其修改和补充。

ARToolKit 工具包可以到官网 http://www. hitl. washington. edu/artoolkit/download/下载。只需要下载 ARToolKit 和 OpenVRML-0. 14. 3-win32. zip 两个压缩包。安装和配置的办法也非常简单，将以上两个压缩文件解压缩，把 OpenVRML 文件夹剪切至 ARToolKit 文件夹中；然后将 ARToolKit/OpenVRML/bin/js32. dll 文件复制到 ARToolkit/bin 路径下，最后双击执行 ARToolKit/Configure. win32. bat 文件。ARToolKit 工具包制作 AR 简单小应用开发界面如图 12. 15 所示。

图 12. 15　ARToolKit 标识物下开发的 AR 应用

ARToolKit 的开发非常简单，它具有可移植、图像显示真实、支持多型号摄像机、多种输入源格式等优点。但是，由于基于 ARToolKit 开发出来的应用都必须使用标识物，这在一定程度上制约了 ARToolKit 工具在户外增强现实应用中的使用。

12.4.2　Vuforia 简介

Vuforia 是一款专门针对移动设备的增强现实软件开发包。Vuforia 具有跨平台特点，并且支持 iOS 和 Android，此外还支持 Unity3D 扩展插件。开发者可以使用当今主流的移动游戏引擎 Unity3D 来实现跨平台开发。

Vuforia 于 2014 年推出了最新的 4. 0Beta 版 SDK，带来了更加强大的功能。早期的 Vuforia 只支持识别预先设定好的目标，如今增加了物体扫描的功能，用户只需用移动设备扫一下，即可用作 APP 中的识别目标。

Vuforia4. 0 有以下特点。

1. 物体识别

物体识别是 Vuforia4. 0 的亮点。由此开发的应用可以识别和检测更广泛的实物（如物体、图像和英文文本）。从事 AR 消费品应用的开发者将从中受益。

2. Vuforia 对象扫描器

Vuforia 对象扫描器是一个 Android 应用，可以捕获被扫描物体的 3D 对象特征，并可以生成一个对象数据文件到 Target Manager 中。

3. iOS 64bit 支持

正式版的 Vuforia SDK 4.0 支持 64bit 计算架构，苹果公司在 2014 年 10 月就已经宣布，自 2015 年 2 月 1 日开始，所有提交的 APP 应用都要支持 64bit。

以 windows 平台下 Unity-Android 1.5 版本为例，详细介绍 Vuforia 软件开发包使用流程。

(1) 下载和安装 SDK。

Vuforia 软件开发包可以到 Vuforia 官网 https://developer.vuforia.com/下载。进入官网主页找到 SDK，这里有针对 Android、iOS 以及 Unity 三种形式的开发包，如图 12.16 所示。

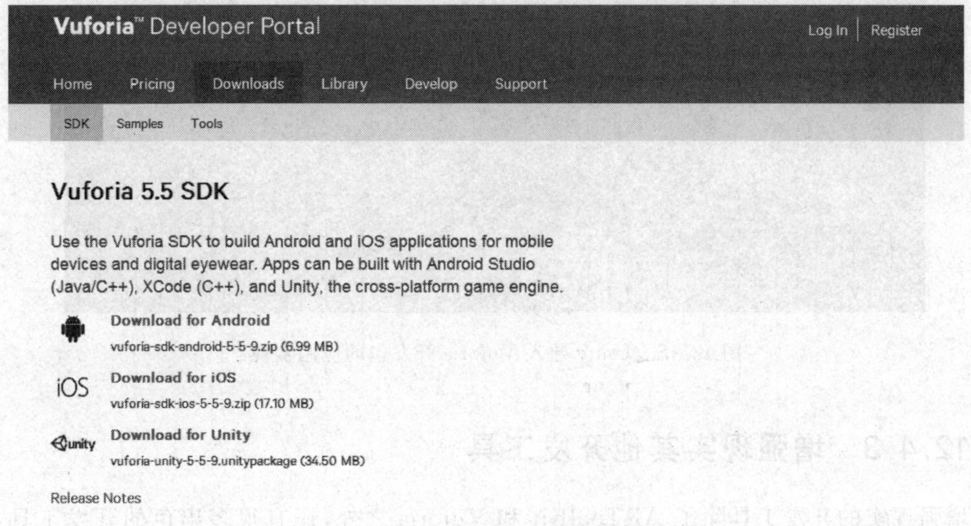

图 12.16 Vuforia SDK 下载页面

(2) 在 Unity 中新建一个项目，导入两个资源包：vuforia-android-1-5-10.unitypackage 资源包和 vuforia-imagetargets-android-1-5-10.unitypackage 资源包。

(3) 把自带的 Main Camera 删除，将 AR Camera 拖入场景。

(4) 拖入要被识别图的背景图片 ImageTarget，应用会通过检测摄像头拍摄的现实世界画面，与此图进行对比。

(5) 选择识别图，即选择 AR Camera 和 ImageTarget 分别设置其属性。

(6) 拖入模型，尽量使模型成为 ImageTarget 的子物体，将模型放到合适的位置。

(7) 运行程序并发布到 Android 平台。

例如，在电脑中分别打开木片图片和石子图片，用手机摄像头对准相应的图片，能看到立体茶壶和立体汽车的效果。只需在 samples 目录 ImageTarget\media 中找到图片，用带有摄像头的移动设备对准图片进行测试即可看到效果，如图 12.17 和图 12.18 所示。

图 12.17 Vuforia SDK 在手机设备上运行

图 12.18 Unity 导入 Vuforia 开发包的应用实现

12.4.3 增强现实其他开发工具

增强现实的开发工具除了 ARToolKit 和 Vuforia 之外，还有很多出色的开发工具，例如 WikiTude、LayAR、Kudan 等，这些开发工具都各有各的特点，互不相同，具体如表 12.3 所示，简单地对这些增强现实开发工具进行了介绍。

表 12.3 增强现实开发工具比较表

AR 框架	公　司	软件使用许可	支持的平台
ARToolKit	DAQRI	免费	Android，iOS，Windows，Linux，Mac OS X，SGI
Vuforia	Qualcomm	免费、商业收费	Android，iOS，Unity
WikiTude	WikiTude GmbH	商业收费	Android，iOS，Google Glass，Epson Moverio，Vuzix M-100，Optinvent ORA1，PhoneGap，Titanium，Xamarin
LayAR	BlippAR Group	商业收费	Android，iOS，BlackBerry
Kudan	Kudan Limited	商业收费	Android，iOS，Unity

WikiTude 库支持 2D 和 3D 的识别，通过扫描真实物体进行识别，并且还可支持 3D 模型渲染和动画的制作。开发商们可以利用 WikiTude 创造应用，例如在虚拟地图重建场所，搜索事件、推文，或者从其他用户获得推荐信息。此外也可以接受移动优惠券、当前折扣信息，还可以玩 AR 游戏。在软件的许可方面，开发商提供了一个免费的试用版，如果使用完整版则需付费。

LayerAR 主要是进行 AR 浏览器的开发，它支持图像识别，可以根据用户位置和识别的图像进行映射额外元素。其所有的工作都是基于服务器进行的，因此并不灵活。

Kudan 的最大特点是无标记跟踪定位，依赖于自然特征（如边缘、角点或质感等），而不是基准标记。

此外，还有开源库 BazAR，可以用来做一些无标记的 AR 应用；芬兰的开源库 ALVAR，可以支持多个标识物或者无标识物的特征识别与跟踪，同时还支持多个 PC 平台以及移动平台的编译和运行，使用也非常方便；国内的 AR 开发工具有 Easy AR，但不是开源的。总之，增强现实开发的工具多种多样，具体应用哪种工具还是要根据需求去选择。

12.5 增强现实的主要应用领域

与 VR 相比，增强现实应用的范围更加广泛。因为 VR 具有沉浸式的特点，因此也同时遮挡了用户对外界环境的感知。然而，AR 系统并没有将用户与外界环境隔离开，它使用户既可以感知到虚拟对象，同时也能够感知到外部真实环境。近年来，增强现实技术的应用已经覆盖了众多领域，如娱乐、教育、产品装配及维修、军事、医疗等。

12.5.1 娱乐领域

增强现实技术的发展，极大地影响了娱乐领域。娱乐的形式可以是多元化的，例如电视、游戏、电影等都属于娱乐的范畴。增强现实技术可以产生立体的虚拟对象，使得各种各样的娱乐形式拥有了与众不同的体验。

增强现实经常用于体育比赛的电视转播。例如，在美国橄榄球比赛电视转播中，利用 AR 技术，可以实时显示第一次进攻线的具体位置，让观众了解到需要多远的距离才能够获得第一次进攻权。在转播中，场地、橄榄球和运动员都是真实存在的，而黄线（第一次进攻线）则是虚拟的。通过增强现实技术，将黄线完美地融合到真实场景中。

随着移动设备的迅速发展，基于移动设备的增强现实的游戏也层出不穷。增强现实游戏可以让玩家以虚拟替身的形式随时随地进行网络对战，如图 12.19 所示。

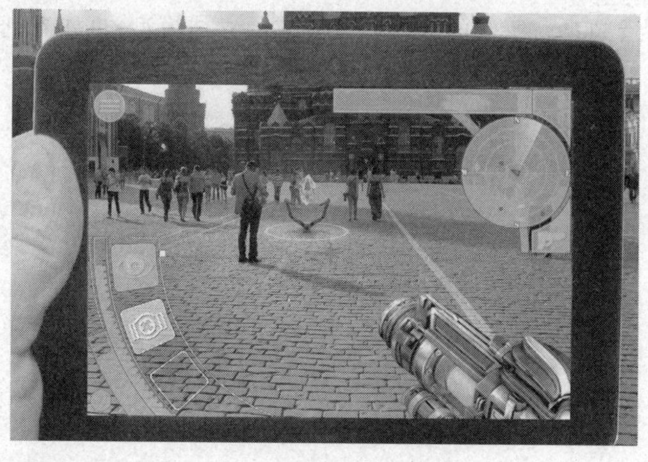

图 12.19　AR 在游戏领域的应用

12.5.2 教育领域

AR 技术可以为学习者提供一种全新的学习工具。它不仅可以为师生提供一种面对面的沟通与合作平台,而且还可以让学生更加轻松地理解复杂概念,更加直观地观察到现实生活中无法观察到的事物及其变化。AR 技术在教育领域的应用,将有利于培养学生知识迁移的能力,提高其学习效率,激发其学习兴趣。

1. 虚拟校园系统

随着计算机网络技术和校园信息化建设的快速发展,虚拟校园已经成为校园信息化建设的重要部分。利用最新的增强现实技术可以创设虚拟校园系统,三维的虚拟校园系统更加直观生动形象。除了校园导航的功能,校园对外形象宣传、招生宣传等功能都可以应用到虚拟校园系统中。在增强的内容上可以添加一些校园目前不存在的对象,或未来可能将设置的建筑等。当用户戴上头盔显示器走在真实的校园里,将看到一个增强之后的校园环境,包括校园原来的面貌,也包括校园未来的样子。

2. 增强现实图书

增强现实可以对传统图书进行改进,在原有图书的基础上,对某些章节内容使用增强现实技术来阅读。基本方法就是将三维图形、音频、动画等形式加入到平面的图书中,给旧书或者电子书添加新的活力。假设读者正在阅读时,书中对应的故事突然出现在眼前,仿佛真实发生的一样,读者还可以与书中的角色进行互动。此时此刻,用户会感觉到相当的刺激,这将会带给读者一段奇妙的阅读经历。

迪斯尼团队已经把 AR 技术和绘画结合起来。给图书上色对许多孩子来说已经没有吸引力了,但是如果孩子在上色的过程中,可以看到上色的卡通形象的同步变化,会不会让孩子们重新爱上上色呢?迪斯尼团队正是利用这个商业机会,研究了这个项目,希望以这种新的绘画方式鼓励孩子们爱上上色,从而激发他们的创造性。如图 12.20 所示,当给纸上的小象上色时,平板电脑里的 APP 会借助摄像头获取真实场景中的信息(如绘画的颜色、形状等),从而创建对应的 3D 小象模型,然后把虚拟小象模型和纸上的绘画实时叠加显示。孩子们不但可以随时看到自己所画的卡通形象对应的立体模型,也能看到暂时没有上色的部分。

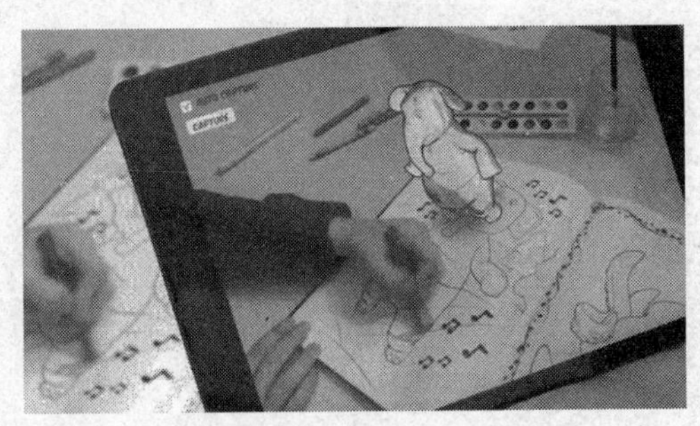

图 12.20 增强现实在图书上的应用

3. 协作学习

协作学习(Collaborative Learning)是一种通过小组或者团队的形式,组织学生协作完成某种既定学习任务的教学形式。

Construct3D 就是一种典型的用于数学和几何学教育的三维协作式构建工具。利用这种工具,参与者可以在三维空间中看到三维的物体,但是在此之前,这些三维模型必须用传统的方法计算构建出来。因此,增强现实可以提供给参与者一种面对面协作和远程协作的方式,如图 12.21 所示。

图 12.21 增强现实协作学习案例

12.5.3 产品装配、检验与维修领域

AR 已经在复杂仪器和机械设备的组装、维护和检修领域起到了示范的作用。传统情况下,机械维修工人如果想要确定故障的位置,并且在短时间内解决这个故障是非常困难的。有时甚至需要去查阅内容复杂的技术手册,极大地降低了工作效率。通过与增强现实技术的结合,机器部件的结构图可以作为虚拟对象被生动、直观地表示出来,并与真实环境融合在一起。当机械维修工人戴上头盔显示器时,可以看到他们正在修理的机器增强后的信息,这些信息可能是机器内部组件,也可能是维修的步骤等。因此,AR 极大地提高了工作效率和质量。

如图 12.22 所示,当用户在增强后的环境中修理汽车时,不但能看到增强后的信息,还能得到真实的触觉反馈。与完全封闭的虚拟培训系统相比,增强环境中的维修效果要更加贴近客户需求。

图 12.22 增强现实在装配训练系统中的应用

12.5.4 军事领域

20 世纪 90 年代初期，增强现实技术被提出后，美国就率先将其用于军事领域。最近几年，增强现实技术已被应用在军事领域的多个方面，并发挥着巨大的作用。目前，AR 在军事领域的应用主要体现在军事训练、增强战场环境及作战指挥等方面。

增强现实为部队的训练提供了新的方法。例如，通过增强后的军事训练系统，可以给军事训练提供更加真实的战场环境。士兵在训练时，不仅能够看到真实的场景，而且可以看到场景中增强后的虚拟信息。此外，部队还可以利用 AR 来增强战场环境信息，把虚拟对象融合到真实环境中，可以让战场环境更加真实。最后，增强现实也已经应用于作战指挥系统中。通过 AR 作战指挥系统，各级指挥员共同观看并讨论战场，最重要的是还可以和虚拟场景进行交互，如图 12.23 所示。

图 12.23 增强现实在军事领域的应用

12.5.5 医疗诊断领域

医疗领域是增强现实技术极具应用前景的领域之一。AR 技术可以用在手术导航、虚拟人体解剖、手术模拟训练等方面。

通过增强现实技术，医生还可以对外科手术进行可视化辅助操作及训练。借助于表面感应器，如 CT(Computed Tomography)、MRI(Magnetic Resonance Imaging)实时地获取病人的三维数据信息，并实时地绘制成相应的图像，然后将绘制后的图像融合到病人的观察中。此外，增强现实技术还用于虚拟手术模拟、虚拟人体解剖图、虚拟人体功能、康复医疗以及远程手术灯等领域。

图 12.24 所示为增强现实辅助医生手术的应用。借助增强现实系统，医生不仅能够对病人的患病部位进行实时检查，而且还可以获得此时患病部位的具体细节信息，对手术部位进行精确定位。

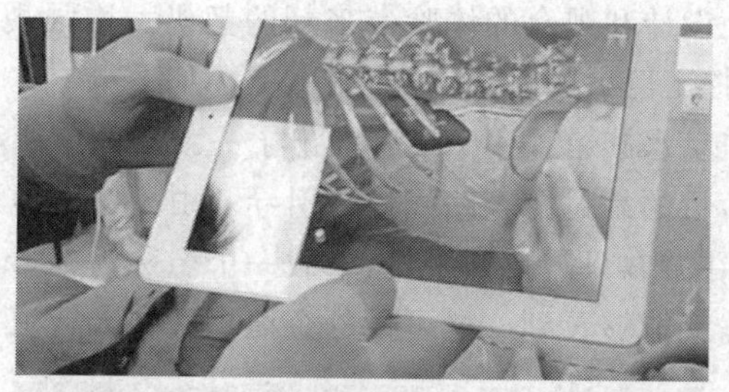

图 12.24　增强现实辅助医生手术

12.5.6　其他领域

增强现实系统在其他方面的应用也颇为热门。如在古迹复原和文化遗产保护领域的应用,用户可以借助头盔显示器,看到对文物古迹的解说,也可以看到虚拟重构的残缺遗址;在旅游展览领域,人们在参观展览时,通过 AR 技术可以接收到与建筑相关的其他数据资料;在市政建设规划领域,通过 AR 技术可以将规划效果叠加到真实场景中直接获得规划效果,根据效果做出规划决策;在电视转播领域,通过 AR 技术可以在转播体育赛事时实时地将与赛事有关的辅助信息叠加到画面上,使得观众获取到更多信息。另外,增强现实技术还广泛应用在广告、室内装潢等商业领域。

12.6　增强现实技术未来发展趋势

众所周知,计算机已经经历了漫长的发展历史,从最早的大型机到台式机,从台式机到现在的平板电脑,从平板电脑再到目前的智能手机。而增强现实技术将会是未来的发展方向,它也将会是计算机发展的最终形式,如图 12.25 所示。

图 12.25　增强现实将是计算机发展的最终形式

据美国市场研究分析公司预测,AR 将逐渐成为日常化移动设备应用的一部分,尤其在展示展览、智能汽车、游戏娱乐和医疗等领域。

1. 增强现实技术将成为展示展览的趋势

增强现实技术将逐渐成为展示展览的新趋势。例如,通过增强现实技术在博物馆上的应用，将为博物馆的交互设计和观众的体验带来新的契机。增强现实在博物馆的定位引导以及展览讲解方面都发挥了巨大的作用。

如图 12.26 所示，东京水族馆采用 AR 开发出了一款新的应用程序。通过定位，其可制作出虚拟导游企鹅模型，目的是对游客路线进行引导。由于馆内地形复杂，游客只通过地图很难找到目的地。而现在游客只需打开手机，下载一个名称为“Penguin Navi”的 APP，把手机显示屏对准真实世界，就能够看到一群可爱的企鹅出现在人行道上。

图 12.26 增强现实与博物馆的定位引导

如图 12.27 所示，国内外许多博物馆近年来都开始使用 AR 技术将静态图片转变为动态视频或 3D 动画。香港曾展示了非常难得一见的敦煌壁画——“人间净土：走进敦煌莫高窟”。当用户使用平板电脑对准壁画基本轮廓时，就可以看到色彩丰富、细节完整的敦煌壁画以及画中人物的舞姿。

图 12.27 增强现实与博物馆展览讲解

2. 增强现实技术将使智能汽车走进现实

AR 技术在汽车行业最早吸引消费者的是用于军用飞机的平视显示器（Head Up Display，HUD）。该显示器可以把重要信息投射到挡风玻璃上，例如驾驶的速度等。通过这样的功能可以减少司机低头看仪表的频率，从而提高了安全性。

目前，由于增强现实技术的不断发展，汽车生产商以及研究人员也希望能够给用户提供难忘的驾驶体验。奔驰、丰田等多家汽车生产商都逐渐将 AR 技术应用到自己的产品上。例如，奔驰正在研究利用 AR 技术在新型车载导航系统的应用。当驾驶员驾车时，汽车仪表盘上的触摸屏可以实时地显示汽车外围环境；反馈回的信息将会实时地显示在屏幕上，使驾驶员了解汽车行驶方向、街道名称等信息，如图 12.28 所示。

图 12.28　增强现实技术在奔驰车载系统的应用

3. 增强现实技术让游戏娱乐拉近现实

增强现实在游戏和娱乐领域有着巨大的发展潜力，AR 可以让用户随时随地都能够与娱乐活动互动。并且，游戏产业是一个全球性行业。一旦一项新的技术出现并被社会所采用，那么它就会迅速被游戏产业所应用，当然 AR 技术也不例外。

Ingress 是一款著名的应用 AR 技术的游戏。该游戏由曾在谷歌旗下的 Niantic 出品，游戏界面如图 12.29 所示。该游戏基于手机 GPS，并结合谷歌地图的数据以及导航，生成虚拟游戏地图。其中，地图上的街道、录像和地点都是现实世界中真实存在的。通过手机内置的 GPS 定位系统可以确认玩家位置，玩家只需把手机接近据点，就可以进行入侵、防守等动作。游戏的最终目的就是模糊游戏世界和现实世界的界限。

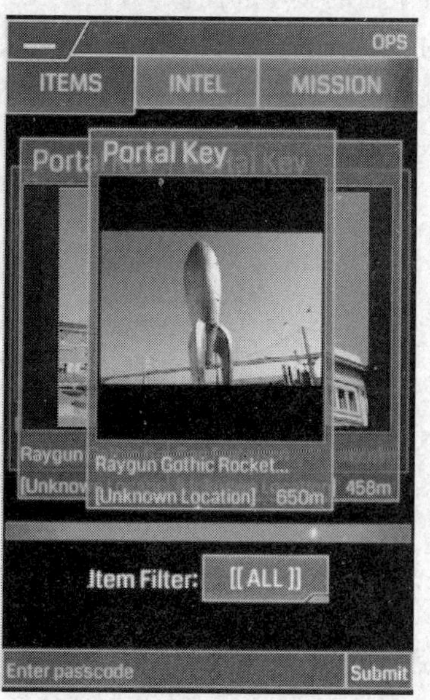

图 12.29　Ingress 游戏界面

4. 增强现实技术成为医生的辅助工具

增强现实技术将逐渐作为一种可视化的手术辅助工具，如图 12.30 所示，增强现实技术帮助医生治疗患者。此外，在 2013 年中国国际工业博览会上，复旦大学宋志坚教授及其团队展出了其研究成果——增强现实神经导航系统。当平板电脑在患者身体不同的部位上方移动时，屏幕上也会出现相应的图像信息，并最终确定了患者肿瘤的具体位置，从而帮助医生实现对病情的精准治疗。

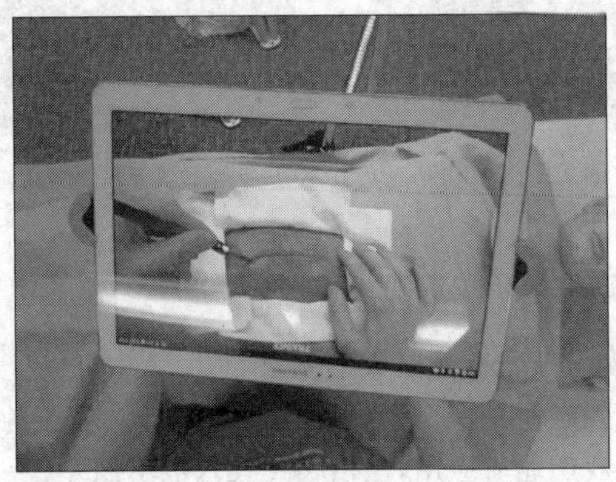

图 12.30 增强现实帮助医生治疗患者

5. 增强现实技术让传统图书更立体、更互动

人们传统的阅读方式也逐渐被 AR 技术改变着，如图 12.31 所示。传统的图书能够表达内容的只有平面的文字和图像，既枯燥又乏味。对于读者尤其是儿童来说，他们更希望看到可以互动的、效果比较震撼的图书。这给 AR 技术在传统图书上的发展提供了机会。AR 技术可以给读者提供一种沉浸式的感受，并且赋予了图书的编写者一种全新的体验。目前国内多家出版社已经推出应用 AR 技术的图书，希望在未来，读者能够看到更多有趣、形式丰富的图书。

图 12.31 增强现实在儿童读物中的应用

总之，增强现实技术将逐渐改变人们的生活方式。在各个领域，这项新兴的技术都发挥着它的巨大潜力，不断创造出非凡的成就。尽管增强现实技术在过去的近 20 年里已经取得了一定的进步，但是它还是面临着许多新的难题。例如，大多数 AR 系统都是运用在已经预知的环境中，在非预知环境中的 AR 系统极其缺少。此外，用户对于设备的依赖也显得系统

过于笨重，如处于户外环境时，用户必须戴计算机、传感器、显示器等多种设备，这样就会造成诸多不便。因此，如何解决系统的微型化和低能耗，也是非常重要的一个研究方向。增强现实技术将还会有更长更远的路需要走。

本章小结

增强现实技术是虚拟现实技术的一个分支。本章介绍了增强现实技术的基本概念，包括其定义及三个显著特征；讨论了增强现实系统核心技术和移动增强现实的概念，并介绍了增强现实系统的开发工具；然后讨论了 AR 技术在娱乐、军事、医疗、教育等多个领域的应用。最后，本章还讨论了增强现实技术的未来发展趋势，增强现实将逐渐改变人类与外界的交互方式。增强现实与虚拟现实，归根结底是两种新型的交互模式。对比这两种模式，与现实结合更密切的是增强现实技术，未来的世界将是增强现实的世界。

【注释】

1. 加速度计：是测量运载体线加速度的仪表。加速度计由检测质量(也称敏感质量)、支承、电位器、弹簧、阻尼器和壳体组成。其中，在测量飞机过载的加速度计是最早获得应用的飞机仪表之一。
2. 混合现实(Mixed Reality，MR)：是虚拟现实技术的进一步发展，该技术通过在虚拟环境中引入现实场景信息，在虚拟世界、现实世界和用户之间搭起一个交互反馈的信息回路，以增强用户体验的真实感。
3. 仿射变换：在几何上定义为两个向量空间之间的一个仿射变换或者仿射映射，由一个线性变换(运用一次函数进行的变换)接上一个平移组成。
4. 融合器：就是专门用于把画面中间部分边缘融合的，画面中间没有明显的缝，看上去就是一个完整的画面。融合器又称边缘融合器、环幕融合器、投影拼接器、硬件融合器。
5. PDA(Personal Digital Assistant)：又称为掌上电脑，可以帮助人们完成在移动中工作、学习和娱乐等。按使用来分类，分为工业级 PDA 和消费品 PDA。工业级 PDA 主要应用在工业领域，常见的有条码扫描器、RFID 读写器和 POS 机等；消费品 PDA 包括的比较多，如智能手机、平板电脑和手持的游戏机等。
6. 操作范围：是指跟踪系统所能使用的跟踪环境和距离。操作范围越大，跟踪系统的性能就越好，适用范围越广。
7. CCD 摄像机：CCD 是电荷耦合器件(Charge Coupled Device)的简称，它能够将光线变为电荷并将电荷存储及转移，也可将存储之电荷取出使电压发生变化，因此是理想的摄像机元件。其构成的 CCD 摄像机以其体积小、重量轻、不受磁场影响、具有抗震动和撞击之特性而被广泛应用。
8. 平视显示器(Head Up Display)：简称 HUD，是目前普遍运用在航空器上的飞行辅助仪器，是 20 世纪 60 年代出现的一种由电子组件、显示组件、控制器、高压电源等组成的综合电子显示设备。它能将飞行参数、瞄准攻击、自检测等信息，以图像、字符的形式，通过光学部件投射到座舱正前方组合玻璃上的光电显示装置上。
9. 虚拟校园漫游系统：以真实校园为整体蓝本(校园布局设计、交通、景观、教学及生活环境、建筑物内外、人文)。该系统成功虚拟了现实校园的全部场景，可以使访问者自动漫游，以及改变视点进行环视，访问者还可以做出像在真实世界一样的动态行为，实现了环境的艺术性和真实性。

参考文献

[1] 娄岩. 医学虚拟现实技术与应用[M]. 北京：科学出版社，2015.

[2] 赵群，娄岩. 医学虚拟现实技术与应用[M]. 北京：人民邮电出版社，2014.

[3] 胡小强. 虚拟现实技术[M]. 北京：北京邮电大学出版社，2005.

[4] 曾芬芳. 虚拟现实技术[M]. 上海：上海交通大学出版社.

[5] （美）GrigoreC. Burdea，（法）Philippe Coiffet. 虚拟现实技术[M]. 电子工业出版社，2005.

[6] 胡小强. 虚拟现实技术与应用[M]. 北京：高等教育出版社，2004.

[7] 黄海. 虚拟现实技术[M]. 北京：北京邮电大学出版社，2014.

[8] 肖嵩，杜建超. 计算机图形学原理及应用[M]. 西安：西安电子科技大学出版社，2014.

[9] 基珀. 增强现实技术导论[M]. 北京：国防工业出版社，2014.

[10] 刘光然. 虚拟现实技术[M]. 北京：清华大学出版社，2011.

[11] 时代印象. 3ds Max 2014 完全自学教程[M]. 北京：人民邮电出版社，2013.

[12] 范景泽. 新手学 3ds max 2013（实例版）[M]. 北京：电子工业出版社，2013.

[13] 博智书苑. 新手学 3ds max 完全学习宝典[M]. 上海：上海科学普及出版社，2012.

[14] 宣雨松. Unity3D 游戏开发[M]. 北京：人民邮电出版社，2012.

[15] 吴彬. Unity 4. x 从入门到精通[M]. 北京：中国铁道出版社，2013.

[16] 金玺曾. Unity3D\2D 手机游戏开发[M]. 北京：清华大学出版社，2014.

[17] 张璐. 基于虚拟现实技术的用户界面设计与研究[D]. 上海：东华大学，2013.

[18] 肖雷. 基于虚拟现实的触觉交互系统稳定性研究[D]. 江西：南昌大学，2015.

[19] 李征. 分布式虚拟现实系统中的资源管理和网络传输[D]. 河南：河南大学，2014.

[20] 陈拥军. 真三维立体显示静态成像技术研究[D]. 江苏：南京航空航天大学，2006. DOI：10. 7666/d. d015361.

[21] 蔡辉跃. 虚拟场景的立体显示技术研究[D]. 江苏：南京邮电大学，2013.

[22] 臧东宁. 光栅式自由立体显示技术研究[D]. 浙江：浙江大学，2015.

[23] 单超杰. 皮影人物造型与三维建模技术结合的创新研究[D]. 上海：东华大学，2013.

[24] 潘一潇. 基于深度图像的三维建模技术研究[D]. 湖南：中南大学，2014.

[25] 同晓娟. 虚拟环绕声技术研究[D]. 陕西：西安建筑科技大学，2013.

[26] 才思远. 虚拟立体声系统研究[D]. 辽宁：大连理工大学，2015.

[27] 余超. 基于视觉的手势识别研究[D]. 安徽：中国科学技术大学，2015.

[28] 陈娟. 面部表情识别研究[D]. 陕西：西安科技大学，2014.

[29] 黄园刚. 基于非侵入式的眼动跟踪研究与实现[D]. 四川：电子科技大学，2014.

[30] 刘方洲. 语音识别关键技术及其改进算法研究[D]. 陕西：长安大学，2014.

[31] 宋城虎. 虚拟场景中软体碰撞检测的研究[D]. 河南：河南大学，2013. DOI：10. 7666/d. D371702.

[32] 张子群. 基于 VRML 的远程虚拟医学教育应用[D]. 上海：复旦大学，2004.

[33] 张晗. 虚拟现实技术在医学教育中的应用研究[D]. 山东：山东师范大学，2011.

[34] 王广新. 焦虑障碍的虚拟现实暴露疗法研究述评[J]. 心理科学进展，2012，8：23.

[35] 王聪. 增强现实与虚拟现实技术的区别和联系[J]. 信息技术与标准化，2013(5).

[36] 钟慧娟，刘肖琳，吴晓莉. 增强现实系统及其关键技术研究[J]. 计算机仿真，2008，25(1)：252-255.

[37] 倪晓赟，郑建荣，周炜. 增强现实系统软件平台的设计与实现[J]. 计算机工程与设计，2009，30(9)：2297-2300.

[38] 苏会卫，李佳楠，许霞. 增强现实技术的虚拟景区信息系统[J]. 华侨大学学报：自然科学版，2015，36(4)：432-436.

[39] 孙源，陈靖. 智能手机的移动增强现实技术研究[J]. 计算机科学，2012(B06)：493-498.

[40] 罗斌，王涌天，沈浩等. 增强现实混合跟踪技术综述[J]. 自动化学报，2013,39(8)：1185-1201.

[41] 周见光，石刚，马小虎. 增强现实系统中的虚拟交互方法[J]. 计算机工程，2012,38(1)：251-252.

[42] 李文霞，司占军，顾翀. 浅谈增强现实技术[J]. 电脑知识与技术，2013(28)：6411-6414.

[43] 麻兴东. 增强现实的系统结构与关键技术研究[J]. 无线互联科技，2015(10)：132-133.

[44] 刘万奎，刘越. 用于增强现实的光照估计研究综述[J]. 计算机辅助设计与图形学学报，2016(2).

[45] 周忠，周颐，肖江剑. 虚拟现实增强技术综述[J]. 中国科学：信息科学，2015(2).

[46] 薛松，翁冬冬，刘越等. 增强现实游戏交互模式对比[J]. 计算机辅助设计与图形学学报，2015(12)：2402-2409.

[47] 饶玲珊，林寅，杨旭波等. 增强现实游戏的场景重建和运动物体跟踪技术[J]. 计算机工程与应用，2012，48(9)：198-200.

[48] 朱恩成，蒋昊东，高明远. 增强现实在军事模拟训练中的应用研究[C]. 中国指挥控制大会. 2015.

[49] http://www.6dof.com.cn/Html/Main.asp 北京六自由度科技有限公司

[50] http://www.lon3d.com/中国 3D 论坛

[51] http://www.senztech.cn/default.aspx 北京圣思特科技有限公司

[52] http://www.5dt.com 美国 5DT 公司

[53] http://www.sungraph.com.cn/index.html 上海英梅信息技术有限公司

[54] http://www.vision3d.com.cn/index.html 北京迪威视景科技有限公司

[55] http://www.vrfirst.cn/index.html 易用视点

[56] http://baike.baidu.com/百度百科

[57] http://www.docin.com/p-457748073.html 豆丁网

[58] http://news.cnblogs.com/n/189465/博客园

[59] http://www.souvr.com/event/201207/57803.htmlSOUVR 搜

[60] http://www.cospaces.org/index.htm cospaces 项目网站

[61] http://www.docin.com/p-364491416.html 豆丁网

[62] http://wenku.baidu.com/view/4a9c71166c175f0e7cd1371c.html?pn=50 百度文库

[63] http://wenku.baidu.com/link?url=uDZnHCeFCGD_uvAP-hRHgaPH05uBE-HtlWEzD6-CBusz-4MmwYQhhUBVIN7BRohcePTJ4J4lCqN2sSdwLzlvoW-tuxl8wNTvHBBDygS9fDsH_百度文库

[64] http://wenku.baidu.com/view/131c44ad482fb4daa58d4bd0.html 百度文库

[65] http://baike.baidu.com/link?url=jEmLRkco6yY_2JXBT6PxA3M4DYw6bop9usPe3LEvTF1-HNGHLFvEgMXSv1n8Y7lCvlYBT6pUwfV9PJ4NEsXCH_q 百度百科

[66] http://baike.baidu.com/link?url=3BBZp_uZt_ywnVyBjVCfmi3bVTTeyzH8W0uKHy7DIm_5Nx-qncrPDIxZYJb0B0w_p_lY_P_tgsWLiWG3UU69Jq 百度百科

[67] http://baike.baidu.com/link?url=vMC0WjRhXtvYplFaCVpjPAj_oSQO26RQfqtxPVoH1Dmz-1iUf331mDSspcbgnMtdwVV7JhpE1IsPBZvX0u2rIkq 百度百科

[68] http://wenku.baidu.com/link?url=D4mD4oc1LEq1WzvvyS609iwILgfpPnpSa8x5iLuW7qZBvE0-ZJUzwxcFNSVGH4r5rZNPfkc2KljWSdYoo9hXOhNXUXvZSwQP9uauaAz-OVey 百度文库

[69] http://baike.baidu.com/link?url=2c9rAUvvXpvKgvbAXxva20pa2FWDSnUP8BuHg5fz-fSAbRN-vosiWHZHDsU-BkMSZwZG9b7SNHei6cl9oPRFNb_百度百科

[70] http://wenku.baidu.com/link?url=rXa4cTPp15mXstrLmCTEWQ4uMvIuHiMiwFMQiJoNbe-AOSn8eYcPjRhMjAWl6kpqVA7isfUu9Ae17jKXWcJ-ECf_k8GS2B6VVUlCcprrdbUa 百度文库

[71] http://www.cyzone.cn/a/20140912/262844.html#utm_source=copyright 创业邦

[72] http://tech.163.com/15/1208/07/BAA0SO0K00094P40.html 网易科技

[73] http://baike.so.com/doc/6131606-6344766.html 360 百科

[74] http://digi.tech.qq.com/a/20150126/009206.htm 腾讯数码

[75] http://games.qq.com/a/20150723/045333.htm 腾讯游戏
[76] http://www.cheyun.com/content/1279 车云
[77] http://mt.sohu.com/20160416/n444413568.shtml 搜狐
[78] http://digi.tech.qq.com/a/20160206/025602.htm 腾讯数码
[79] http://it.southcn.com/9/2016-04/08/content_145565792.htm 南方网
[80] http://www.dillsun.com/4xuyi-h.htm 典尚设计
[81] http://blog.sina.com.cn/s/blog_6ca9b6f30102uww9.html 新浪博客
[82] http://naowaike.blog.sohu.com/73968651.html 搜狐博客
[83] http://www.souvr.com/event/201405/66849.html SOUVR 搜
[84] http://do.chinabyte.com/375/13717375.shtml 比特网
[85] http://www.arinchina.com/news/show-716.html ARinChina
[86] http://news.87870.com/xinwennr-7521.html 87870 虚拟现实网
[87] http://www.wtoutiao.com/p/1702Wxp.html 微头条
[88] http://wearable.yesky.com/ProjectGlass/100/81574600.shtml 天极网
[89] http://games.qq.com/a/20140714/052931.htm 腾讯游戏
[90] http://baike.baidu.com/link?url=HxSCll4oekPNEsbutwAR4ZbZkmNlBBN_oDtSfZ-n_hdJBuUeT-desg50yydCRr7vaMG61cHjAAgIcpsAUhrPShvHlPH21C7Vt9EI_XkeyYG7NkOZSx-bKD55v8xyIn-QqRr0abYMwnFn4_sTVz95viuNUK1tJV7MB-k91SjY6YFcK 百度百科
[91] http://baike.baidu.com/link?url=vv-5TKPrsnEWWoVxiOGFijjEr3zjQcBbg9eUkMQFJ-NHTU-61yeiujx0XYgBW3GrWkPry8-k2uqrhM1X9q2_7QK 百度百科
[92] http://wenku.baidu.com/link?url=r1aEa0iNHqvvQwC3zJVp4VX84OfIz4fpZhW9cBhyePR-snU1-awkPuxuObCQqp-CR8hmxBLNINr6a0D9j4J9FoSHgJbc_-r9JL4XBuU7vBI3 百度文库
[93] http://baike.baidu.com/link?url=S0u382c-1xYNPvs91C5F8b3rzFeLRogIj-ayhay44Nv-GCx7rRT-5Kadd2rvutDe-_WJ5wBzXci8CNKa5rRbpIq 百度百科
[94] http://baike.baidu.com/link?url=Kl6k6yz5It5QDps5709A-6vGrHih7hjf2vaayN1SElLRmCjyk-ROHqoj8sBwent8Np_tTl10Qu52UwHJg6YGLWhS_PW8VRPBD1GZFXQWhUrK 百度百科
[95] http://www.vrp3d.com/中视典
[96] http://wenku.baidu.com/view/8d1e0d78168884868762d60c.html 百度文库
[97] http://baike.baidu.com/link?url=Uw5SZn0pGv-XIO8qubticXPjkax0yvQ7HAbRQnHt9nkSbM2te-u1x6Mp7VFCC_yN5rthxzt9O3UcNB0ZGd_n9q 百度百科
[98] http://baike.baidu.com/link?url=0dTQ4EvghG4Dq9Pfsw9WyT0mOvMPzHzijFNta5a6iB7CDxO-dkgXfGmbaGT4Gb6t1D-ijzAMG9KxymkQUFf2lhzFsAL6TeyD9bwUsL4Q7Id6m7dHVF6R-dY40etIAXiHBKHh2B4MZpSwROw22ndTWk_百度百科
[99] http://www.docin.com/p-1266989161.html 百度百科
[100] http://www.missyuan.com/thread-42369-1-1.html 思缘设计
[101] http://v.youku.com/v_show/id_XOTU3NTI4ODA0.html 优酷
[102] http://www.gdi.com.cn/?project=wuhandaxue 曼恒
[103] http://www.gdi.com.cn/?page_id=4169 曼恒

教 学 资 源 支 持

敬爱的教师：

感谢您一直以来对清华版计算机教材的支持和爱护。为了配合本课程的教学需要，本教材配有配套的电子教案（素材），有需求的教师请到清华大学出版社主页（http://www.tup.com.cn）上查询和下载，也可以拨打电话或发送电子邮件咨询。

如果您在使用本教材的过程中遇到了什么问题，或者有相关教材出版计划，也请您发邮件告诉我们，以便我们更好地为您服务。

我们的联系方式：

地　　址：北京海淀区双清路学研大厦A座707

邮　　编：100084

电　　话：010－62770175－4604

课件下载：http://www.tup.com.cn

电子邮件：weijj@tup.tsinghua.edu.cn

教师交流QQ群：136490705

教师服务微信：itbook8

教师服务QQ：883604

（申请加入时，请写明您的学校名称和姓名）

用微信扫一扫右边的二维码，即可关注计算机教材公众号。

扫一扫

课件下载、样书申请

教材推荐、技术交流